普通高等教育环境工程专业"十四五"系列教材

土壤污染修复工程

TURANG WURAN XIUFU GONGCHENG

主编 聂麦茜

西安交通大学出版社
XI'AN JIAOTONG UNIVERSITY PRESS

国 家 一 级 出 版 社
全国百佳图书出版单位

内容简介

本书全面阐述了土壤污染修复工程学相关的基础知识、修复原理及其应用。主要内容包括土壤和土壤污染、土壤污染防治法律法规和政策、污染土壤环境监测、重金属污染土壤修复、有机污染土壤修复和城市污泥土地利用等内容。每章均附有思考题,以使读者能更好地学习各章节内容。

本书可作为环境工程、环境科学、环境与资源及其他相关专业的教材;亦可作为土壤修复工程技术人员参考之用。

图书在版编目(CIP)数据

土壤污染修复工程 / 聂麦茜主编. — 西安 :西安交通大学出版社,2021.6(2021.12 重印)

ISBN 978 - 7 - 5693 - 1640 - 7

Ⅰ.①土… Ⅱ.①聂… Ⅲ.①土壤污染-修复-高等学校-教材 Ⅳ.①X53

中国版本图书馆 CIP 数据核字(2021)第 067131 号

书　　名	土壤污染修复工程	
主　　编	聂麦茜	
责任编辑	郭鹏飞	
责任校对	陈　昕	

出版发行　西安交通大学出版社
　　　　　(西安市兴庆南路 1 号　邮政编码 710048)
网　　址　http://www.xjtupress.com
电　　话　(029)82668357 82667874(发行中心)
　　　　　(029)82668315(总编办)
传　　真　(029)82668280
印　　刷　陕西龙山海天艺术印务有限公司

开　　本　787 mm×1092 mm　1/16　印张 11.625　字数 285 千字
版次印次　2021 年 6 月第 1 版　2021 年 12 月第 2 次印刷
书　　号　ISBN 978 - 7 - 5693 - 1640 - 7
定　　价　29.80 元

前　言

　　《土壤污染修复工程》是环境工程和环境科学等环境类专业的一门专业课教材，供 48～60 学时教学使用。

　　自 2014 年《全国土壤污染调查状况公报》公布以来，土壤污染问题被提上了一个新的高度。我国于 2016 年 5 月 28 日，印发了《土壤污染防治行动计划》，并于 2019 年 1 月 1 日正式实施《中华人民共和国土壤污染防治法》。相关政策与法规的密集出台，表明政府在治理土壤污染方面的极大决心。在良好的政策引导下，我国的土壤修复工作全面展开。然而土壤修复也存在两大痛点，那便是技术和人才短缺。

　　本书内容主要包括土壤及土壤污染基本知识介绍、土壤污染防治相关法律法规、污染土壤环境监测、重金属污染土壤修复、有机污染土壤修复工程以及污泥土地利用等，集土壤污染修复的基础知识、工艺、原理、设计于一体。学生通过本教材的学习，可以了解到土壤污染现状、修复技术与工艺，能根据不同的使用环境，选择适合的土壤污染修复工艺。章节之后的思考题是对每章内容的总结，通过思考题练习，可加强学生对本章内容的掌握。

　　本书由聂麦茜任主编，聂红云任副主编。第 1 章由西安建筑科技大学环境与市政工程学院聂麦茜老师编写；第 2 章、第 3 章由陕西省环境监测中心站王蕾高级工程师编写；第 4 章由西安建筑科技大学环境与市政工程学院曹书苗老师编写；第 5 章、参考文献及其他等由西安建筑科技大学环境与市政工程学院聂红云老师编写;第 6 章由西安建筑科技大学环境与市政工程学院韩芸老师编写。

由于作者水平有限,错误和不当之处在所难免,敬请读者予以指出。另外,为了提高教学质量,希望学生在使用本教材时,能够提出宝贵的建议和意见,以利于再版完善。

编　者
2021 年 3 月于西安

目　录

土壤和土壤污染

第**1**章

　　土壤(soil)是指具有矿物质、有机质、水分、空气和生命有机体的地球表层物质。作为地球的"皮肤",土壤层处于大气圈、水圈、岩石圈和生物圈相互交接的部位,是连接各种自然地理要素的枢纽,是连接有机界和无机界的重要界面。

　　土壤是人类赖以生存的物质基础,是人类不可缺少、不可再生的自然资源,也是人类环境重要的组成部分。马克思在《资本论》中指出"土壤是世代相传的,人类所不能转让的生存条件和再生产条件"。然而,人类的生产生活不仅影响着土壤的形成过程和方向,也直接改变了土壤基本的物理、化学和生物特性,甚至造成了土壤污染。

　　土壤污染不仅会导致粮食减产,而且还会通过食物链影响人体健康。此外,土壤中的污染物通过地下水的转移,对人类生存环境构成了多方面的危害。因此,为了保护我们赖以生存的生态环境,正确认识土壤环境,加强土壤污染防治意识,开发新型土壤污染防治技术势在必行。

1.1　土壤的组成、结构和性质

1.1.1　土壤的组成

　　土壤组份主要包括矿物质、有机质、生物、水分和空气等 5 个部分,其中矿物质、有机质和生物统称为固态物质,约占土壤体积的 50%。液态物质由水分构成,约占土壤体积的 20%～30%。气态物质存在于未被水分占据的土壤空隙中,约占土壤体积的 20%～30%。

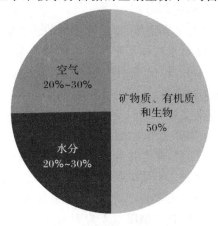

图 1.1　土壤组成示意图

1.1.1.1 土壤矿物质

1. 土壤矿物质的分类

土壤矿物质是岩石经风化作用形成的,是土壤固相部分的主体,构成土壤的"骨骼",一般占土壤固相总质量的 95% 左右。土壤矿物质按成因可分为原生矿物和次生矿物。

原生矿物是指各种岩石受到不同程度的物理风化,但未经化学风化的碎屑物,其原来的化学组成和结晶构造均未改变。原生矿物以硅酸盐和铝酸盐为主,如石英、长石、云母、辉石、角闪石等,是土壤中各种化学元素的最初来源。在土壤中,粒径为 0.01~1 mm 的砂粒和粉砂粒几乎都是原生矿物。由于原生矿物颗粒较粗,比表面积小,所以它们可使土壤疏松通透。土壤原生矿物质对土壤环境中污染物的吸附迁移等过程影响较小,其含量高低对土壤质地及因此决定的土壤修复技术的效果和适用性都会有不同程度的影响。

次生矿物是由原生矿物经风化和成土过程后重新形成的新矿物,与原生矿物相比,其化学组成和构造都发生了改变。土壤次生矿物分为三类:简单盐类、次生氧化物类和次生铝硅酸盐类。次生(主要是铁、铝)氧化物类和次生铝硅酸盐类是土壤矿物质中最细小的部分(粒径小于 2 μm),如高岭石、蒙脱石、伊利石、绿泥石、针铁矿、三水铝石等,具有胶体性质,常称为黏土矿物。

次生矿物是土壤黏粒和土壤胶体的组成部分,土壤的很多物理性质和化学性质,如黏性、吸附性等都与次生矿物有关。次生矿物中粒径小于 2 μm 的矿质胶体作为土壤体系中最活跃的部分,对土壤环境中元素的迁移、转化和生物、化学过程起着重要的作用,影响土壤的物理、化学与生物学性质。土壤的这些物理化学性质不仅影响植物对土壤养分的吸收,而且对土壤中的重金属、农药等污染物质的迁移转化和生物有效性也产生着重要的影响。

2. 土壤矿物质的主要组成元素

土壤中元素的平均含量与地壳中各元素的克拉克值相似。地壳中已知的 90 多种元素在土壤中都存在,包括含量较多的十余种元素,如氧、硅、铝、铁、钙、镁、钠、钾、磷、锰、钛、硫等,以及一些微量元素,如锌、硼、铜、钼等。从含量看,前四种元素所占的比例最多,若以 SiO_2、Al_2O_3 和 Fe_2O_3 氧化物形式统计,三者之和约占土壤中矿物含量的 75%。

3. 土壤矿物质的生态环境意义

土壤矿物质作为构成土壤的基本物质,是植物矿物的营养源泉,又是影响土壤肥力高低的一个重要因素;同时土壤矿物质也对体系中污染物的分布与迁移转化有重要的影响。因此,研究土壤矿物质的组成及其分布对于鉴定土壤质地、分析土壤性质、考察土壤环境中物质的迁移转化有着重要的意义和作用,而且与土壤的污染和自净能力也密切相关。归结起来,土壤矿物质的生态环境意义主要有:

(1)提供植物、微生物及动物等土壤生物体生命活动所需的营养元素。土壤矿物质按含量的高低分为常量元素与微量元素,其含量和性质会决定土壤中生物体生命活动的强弱。

(2)造成土壤元素背景值差别。土壤矿物质含量高低是决定土壤元素背景值的内在因素,其决定着不同地区土壤环境中元素的丰缺,可能会造成天然的水土病,属于环境健康领域的重要研究内容。另外,土壤原有矿物质与人为因素共同影响着土壤环境中各元素的含量高低,也对土壤生态环境质量共同造成影响。

1.1.1.2　土壤有机质

广义上,土壤有机质是指以各种形态存在于土壤中的所有含碳有机物质,包括各种动、植物残体,微生物及其分解和合成的各种有机质。狭义上,土壤有机质是指有机残体经微生物作用形成的一类特殊、复杂、性质较稳定的高分子有机化合物(腐殖酸)。土壤有机质属于固相组成部分,占土壤总重的 5% 左右,其组成十分复杂,按化学组成可以分为碳水化合物、含氮化合物、木质素、含磷化合物、含硫化合物以及脂肪、蜡质、单宁、树脂等。其也可分为非特殊性有机质和土壤腐殖质。

非特殊性有机质主要是指原始组织,包括高等植物未分解和半分解的根、茎、叶,以及动物分解原始植物组织后向土壤提供的排泄物和动物尸体等。这些物质被土壤微生物分解转化,形成土壤物质的一部分。因此,土壤植物和动物不仅是各种土壤微生物营养的最初来源,也是土壤有机质的最初来源。这类有机质主要累积于土壤的表层,约占土壤有机部分总量的 10%~15%。

土壤腐殖质(humus)是指土壤中特殊的,其性质与原有动植物残体差别很大的有机质,占土壤有机质的 85%~90%。腐殖质是一种复杂化合物的混合物,通常呈黑色或棕色的胶体状。它具有比土壤无机组成中黏粒更强的吸持水分和养分离子的能力,因此少量的腐殖质就能显著提高土壤的生产力。土壤腐殖质影响土壤物理化学性质和微生物活动,这种影响不仅能减少土壤污染物的危害,而且对全球碳平衡和转化也有很大的作用。

尽管有机质含量占土壤固相总量很小,但土壤有机质是土壤发育过程的重要标志,对土壤性质影响重大,是土壤固相的重要组成成分之一。其形成与发育、土壤肥力、环境保护及农林业可持续发展等方面都有着极其重要的意义。一方面,它含有植物生长需要的各种元素,也是土壤微生物活动的能量来源,对土壤物理、化学和生物学性质都有着深远的影响。另一方面,土壤有机质对包括重金属、农药在内的各种有机、无机污染物的行为有显著的影响。其环境作用可归纳如下。

1. 对农药等有机污染物的固定作用

土壤有机质对农药等有机污染物有强烈的亲和力,对有机污染物在土壤中的生物活性、残留、生物降解、迁移和蒸发等过程有重要的影响;极性有机污染物可以通过离子交换、氢键、范德华力、配位体交换、阳离子桥等各种不同机理与土壤有机质结合;对于非极性有机污染物则可以通过分配机理与之结合;可溶性腐殖质能增加农药从土壤向地下水的迁移;腐殖质还能作为还原剂改变农药的结构;一些有毒有机化合物与腐殖质结合后,可使其毒性降低或消失。

2. 对重金属的固定与吸附

土壤环境体系中,土壤腐殖质胶体会与金属元素形成腐殖物质——金属离子复合体,从而固定和吸附一定量的重金属离子,降低土壤中重金属离子的毒性和生物有效性;同时,重金属离子的存在形态也受腐殖物质的配位反应和氧化还原反应的影响,从而影响土壤溶液体系中重金属离子的浓度,进而影响其迁移和转化行为。

3. 对全球碳平衡的影响

土壤有机质是全球碳平衡过程中非常重要的碳库,其总碳量约为 $(14\sim15)\times10^{17}$ g,是

陆地生物总碳量的 $2.5 \sim 3$ 倍；每年因土壤有机质分解释放到大气的总碳量为 68×10^{15} g，而全球每年因焚烧燃料释放到大气的碳为 6×10^{15} g，仅为土壤呼吸作用释放碳量的 $8\% \sim 9\%$。因此，土壤有机碳水平的变化，对全球气候变化的影响不亚于人类活动向大气排放的影响。

1.1.1.3 土壤水分与土壤溶液

在土壤学中，土壤水分的定义是指在一个大气压下，在 105 ℃ 条件下能从土壤中分离出来的水分。其主要来自大气降水、灌溉水、地下水；消耗形式主要有土壤蒸发、植物吸收和蒸腾、水分渗漏和径流损失等。

按水分的存在形态和运动形式，土壤水分可划分为吸湿水、毛管水和重力水等。土壤水根据存在形态的不同，可分为气态水、液态水和固态水，其中液态水数量最多，与植物的生长关系最为密切。

土壤水分含量，又称土壤含水量或土壤湿度，有时也称之为土壤含水率，是表征土壤水分状况的重要指标。目前，表征土壤水分含量的指标及其计算公式如下。

1. 土壤质量含水量

土壤质量含水量又称为重量含水量，即土壤中水分的质量与干土的比例。其计算公式为

$$\text{土壤质量含水量}(\%) = \frac{\text{水分质量}}{\text{干土质量}} \times 100\% = \frac{\text{湿土质量}-\text{干土质量}}{\text{干土质量}} \times 100\%$$

式中，"干土"是指在 105 ℃ 下烘干的土壤，是计算土壤质量含水量的通用基准。值得注意的是，环境土壤学、污染土壤修复等相关领域关于水分含量、污染物含量、营养物含量等很多表示含量和浓度的公式及内容，经常用干土作为基准，以去除土壤水分含量对各指标的影响，便于统一和比较。

2. 土壤容积含水量

土壤容积含水量又称容积湿度，是指土壤总容积中水分所占的比例。它表示土壤中水分占据土壤孔隙的程度和比例，可度量土壤孔隙中水分与空气含量相对值，计算公式为

$$\text{土壤容积含水量} = \frac{\text{水分容积}}{\text{总容积}} \times 100\% = \frac{\text{水质量} \times \text{土壤密度（容重）}}{\text{水密度} \times \text{干土质量}} \times 100\%$$
$$= \text{土壤质量含水量}(\%) \times \text{容重}$$

当土壤中水溶解了各种可溶性物质后，便成为土壤溶液。土壤溶液主要由自然降水中所带的可溶物，如 CO_2、O_2、HNO_3、HNO_2、微量的 NH_3 等和土壤中存在的其他可溶性物质，如钾盐、钠盐、硝酸盐、氯化物、硫化物，以及腐殖质中的胡敏酸、富里酸等构成。由于污染使土壤溶液中也含有一些污染物质。

土壤溶液的成分和浓度经常处于变化之中。土壤溶液的成分和浓度取决于土壤水分、土壤固体物质和土壤微生物三者之间的相互作用，它们使溶液的成分、浓度不断发生改变。在潮湿多雨地区，由于水分多，土壤溶液浓度较小，土壤溶液中有机化合物所占比例大；在干旱地区，矿物质风化淋溶作用弱，矿物质含量高，土壤溶液浓度大。此外，土壤温度升高会使许多无机盐类的溶解度增加，使土壤溶液浓度加大；土壤微生物活动也直接影响着土壤溶液的成分和浓度，微生物分解有机质，可使土壤中 CO_2 的含量增加，导致土壤溶液中碳酸的浓

度也随之增大。通过人类活动等途径进入土壤环境体系的有机污染物,由于其辛醇-水分配系数高,憎水性强,较易吸附于土壤颗粒或滞留在土壤孔隙中,阻碍土壤颗粒上水分的吸附和土壤孔隙中水分的吸持与通透,从而降低土壤水分的含量。比如在受石油烃污染的土壤样品中,当含油量超过 8% 时,土壤含水率一般不超过 5%;土壤含油量低于 8% 时,含水率则随油田区气候条件、土质等因素的变化而具有差异性。

1.1.1.4　土壤空气

土壤空气是土壤的重要组成之一,存在于土壤中未被水分占据的孔隙中。土壤空气来源于大气,但其性质与大气明显不同。主要表现在:组成不同,由于有机质的兼氧分解及其他生物活动,CH_4、H_2 与 NH_3 等气体长期存在于土壤空气中;分布不均匀,近地表差别小,深土层差别大;各组分比例不同,土壤空气中 CO_2 的含量一般为 0.15%～0.65%,是大气中 CO_2 含量(0.035%)的十倍至数百倍;O_2 在大气中约占 21%,而在土壤空气中仅占 10%～20%,在通气极端不良的条件下可低于 10%;土壤水汽含量大于 70%,远比大气高,土壤空气湿度一般接近 100%。

土壤空气的运动又称为土壤气体更新,指的是土壤气体与近地层大气的交换过程。土壤气体的运动形式主要包括土壤气体对流与土壤气体扩散。

1. 土壤气体对流

土壤气体对流是指土壤与大气间由总压力梯度推动的气体的整体流动,也称为质流。土壤与大气间的对流总是由高压区向低压区流动。土壤气体对流可用下式描述:

$$q_v = -\frac{k}{\eta} \nabla p$$

式中:q_v——空气的容积对流量(单位时间通过单位横截面积的空气容积);

　　　k——通气孔隙透气率;

　　　η——土壤气体的黏度;

　　　∇p——土壤气体压力的三维梯度;

　　　负号表示方向。

2. 土壤气体扩散

土壤气体扩散是促使土壤与大气间气体交换的最重要的物理过程。在此过程中,各个气体成分按照它们各自的气压梯度而流动。由于土壤中的生物活动总是使 O_2 和 CO_2 的分压与大气保持差别,所以对 O_2 和 CO_2 这两种气体来说,扩散过程总是持续不断进行的。因此,把这种土壤从大气中吸收 O_2,同时排出 CO_2 的气体扩散过程,称为土壤呼吸。土壤气体扩散的速率与土壤性质的关系可用 Penman 公式表示:

$$\frac{dp}{dt} = \frac{D_0}{\beta} AS \frac{p_1 - p_2}{L_e}$$

式中:dp/dt——扩散速率(p 为气体扩散量,t 为时间);

　　　D_0——气体在大气中的扩散系数;

　　　A——气体通过的截面积;

　　　S——土壤孔隙度;

　　　L_e——空气通过的实际距离;

p_1、p_2——分别为在距离 L_e 两端的气体分压;

β——比例常数。

上式说明土壤气体的扩散速率与扩散截面积中的空隙部分的面积以及分压梯度成正比,与空气通过的实际距离成反比。因此,土壤大孔隙的数量、连续性和均匀程度是影响气体交换的重要条件。土壤大孔隙多,互相连通而又未被充水,就有利于气体的交换。但如果土壤含水量饱和或接近饱和,这种气体交换就难以进行。

土壤空气对植物种子发芽、根系发育、微生物活动及养分的转化有很大的影响。一方面,它是影响土壤肥力的因素之一,土壤中空气的状况直接影响土壤性质和植物的生长;另一方面,它影响污染物在土壤中的迁移转化,影响植物生长和作物品质,如土壤中氧气含量影响土壤氧化还原电位,对土壤污染物的转化产生重要影响。土壤空气的成分还直接影响与之相接触的大气的成分,甚至影响居民区室内空气的成分,从而通过呼吸系统影响人类的健康。

1.1.1.5 土壤生物

土壤生物作为土壤生态系统的核心部分,其数量、活性、种群组成、多样性等构成了土壤发育及其特点的核心要素。同时,在污染土壤生物修复过程中土壤生物作为功能主体,其组成更是决定了土壤环境体系中污染物的去除效率与机制。土壤生物主要包括土壤动物、土壤微生物及高等植物根系。

土壤动物指长期或一生中大部分时间生活在土壤或地表凋落物层中的动物,主要包括原生动物、蠕虫动物(线虫类和蚯蚓等)、节肢动物(蚁类、蜈蚣、螨虫等)、腹足动物(蜗牛)等,以及栖居于土壤的脊椎动物。它们直接或间接地参与土壤中物质和能量的转化,是土壤生态系统中不可分割的组成部分。土壤动物通过取食、排泄、挖掘等生命活动破碎生物残体,使之与土壤混合,为微生物活动和有机物质进一步分解创造了条件。土壤动物活动使土壤的物理性质(通气状况)、化学性质(养分循环)以及生物化学性质(酶作用、微生物活动)均发生变化,对土壤形成及土壤肥力发展起着重要作用。

土壤微生物是指生活在土壤中的借用光学显微镜才能看到的微小生物,包括细胞核构造不完善的原核生物,如细菌、蓝细菌、放线菌;具有完善细胞核结构的真核生物,如真菌、藻类、地衣等。土壤微生物参与土壤物质转化过程,在土壤形成和发育、土壤肥力演变、养分有效化和有毒物质降解等方面起着重要作用。土壤微生物种类繁多、数量巨大,其中以细菌量为最大,约占 70%~90%。每克肥土中约含 25 亿个细菌、70 万个放线菌、40 万个真菌、5 万个藻类及 3 万个原生动物。土壤微生物的特点主要是数量高、繁殖快。微生物在土壤中分布的不均匀,受空气、水分、黏粒、有机质和氧化还原物质分布的制约。土壤微生物在土壤生态系统的物质循环中起着重要的分解作用,具体包括分解有机质、合成腐殖质等,对土壤总的代谢活性起着至关重要的作用。微生物参与下的氮、碳、硫、磷等环境污染物质的转化对环境自净功能起重要作用。

高等植物根系作为土壤生物的重要组成部分,是植物吸收水分和养分的主要器官,另外土壤中的重金属、有机物等污染物亦是通过植物根系的吸收、转运等到达植物地上部分,对植物的生长发育起着不可忽视的作用,同时对土壤系统中污染物的富集和去除也扮演了重要的角色,植物修复已成为目前世界范围内广泛使用的绿色生物修复技术。另外,在土壤生态系统的生成和发育过程中,植物根系和微生物、土壤动物等共同作用,在水分的参与下,形成了特定的土壤水、肥、气、热条件,对土壤的生产力和净化能力都有着重要的影响。

1.1.2　土壤理化性质

1.1.2.1　土壤物理性质

土壤是一个极其复杂的、含有三相(或多相,因有时高浓度疏水性污染物可自成一相)的分散系统。它的固体基质包括大小、形状和排列不同的土粒。这些土粒的相互排列和组织,决定着土壤结构与孔隙的特征,水和空气就在孔隙中保存和传导。土壤的三相物质的组成和它们之间强烈的相互作用表现出土壤的各种物理性质,如土壤质地、结构、孔隙、通气、温度、热量、可塑性、膨胀和收缩等。

1.土壤质地

土壤中各粒级土粒含量的相对比例或重量比称为土壤质地。依土粒粒径的大小,土粒可以分为 4 个级别,包括石砾(粒径大于 2 mm)、砂粒(粒径为 0.05～2 mm)、粉砂(粒径为 0.002～0.05 mm)和黏粒(粒径小于 0.002 mm)。一般来说,土壤质地可归纳为砂质土、黏质土和壤质土三类。砂质土是以砂粒为主的土壤,砂粒含量通常在 70% 以上;黏质土壤中黏粒的含量一般不低于 40%;壤质土可以看作是砂粒、粉砂粒和黏粒三者在比例上均不占绝对优势的一类混合土壤。

砂质土的黏粒含量少,砂粒含量占优势,通气性、透水性强,分子吸附、化学吸附及交换作用弱,对进入土壤中的污染物的吸附能力弱、保存的少,同时由于通气孔隙大,污染物容易随水淋溶、迁移。砂质土的优点是污染物容易从土壤表层淋溶至下层,减轻表层土污染物的数量和危害,缺点是有可能进一步污染地下水,造成二次污染。

黏质土的颗粒细小、含黏粒多、比表面积大、较黏重、大孔隙少、通气透水性差。由于黏质土富含黏粒,土壤物理吸附、化学吸附及离子交换作用强,具有较强保肥、保水性能,同时也可将进入土壤中的各类污染物质以分子、离子形态吸附固定于土壤颗粒,增加了污染物转移的难度。在黏质土中加入砂粒,可增加土壤通气孔隙,减少对污染物的分子吸附,提高淋溶的强度,促进污染物的转移。

壤质土的性质介于黏质土和砂质土之间。其性状差异取决于壤质土中砂、黏粒含量比例,黏粒含量多,性质偏于黏质土类,砂粒含量多则偏于砂质土类。

土壤质地可在一定程度上反映土壤的矿物组成和化学组成,不同质地的土壤,土壤的孔隙率、通气性、透水性和吸附性等性质明显不一样,这不仅影响土壤的保水和蓄肥能力,而且影响土壤的自净能力和土壤中微生物的活性和有机物含量,继而对土壤的环境状况产生影响。不仅如此,裸露的土壤表面还是空气颗粒物的重要来源,土壤颗粒越细,越容易造成扬尘,从而加重空气污染,危害人类健康。空气中的可吸入颗粒物主要来源于土壤。

2.土壤结构

土壤结构是土壤中固体颗粒的空间排列方式。根据土壤的结构按形状可分为方块状、片状和柱状三大类型;按土壤的结构大小、发育程度和稳定性等,再分为片状、方块状、团粒状、棱柱状、柱状、棱块状和碎屑状等结构(见图 1.2)。

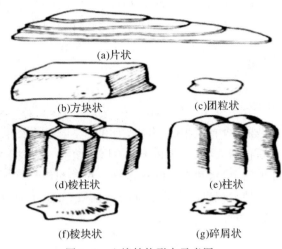

(a)片状

(b)方块状　　　　　　　(c)团粒状

(d)棱柱状　　　　　　　(e)柱状

(f)棱块状　　　　　　　(g)碎屑状

图 1.2　土壤结构形态示意图

(1)块状结构。块状结构近似立方体,长、宽、高大体相等(一般大于 3 cm),1～3 cm 的称为核状结构体,外形不规则。该结构容易在质地黏重而缺乏有机质的土壤中生成,特别是在土壤过湿或过干时最容易形成。由于其相互支撑,会增大孔隙,造成水分快速蒸发,不利于植物生长繁育。

(2)片状结构。片状结构水平面排列,水平轴比垂直轴长,界面呈水平薄片状。这种结构往往是由于流水沉积作用或某些机械碾压造成的,不利于通气、透水,容易造成土壤干旱,水土流失。农田犁耕层、森林的灰化层、园林压实的土壤均属此类。

(3)柱状结构。柱状结构呈立柱状,沿垂直轴排列,垂直轴大于水平轴,土体直立,结构体大小不一。其特点是土体直立、结构体横截面大小不一、坚硬、内部无效孔隙占优势、植物的根系难以介入、通气不良、结构体之间有很大的裂隙、既漏水又漏肥。常见于半干旱地带的表下层,以碱土、碱化土表下层或黏重土壤心土层最为典型。

(4)团粒结构。团粒结构通常指土壤中近乎球状的小团聚体,其直径为 0.25～10 mm,这是最适宜植物生长的土壤结构,它在一定程度上标志着土壤肥力的水平和利用价值。其能协调土壤水分和空气的矛盾;能协调土壤养分的消耗和累积的矛盾;能调节土壤温度,并改善土壤的温度状况;能改良土壤的可耕性,改善植物根系的生长伸长条件。

3. 土壤孔隙

一般把土粒与土粒之间,结构体与结构体之间通过点、面接触关系,形成大小不等的空间称为土壤孔隙。土壤孔隙的形状是复杂多样的,人们通常把土壤这种多孔的性质称为土壤孔隙性。土壤孔隙性决定着土壤的水分和空气状况,并对土壤的水、肥、气、热及耕作性能都有较大的影响,所以它是土壤的重要属性。

土壤孔隙性取决于土壤的质地、结构和有机质的含量等。不同土壤的孔隙性质差别很大。一般说来,砂土中孔隙的体积占单位体积土壤的百分比为 30%～45%,壤土为 40%～50%,黏土为 45%～60%,结构良好的表土高达 55%～65%,甚至在 70% 以上。土壤孔隙的数量及分布,可分别用孔隙度和分级孔度表示。土壤孔隙度一般不直接测定,而以土壤容重和土壤比重计算而得。

$$总孔隙度 = \frac{1-土壤容重}{土壤比重} \times 100\%$$

其中,土壤容重是指单位原状土壤体积的烘干土重,单位为 g/cm^3。土壤矿物质、土壤有机质含量和孔隙状况是影响容重的重要因素。一般矿质土壤的容重为 $1.33\ g/cm^3$,砂土中的孔隙数量少,总的孔隙容积较小,容重较大,一般为 $1.20\sim1.80\ g/cm^3$;黏土的孔隙容积较大,容重较小,一般为 $1.00\sim1.50\ g/cm^3$;壤土的容重介于砂土与黏土之间。有机质含量愈高,土壤容重愈小。而质地相同的土壤,若有团粒结构形成则容重减小;无团粒结构的土壤,容重大。此外,土壤容重还与土壤层次有关,耕层容重一般在 $1.10\sim1.30\ g/cm^3$,随土层增深,容重值也相应变大,可达 $1.40\sim1.60\ g/cm^3$。

土壤的孔隙形状对进入土壤的污染物过滤截留、物理和化学吸附、化学分解、微生物降解等有重要影响。在利用污水灌溉的地区,若土壤通气孔隙大,好气性微生物活动强烈,可以加速污水中有机物质分解,较快地转化为无机物,如 CO_2、NH_3、硝酸盐和磷酸盐等。通气孔隙量大,土壤下渗强度大,渗透量大,土壤土层的有机、无机污染物容易被淋溶,从而进入地下水造成污染。

4. 土壤的物理机械性

土壤物理机械性是多项土壤动力学性质的统称,它包括黏结性、黏着性、可塑性,以及其他受外力作用而发生形变的性质。

黏结性是指土粒之间相互吸引黏合的能力,也就是土壤对机械破坏和根系穿插时的抵抗力。在土壤中,土粒通过各种引力而黏结在一起,就是黏结性。由于土壤中往往含有水分,土粒与土粒的黏结常常是通过水膜为媒介的。同时,粗土粒可以通过细土粒(黏粒和胶粒)为媒介黏结在一起,甚至通过各种化学胶结剂为媒介而黏结在一起,也归之于土壤黏结性。土壤黏结性的强弱,可用单位面积的黏结力(如 g/cm^2)表示。一般黏粒含量高、含水量大、有机质缺乏的土壤黏结性强。

黏着性是指土壤黏附外物的性能,是土壤颗粒与外物之间通过水膜所产生的吸引力作用而表现的性质。影响土壤黏着性大小的主要也是活性表面大小和含水量多少这两方面。

可塑性指土壤在适宜水分范围内,可被外力揉捏成各种形状,在外力消除和干燥后,仍能保持原形的性能。土壤塑性是片状黏粒及其水膜造成的。黏粒是产生黏结性、黏着性和可塑性的物质基础,水分条件是表现强弱的条件。一般认为,过干的土壤不能任意塑形,泥浆状态的土壤虽能变形,但不能保持变形后的状态。因此,土壤只有在一定含水量范围内才具有塑性。

1.1.2.2　土壤化学性质

土壤的化学性质表现在土壤胶体性质、酸碱性、离子交换性、氧化还原反应、络合反应等方面。

1. 土壤胶体

在土壤科学中,一般认为土粒粒径小于 $2\ \mu m$ 的颗粒是土壤胶体。土壤胶体按其成分和特性,可分为土壤矿质胶体(次生黏土矿物为主)、有机胶体(腐殖质、有机酸等)和无机复合胶体三种。土壤胶体是土壤中高度分散的部分,是土壤中最活跃的物质之一。土壤的许多物理、化学现象,如土粒的分散与凝聚、离子的吸附与交换、酸碱性、缓冲性、黏结性、可塑性等都与胶体的性质有关。土壤胶体拥有巨大的比表面和表面能,因此,若土壤中胶体含量高,土壤比表面愈大,表面能也愈大,吸附性能也愈强。

土壤胶体有集中和保持养分的作用,不仅能为植物吸收营养提供有利条件,而且能直接为土壤生物提供有效的有机物。土壤各类胶体具有调节和控制土体内热、水、气、肥动态平衡的能力,为植物的生理协调提供物质基础。

进入土壤的农药可被黏土矿物吸附而失去其药性,条件改变时,又可被释放出来。有些农药可在胶体表面发生催化降解而失去毒性。土壤黏土矿物表面可通过配位相互作用与农药结合,农药与黏粒的复合必然影响其生物毒性,这种影响程度取决于黏粒吸附力和解吸力。

土壤胶体还可促使某些元素迁移,或吸附某些元素使之沉淀集中,或通过离子交换作用,使交换力强的元素保留下来,而交换力弱的元素则被淋溶迁移。因此,土壤胶体对土壤中元素的迁移转化有着重大作用。

2. 土壤酸碱性

土壤酸碱性亦称"土壤 pH",是土壤酸度和碱度的总称,两者的浓度比例决定着土壤溶液反应的酸性、中性和碱性。土壤的酸碱性虽然表现为土壤溶液的反应,但是它与土壤的固相组成和吸附性能有着密切的关系,是土壤的重要化学性质。

土壤酸碱性影响土壤中各种化学反应,如氧化还原、溶解沉淀、吸附解吸、络合解离等。因此,土壤酸碱性对土壤养分的有效性产生重要影响,同时通过对上述一系列化学反应影响土壤污染物的形态转化和毒性。土壤酸碱性还影响土壤微生物活性,进而影响土壤中有机质分解、营养物质的循环和有害物质的分解与转化。

根据土壤溶液中 H^+ 存在的方式,土壤酸度可分为活性酸度和潜性酸度两大类型。土壤的活性酸度是土壤溶液中氢离子浓度的直接反映。土壤溶液中的氢离子主要来源于土壤空气中的 CO_2 溶于水形成的碳酸和有机质分解产生的有机酸,以及氧化作用产生的大量无机酸(如硝酸、硫酸、磷酸等)和无机肥料残留的酸根。此外,大气污染产生的酸雨所带来的大量的硫酸会使土壤酸化,是一项重要的土壤污染。土壤的潜性酸度是由代换性氢、铝离子所决定的。这些离子处于吸附状态时是不显酸性的,当它们被代换入土壤溶液后会增加 H^+ 的浓度,便显示出酸性来。它们是土壤酸度的潜在来源。

3. 土壤氧化还原性

土壤中各种能传递电子的物质在动态变化或平衡时所表现的性质,称为土壤氧化还原性。土壤中存在着许多有机和无机的氧化还原性物质,这些氧化还原性物质参与土壤氧化还原反应,对土壤的生态系统产生重要影响。此外,土壤养分状况也受到各种氧化还原反应的制约。

参与土壤氧化还原反应的氧化剂有:土壤中氧气、NO_3^- 和高价金属离子,如 $Fe(III)$、$Mn(IV)$、$V(V)$、$Ti(IV)$ 等。土壤中的主要还原剂有:有机质和低价金属离子。此外土壤中植物的根系和土壤生物也是土壤发生氧化还原反应的重要参与者。可将土壤中氧化还原物质分成无机体系和有机体系两大体系。无机体系中有:氧体系、铁体系、锰体系、硫体系和氢体系。有机体系包括不同分解程度的有机物、微生物及其代谢产物、根系分泌物、能起氧化还原反应的有机酸、酚、醛和糖类等。土壤环境氧化还原作用的强度,可以用氧化还原电位(Eh)度量。土壤的 Eh 值是以氧化态物质和还原态物质的浓度比为依据的。由于土壤中氧化态物质与还原态物质的组成十分复杂,因此计算土壤的氧化还原电位 Eh 值很困难,主要以实际测量的土壤氧化还原电位来衡量土壤的氧化还原性。根据实测,旱地土壤的 Eh 值为 $400\sim700$ mV,水田土壤为 $200\sim300$ mV。通常当氧化还原电位 Eh>300 mV 时,氧体系起重要作用,土壤处于氧化状况;当 Eh<300 mV 时,有机质体系起重要作用,土壤处于还原状况。土壤 Eh 值决定着土壤中可能进行的氧化还原反应,因此测得土壤的 Eh 值后,就可以判断该物质处于何种价态。土壤的氧化还原电位具有非均相性,即在同一片土壤中的不同位置,Eh 值也不同。例如在好氧条件下,土壤胶粒聚集体内部仍可能是厌氧的。因为大气中的氧需要透过土壤溶液再经扩散才能进入聚集体孔隙中,所以在仅有数毫米差距的条件下,氧气浓度就有很大的差别。影响土壤氧化还原作用的主要因素有以下几个:

(1)土壤通气状况　通气良好,电位升高;通气不良,电位下降。受氧支配的体系其 Eh 值随 pH 值而变化,pH 值越低,Eh 值越高。

(2)土壤有机质状况　土壤有机质在厌氧条件下分解,形成大量还原性物质,在浸水条件下使 Eh 值下降。

(3)土壤无机物状况　一般来说还原性无机物多,还原作用强,氧化性无机物多,氧化作用强。如果土壤中氧化铁和硝酸盐含量高,可减弱还原作用,缓和 Eh 值的下降。

(4)根系代谢作用　植物根系代谢分泌的有机酸和土壤生物等可参加土壤的氧化还原反应。土壤的氧化还原电位(Eh)高,表明土壤氧化作用强,有机物被分解成氧化态的养料,有效程度提高。当有机物分解强烈时,土壤中的重金属呈高价氧化态参与土壤的迁移过程。

4. 土壤的配合和螯合作用

土壤中的有机、无机配体能与金属离子发生配合或螯合作用,从而影响金属离子迁移转化等行为。土壤中有机配体主要是腐殖质、蛋白质、多糖类、木质素、多酶类、有机酸等,其中最重要的是腐殖质。土壤腐殖质具有与金属离子牢固络合的配位基,如氨基($-NH_2$)、亚氨基($NH=$)、羟基($-OH$)、羧基($-COOH$)、羰基($C=O$)、硫醚(RSR)等基团。因此重金属与土壤腐殖质可形成稳定的配合物和螯合物。

土壤中常见的无机配体有 Cl^-、SO_4^{2-}、HCO_3^-、OH^- 等,它们与金属离子生成各种配合物。金属配合物或螯合物的稳定性与配位体或螯合剂、金属离子种类及环境条件有关。土壤有机质对金属离子的配合或螯合能力的顺序为:

$$Pb^{2+}>Cu^{2+}>Ni^{2+}>Zn^{2+}>Hg^{2+}>Cd^{2+}$$

不同配位基与金属离子亲和力的大小顺序为:

$$-NH_2>-OH>-COO^->C=O$$

土壤介质的 pH 值对螯合物的稳定性有较大的影响:pH 值低时,H^+ 与金属离子竞争螯合剂,螯合物的稳定性较差;pH 值高时,金属离子可形成氢氧化物、磷酸盐或碳酸盐等或水溶性低的化合物。螯合作用对金属离子迁移的影响取决于所形成螯合物的可溶性。形成的螯合物易溶于水,则有利于金属的迁移,反之,有利于金属在土壤中滞留,降低其活性。

1.1.3　土壤背景值

土壤背景值是指未受或少受人类活动(特别是人为污染)影响的土壤环境本身的化学元

素组成及其含量,它是诸因素综合作用下成土过程的产物,代表土壤某一历史发展、演变阶段的一个相对意义上的概念。由于人类活动和现代工业发展的影响,加上土壤本身所具有的多样性和不均匀性等所固有的特征,因而土壤元素的背景值是统计性的,它是一个范围值,而不是一个确定值,其大小因时间和空间的变化而不同。土壤背景值是研究和确定土壤环境容量,制定土壤环境质量标准的基本数据,也是土壤环境质量评价,特别是土壤污染综合评价的基本依据。

1.2 土壤污染

1.2.1 土壤污染的概念、特点及危害

1.2.1.1 土壤污染及其识别

土壤污染(soil pollution)是指污染物通过多种途径进入土壤,其数量和速度超过了土壤自净能力,导致土壤的组成、结构和功能发生变化,微生物活动受到抑制,有害物质或其分解产物在土壤中逐渐积累,通过"土壤—植物—人体"或通过"土壤—水—人体"间接被人体吸收,危害人体健康的现象。污染物进入土壤后,通过土壤对污染物质的物理吸附、胶体结合作用、化学沉淀、生物吸收等一系列过程与作用,使其不断在土壤中累积,当其含量达到一定程度时,才引起土壤污染。

对于土壤污染,一般采用土壤污染指标和土壤污染指数来评价土壤污染程度。国际上,土壤污染指标尚未有统一的标准。目前中国采用的土壤污染指标有:土壤容量指标;土壤污染物的全量指标;土壤污染物的有效浓度指标;生化指标(土壤微生物总量减少 50%,土壤酶活性降低 25%);土壤背景值加 3 倍标准差(X+3S)等作为标准。识别土壤污染通常有以下三种方法:

(1)土壤中污染物含量超过土壤背景值的上限值;

(2)土壤中污染物含量超过土壤环境质量标准 GB 15618—2018 和 GB 36600—2018 中的标准值;

(3)土壤中污染物对生物、水体、空气或人体健康产生危害。

土壤污染指数又称土壤环境质量指数,是评价土壤受污染程度的一种数量尺度,是土壤环境质量的定量描述方法。评测土壤污染指数有两种,分别是:单项污染指数(P_i)和综合污染指数(P)。根据污染源和评价目的的要求,一般选择重金属、有机毒物、酸度、其他非金属毒物等作为基本评价参数,以区域土壤背景值或区域土壤本底值作为评价标准,用下式计算土壤污染指数:

$$P_i = C_i / S_i$$

当 $P_i < 1$ 时,表示土壤未受到污染;当 $P_i > 1$ 时,表示土壤被污染。综合污染指数(P)由单项污染指数综合而成。在简单处理时,一般采用单项污染指数相加,或相加后再平均的方法。P 值越高,污染越严重。

一般土壤是三相共存体系,在某些污染情况下,可形成复杂的多项共存体系。有害物质在土壤中可与土壤相结合,部分有害物质可被土壤生物分解或吸收,当土壤有害物质迁移至

农作物,再通过食物链损害人畜健康时,土壤本身可能还继续保持其生产能力,这更增加了对土壤污染危害性的认识难度,以致污染危害持续蔓延。

1.2.1.2　土壤污染的特点

与水体和大气污染相比,土壤污染具有以下特点。

1. 隐蔽性或潜伏性

土壤污染被称作"看不见的污染",这是因为它不像大气、水体污染那样,容易因嗅觉、皮肤感知或视觉感官的刺激被人们发现和觉察,而很多情况下,土壤污染是因为人或动物食用污染土壤生长的粮食、蔬菜等作物后的健康发生状况,在污染已经造成的后果中被感知,或者当人们有意识对粮食、蔬菜、土壤样品等进行分析化验时才被发现。从遭受污染到产生"恶果"往往需要相当长的过程。也就是说,土壤污染从产生污染到出现问题通常会滞后较长的时间,如日本的"痛痛病"(参见本章1.2.3)在过了10～20年之后才被人们所认识。

2. 累积性与地域性

土壤对污染物进行吸附、固定,其中也包括植物吸收,从而使污染物聚集于土壤中。在进入土壤的污染物中,大多无机污染物,尤其是重金属和放射性元素都能与土壤有机质或矿物质相结合,并且长久地收纳于土壤中,无论它们如何转化,也很难重新离开土壤,成为顽固的环境污染问题。污染物在土壤中并不像在大气和水体中那样容易扩散和稀释,因此容易在土壤环境中不断积累而达到很高的浓度。由于土壤性质差异较大,而且污染物在土壤中迁移慢,导致土壤中污染物分布不均匀,空间变异性较大,因此土壤污染具有很强的地域特点。

3. 难以自然恢复性

积累在污染土壤中的难降解污染物很难靠稀释作用和自净作用来消除。比如,重金属污染物对土壤环境的污染基本上是一个难以自然恢复的过程,主要表现为两个方面:

(1)进入土壤环境后,很难通过自然过程从土壤环境中稀释或消失;

(2)对生物体的危害和对土壤生态系统结构与功能的影响不容易恢复。例如,被某些重金属污染的农田生态系统可能需要100～200年才能自然恢复。

同样,许多有机化合物的土壤污染也需要较长的时间才能降解,尤其是那些持久性有机污染物,在土壤环境中很难降解,甚至产生毒性较大的中间产物。例如,六六六和滴滴涕在中国已禁用20多年,但由于有机氯农药很难降解,至今仍能从土壤中检出。

4. 治理费用高且周期长

土壤污染一旦发生,仅仅依靠切断污染源的方法往往很难自我恢复,必须采用各种有效的治理技术才能解决现实污染问题。但是,从目前现有的治理方法来看,仍然存在成本较高和治理周期较长的问题。因此,需要有更大的投入来探索、研究、发展更为先进、有效和经济的污染土壤修复、治理技术。

1.2.1.3　土壤自净与土壤环境容量

土壤环境容量和土壤自净能力与土壤质量密切相关。所谓土壤质量是指土壤提供给植物养分和生产生物质的土壤肥力质量,容纳、吸收、净化污染物的土壤环境质量,以及维护保障人类和动植物健康的土壤健康质量的总和。土壤质量高低主要可从作物生产力、土壤环境保护、食物安全及人类和动物健康等综合评估。

土壤环境容量是指在一定环境单元、一定时限内遵循环境质量标准,既能保证土壤质量,又不产生次生污染时,土壤所能容纳污染物的最大负荷量。土壤环境容量受到多种因素的影响,如土壤性质、环境因素、污染历程、污染物的类型与形态等。由于影响因素的复杂性,因而土壤环境容量不是一个固定值,而是一个范围。

土壤环境的绝对容量(W_Q)是某一环境所能容纳某种污染物的最大负荷量,达到绝对容量没有时间限制,即与年限无关。土壤的绝对容量是由土壤环境标准的规定值(W_s)和土壤环境背景值(B)来决定的,以浓度单位表示的环境绝对容量(mg/kg)的计算公式为

$$W_Q = W_s - B$$

土壤年容量(W_A)是指某一土壤环境在污染物的积累浓度不超过环境标准规定的最大容许值的情况下,每年所能容纳的某污染物的最大负荷量。年容量的大小除了与环境标准规定值和环境背景值有关外,还与环境对污染物的净化能力有关。由于土壤是一个开放的系统,污染物既可以进入土壤,也可以离开土壤。所以,土壤年容量是根据污染物的残留量计算出的土壤环境容量。若某污染物对土壤环境的输入量为 A(单位负荷量),经过一年时间后,被净化的量(年输出量)为 A',以浓度单位表示的土壤环境年容量的计算公式为

$$W_Q = K(W_s - B)$$

式中,K 为土壤年净化率($K = \dfrac{A'}{A}$)。

土壤环境容量是对污染物进行总量控制与环境管理的重要指标。对损害或破坏土壤环境的人类活动及时进行限制,进一步要求污染物排放必须限制在容许限度内,既能发挥土壤的净化功能,又能保证土壤环境处于良性循环状态。

1.2.1.4 土壤污染的危害

随着现代工业化和城市化的不断发展,环境中有毒有害物质日趋增多,土壤污染日益严重。进入土壤的污染物对土壤、环境、动物与人类造成的主要危害有以下几方面。

1. 对土壤结构与性质的影响

不同污染物对土壤结构造成的影响不同。如长期大量使用化肥容易导致土壤板结与酸碱度发生变化;增加氮素供应,会引起土壤有机质的消耗,影响微生物的活性,从而影响土壤团粒结构的形成,导致土壤板结;磷肥中的磷酸根离子与土壤中钙、镁等阳离子结合形成难溶性磷酸盐,会破坏土壤团粒结构,致使土壤板结;钾肥中的钾离子能将形成土壤团粒结构的多价阳离子置换出来,由于一价的钾离子不具有键桥作用,土壤团粒结构的键桥被破坏了,也就破坏了团粒结构,致使土壤板结。

2. 对水环境的危害

进入土壤环境中的污染物对水环境的危害主要体现在以下两方面。

(1)土壤中一些水溶性污染物受到土壤水淋洗作用而进入地下水,造成地下水污染。例如土壤中的多环芳烃(PAHs)污染物能够在渗流带迁移,进而进入作为饮用水源的地下水;任意堆放的含毒废渣以及农药等有毒化学物质污染的土壤,通过雨水的冲刷、携带和下渗,

会污染水源;被病原体污染的土壤通过雨水的冲刷和渗透,病原体被带进地表水或地下水中。

（2）一些悬浮物及其所吸附的污染物,也可随地表径流迁移,造成地表水体的污染等。

3. 对植物的危害

不同污染物对土壤植物的影响是不同的。当土壤受铜、镍、钴、锌、砷等元素污染时,会引起植物的生长和发育障碍;受镉、汞、铅等元素的污染时,这些元素会蓄积在植物的可食部位。当土壤中含砷量较高时,植物的最初症状是叶片卷曲枯萎,进一步是根系发育受阻,最后是植物根、茎、叶全部枯死。

一些在土壤中长期存活的植物病原体能严重地危害植物,造成农业减产。例如,某些植物致病细菌污染土壤后能引起番茄、茄子、辣椒、马铃薯、烟草等百余种茄科植物的青枯病,能引起果树的细菌性溃疡和根癌病。某些致病真菌污染土壤后能引起大白菜、油菜、萝卜、甘蓝、荠菜等 100 多种蔬菜的根肿病,引起茄子、棉花、黄瓜、西瓜等多种植物的枯萎病,以及小麦、大麦、燕麦、高粱、玉米、谷子的黑穗病等。此外,甘薯茎线虫、黄麻、花生、烟草根结线虫、大豆胞束线虫、马铃薯线虫等都能经土壤侵入植物根部引起线虫病。

4. 对人体健康的危害

食物链累积造成的危害:人类吃了含有残留农药的各种食品后,残留的农药转移到人体内,这些有毒有害物质在人体内不易分解,经过长期积累会引起内脏机能受损,使肌体的正常生理功能发生失调,造成慢性中毒,影响身体健康。杀虫剂所引起的致癌、致畸、致突变等"三致"问题,令人十分担忧。例如,1955 年日本富山县神通川流域由于利用含镉废水灌溉稻田,污染了土壤导致稻米镉含量增加,造成几千人镉中毒,引起全身性神经痛、关节痛,而得骨痛病。另外镉会损伤人的肾小管,使患者出现糖尿病,还会引起血压高,出现心血管病,甚至还有致癌、致畸的报道。

长期暴露引起的危害:长时间暴露于多氯联苯(PCBs)、多环芳烃(PAHs)等持久性有机污染物(POPs)中,癌症发病率将大大升高,并会干扰与损害内分泌系统;长期暴露于一些重金属元素(Hg、Pb、Cd、As 等)污染的土壤,会引起神经系统、肝脏、肾脏等损害。大量事实表明环境中高含量的铅影响儿童血铅含量、智力和行为。

1.2.2 土壤污染物来源及其分类

1.2.2.1 土壤污染物的来源

土壤是一个开放系统,土壤与其他环境要素间进行着物质和能量的交换,因而造成土壤污染的物质来源极为广泛,有自然污染源,也有人为污染源。自然污染源是指某些矿床的元素和化合物的富集中心周围,由于矿物的自然分解与分化,往往形成自然扩散带,使附近土壤中某元素的含量超过一般土壤的含量。人为污染源是土壤环境污染研究的主要对象,包括工业污染源、农业污染源和生活污染源。本小节主要讨论土壤污染物的人为来源。

1. 工业污染源

由于工业污染源有确定的空间位置并稳定排放污染物质,其造成的污染多属点源污染。工业污染源造成的污染主要有以下几种情况:

(1)采矿业对土壤的污染。对自然资源的过度开发造成多种化学元素在自然生态系统中超量循环。改革开放以来,我国采矿业发展迅猛,由此引发的环境污染和生态破坏也与日俱增。采矿业引发的土壤环境污染可以概括为:挤占土地、尾渣堆放污染土壤及地下水。

(2)工业生产过程中产生的"三废"。工业"三废"主要是指工矿企业排放的废水、废气和废渣,一般直接由工业"三废"引起的土壤环境污染集中在工业区周围数公里范围内,由此引起的大面积土壤污染都是间接的,且是由于污染物在土壤环境中长期积累而造成的。

①废水主要来源于城乡工矿企业废水和城市生活污水,直接利用工业废水、生活污水或用工业废水灌溉农田,均可引起土壤及地下水污染。

②工业废气中有害物质通过工矿企业的烟囱、排气管或无组织排放进入大气,以微粒、雾滴、气溶胶的形式飞扬,经重力沉降或降水淋洗沉降至地表而污染土壤。这种污染受气象条件影响明显,一般在常年主导风向的下风侧比较严重。

③工业废渣、选矿尾渣如不加以合理利用和妥善处理,任其长期堆放,不仅占用大片农田,淤塞河道,还可因风吹、雨淋而污染堆场周围的土壤及地下水。产生工业废渣的主要行业有采掘业、化学工业、金属冶炼加工业、非金属矿物加工业、电力煤气生产行业、有色金属冶炼业等。另外,很多工业原料、产品本身就是环境污染物。

2. 农业污染源

在农业生产中,为提高农产品产量,过多地施用化学农药、化肥、有机肥,以及污水灌溉、施用污泥、生活垃圾以及农用地膜残留、畜禽粪便及农业固体废弃物等,都可使土壤环境遭受不同程度的污染。由于农业污染源大多无确定的空间位置、排放污染物的不确定以及无固定的排放时间,农业污染多属面源污染,更具有复杂性和隐蔽性的特点,且不容易得到有效的控制。

(1)污水灌溉。未经处理的工业废水和混合型污水中含有各种污染物,主要是有机污染物和无机污染物(重金属),最常见的是引灌含盐、酸、碱的工业废水,使土壤盐化、酸化、碱化,失去或降低其生产力。另外,用含重金属污染物的工业废水灌溉,可导致土壤中重金属的累积。

(2)农业利用。各种固体废弃物中含污染物,主要来源于人类的生产和消费活动,包括有色金属冶炼工厂、矿山的尾矿废渣、污泥、城市固体生活垃圾和畜禽粪便、农作物秸秆等,这些作为肥料施用或在堆放、处理和填埋过程中,可通过大气扩散、降水淋洗等直接或间接地污染土壤。

(3)农用化学品。主要指化学农药和化肥,化学农药中的有机氯杀虫剂及重金属类,可较长时期地残留在土壤中;化肥施用可增加土壤重金属含量,其中所含的镉、汞、砷、铅、铬等是化肥对土壤产生的主要污染。

(4)农用废弃薄膜。农用废弃薄膜对土壤污染危害较大,农用薄膜残余物污染逐年累积增加。农用薄膜在生产过程中一般会添加增塑剂(如邻苯二甲酸酯类物质),这类物质有一定的毒性。

(5)畜禽饲养业。畜禽饲养业对土壤造成污染主要是通过粪便,一方面通过污染水源流经土壤,造成水源型的土壤污染;另一方面空气中的恶臭性有害气体降落到地面,造成大气沉降型的土壤污染。

3. 生活污染源

生活污染源对土壤的污染主要包括城市生活污水、屠宰加工厂污水、医院污水、生活垃圾等。

（1）各类生活污水及其处理后的污泥对土壤产生的污染。我国部分村镇尚无污水处理厂，将大量生活污水直接排放，造成越来越严重的环境污染问题。随着人类生活方式改变而出现的全氟化合物（PFOS、PFOA）、内分泌干扰物（EDCs）、药品和个人护理用品（PPCPs）、致癌类多环芳烃（PAHs）、溴化阻燃剂及其他有毒物质等新兴污染物，由于其在污水处理厂去除的不完全，剩余的在污泥中还会产生二次污染。

由于污水处理厂污泥对城市污水中污染物的吸附或裹挟作用，其二次利用与堆放也是造成土壤污染的一个重要因素。

（2）生活垃圾。近年来，我国城市垃圾产生量迅速增长，其化学组成伴随人类生活方式的变化而发生了改变，成为土壤的重要污染源。生活垃圾堆放过程是造成土壤污染的主要途径。《2020 年全国大中城市固体废物污染环境防治年报》显示，2019 年我国大中城市产生的生活垃圾总量约 2.35 亿吨，城市生活垃圾产生量最大的是上海市，产生量为 1076.8 万吨，其次是北京、广州、重庆和深圳。排名前 10 位的城市生活垃圾总量为 6987.1 万吨，占全部信息发布城市产生总量的 29.7%。

（3）粪便。这里的粪便主要是指村镇和养殖业所产生的粪便，其在堆放和施肥过程中会对土壤产生污染。虽然粪便中含有丰富的氮、磷、钾和有机物，但新鲜的粪便中含有大量的致病微生物和寄生虫卵，若未经处理而直接用到农田中，即可造成土壤的生物病原体污染，导致肠道传染病、寄生虫病、结核、炭疽等疾病的传播。

（4）公路交通污染源。公路交通已成为主要的流动污染源之一。交通运输对土壤产生的污染主要分两种：一是交通工具排放尾气产生的污染，如含硫化合物、含氮化合物、碳氧化合物、碳氢化合物、铅等；二是运输过程中有毒、有害物质的泄漏。据报道，美国由汽车尾气排入环境中的铅，已达到 3000 万吨，且大部分蓄积于土壤中。而汽车尾气中污染物裹挟在扬尘中可散发到公路两侧 300～1000 m 范围内。

（5）电子垃圾。废弃电子设备产生的垃圾称为电子垃圾。所含污染物因电子设备而异，其中主要的重金属包括铅、汞、镉等，主要的有机污染物包括持久性有机污染物，如多溴联苯醚、多环芳烃、多氯联苯、二噁英等。因污染物溶出、挥发、脱落或剥离等使废弃电子垃圾拆解和堆放对土壤产生的污染已不容忽视。据《2020 年全球电子废弃物监测》报告，2019 年全球产生了 5360 万吨电子废弃物，5 年内增长 21%。据联合国环境规划署估计，每年有2000 万～5000 万吨电子产品被当做废品丢弃，它们对人类健康和环境已构成严重威胁。资料显示，一节一号电池能使 1 m^2 的土壤永久失去利用价值；一粒纽扣电池可污染 600 吨水，相当于一个人一生的饮水量。电池污染具有周期长、隐蔽性大等特点，其潜在危害相当严重，处理不当还会造成二次污染。

综上所述，在为数众多的土壤污染来源中，影响大、比例高的污染来源主要包括工业污染源、农业污染源、市政污染源等。不同土壤由于其主要的生产生活等种类的不同，加之复合污染的存在，使污染场地表现出单污染源和复合污染源并存的情况，出现了更为复杂的土壤污染来源。

1.2.2.2 土壤污染物的分类

1. 根据污染物性质分类

根据污染物性质，可把土壤污染物大致分为无机污染物和有机污染物两大类。

(1)无机污染物。土壤中无机污染物主要有重金属(汞、镉、铅、铬、铜、锌、镍,以及类金属砷、硒等)、放射性元素(铯137、锶90等)、非金属及其化合物(氟、酸、碱、盐)等。因重金属应用广泛而污染面广,放射性物质污染常具有地域性。

(2)有机污染物。土壤中有机污染物主要有人工合成的有机农药、酚类物质、氰化物、石油、多环芳烃、洗涤剂以及有害微生物、高浓度耗氧有机物等。其中以有机氯农药、有机汞制剂、多环芳烃等性质稳定不易分解的有机物为主,它们在土壤环境中易累积,污染危害大。

2. 按危害及出现频率大小分类

(1)重金属。土壤重金属污染是指由于人类活动将金属加入土壤中,致使土壤中重金属含量明显高于原生含量并造成生态环境质量恶化的现象。重金属毒性大、面广、出现频次高,局部污染浓度高,污染土壤的重金属主要包括汞、镉、铅、铬和类金属砷等生物毒性显著的元素,以及有一定毒性的锌(Zn)、铜(Cu)、镍(Ni)等元素。重金属污染主要来自农药、废水、污泥和大气沉降等,如汞主要来自含汞废水,镉、铅主要来自冶炼排放和汽车废气沉降,砷则被大量用作杀虫剂、杀菌剂、杀鼠剂和除草剂。

(2)土壤中石油类污染物。随着石油产品需求量的增加,大量的石油及其加工品进入土壤,给生物和人类带来危害,造成土壤的石油污染日趋严重,这已成了世界性的环境问题,石油类污染组分复杂,主要有 C15~C36 的烷烃、烯烃、苯系物、多环芳烃、酯类等,其中 30 余种为美国环境保护署(EPA)规定的优先控制污染物。

(3)持久性有机污染物(POPs)。最为常见的持久性有机污染物有:多环芳烃(PAHs)、多杂环烃(PHHs)、多氯联苯(PCBs)、多氯二苯并二噁英(PCDDs)、多氯二苯呋喃(PCDFs)以及农药残体及其代谢产物。

(4)其他工业化学品。据估计,目前有 6 万~9 万种化学品已经进入商业使用阶段,并且以每年上千种新化学品进入的速度增加。有许多化学品,尤其是有些有害化学品(滴滴涕、六六六、艾氏剂等)由于储藏过程的泄漏、废物处理以及在应用过程中进入环境,导致许多土壤的污染问题。

(5)富营养废弃物。污泥(也称生物固体)是世界性的土壤污染源。目前,污泥的处理方式主要有:农业利用(美国占 22%,英国占 43%)、抛海(英国占 30%)、土地填埋和焚烧等。

污泥可作为植物营养物质的来源,其富含氮、磷等元素,同时还是有机质的重要来源。然而,污泥的价值有时因为含有一些潜在的有毒物质(如镉、铜、镍、铅和锌等重金属和有机污染物)而降低。污泥中还含有一些在污水处理中没有被杀死的致病生物,可能会通过农作物进入人体而危害健康。

厩肥及动物养殖废弃物中含有大量氮、磷、钾等营养物质,它们对于作物的生长具有营养价值。与此同时,因为其含有食品添加剂、饲料添加剂以及兽药,常常会导致土壤的砷、铜、锌和病菌污染。

(6)放射性核素。核事故、核试验和核电站的运行,都会导致土壤的放射性核素污染。

(7)致病生物。细菌、病毒、寄生虫等致病生物也可污染土壤,这类污染的污染源包括动物或病人尸体等。土壤是这些致病生物的"仓库",能够进一步构成对地表水和地下水的污染,这些致病生物也可通过土壤颗粒进行传播,使植物受到危害,使牲畜和人感染疾病。

1.2.3　土壤污染现状

1.2.3.1　世界范围土壤污染状况

随着工业化进程与人类活动范围的不断增加,土壤污染问题已遍及全球,主要集中在欧洲,其次是亚洲和美洲。据国家冰川冻土沙漠科学数据中心公布的南极乔治王岛污染状况显示,人迹罕至的南极也已经被重金属与人工合成的有机物污染。

在欧洲,垃圾处理与工业生产是土壤污染的主要来源,截止 2015 年,已有 13.6% 的土壤被污染,被修复的土壤仅占其中的 15%;在加拿大,已发现 12723 个土壤污染点,其中 1699 污染点涉及石油污染,其中主要含有重金属、石油烃以及多环芳烃等污染物;在澳大利亚,土壤污染点已达到 8000 个;在我国,农田的重金属污染也比较严重。近几十年,随着工业化进程加快与农业生产方式转变,土壤中微塑料和 PAHs 的积累日趋严重。纵观目前状况,土壤环境污染问题已非常突出。

1.2.3.2　我国土壤污染状况

随着我国工业化、城市化、农业高度集约化的快速发展,土壤环境污染问题日益加剧,污染范围扩大,并呈现出多样化的特点。目前,我国土壤污染呈现为城郊向农村延伸、局部向流域及区域蔓延的趋势。逐步形成了点源与面源污染共存,多种污染物相互复合、混合的态势。

工矿业、农业生产等人类活动和自然背景值高是造成土壤污染的主要原因。原国家环保总局与国土资源部联合组织的土壤污染调查显示,2006 年全国受污染的耕地约有 1.5 亿亩(1 亩＝1/15 公顷),污水灌溉污染耕地 3250 万亩,固体废弃物堆存占地或毁田 200 万亩;2010 年发布的《我国稻米质量安全现状及发展对策研究》称,我国约 20% 的耕地受到不同程度的重金属污染;2014 年国土资源部发布的《土地整治蓝皮书》显示,我国耕地受到中度、重度污染的面积约 5000 万亩,特别是大城市周边、交通主干线及江河沿岸的耕地重金属和有机污染物严重超标,造成食品安全等一系列问题。

不同污染源对我国土壤污染概况为:耕地污染退化面积约占总耕地的 1/10,工业“三废”污染耕地近 1000 万公顷;固体废弃物堆放污染土壤约 5 万公顷;矿区污染土壤达 300 万公顷;石油污染土壤约 500 万公顷。从污染源的分布来看,工业污染源主要分布在华东和华北地区,农业污染源主要分布在我国中部和东北地区,采矿污染源主要分布在我国西部和西北地区,土壤母质污染源主要分布在我国西南地区。

鉴于土壤污染形势严峻,我国政府加大土壤污染防治方面的资金投入,仅 2018－2020 年,中央财政累计支出土壤污染防治专项资金就高达 125 亿元。同时,全面开展土壤污染普查、调查、监测等基础工作,推进重点行业企业用地调查,加大土壤污染修复投入。有效遏制了土壤污染加重的趋势,使土壤环境质量总体保持稳定。

1.2.3.3 土壤污染典型事件

1. 美国拉夫运河事件

1942年,胡克化学工业公司购买因干涸而被废弃的美国纽约州拉夫运河(The Love Canal),在之后的11年中,将其作为垃圾仓库用以倾倒大量工业废弃物。1953年,在填埋覆盖后的拉夫运河上,陆续盖起了大量的住宅和一所学校。从20世纪70年代,当地孕妇流产、婴儿畸形、癌症等病症的发病率居高不下。随后,相关部门调查发现,引发此类疾病的罪魁祸首是胡克化学工业公司填埋在表层土壤之下的2万多吨含有二噁英、苯等致癌物质的工业垃圾。为了有效治理污染物,美国政府进行了大量的居民搬迁、健康检查和环境研究,花费约4500万美元,纽约州花费约69亿美元进行污染治理和生态修复。此次污染及其造成的危害称之为"拉夫运河事件"。

拉夫运河事件引发美国社会对环境健康问题的深刻反思,社会舆论对政府加强污染治理和环境修复的呼声日益高涨。1980年,美国国会通过了《环境应对、赔偿和责任综合法》(又称"超级基金法"),胡克化学工业公司和纽约政府被认定为加害方,共赔偿受害居民经济损失和健康损失费约30亿美元。该法案也因此闻名。

2. 日本"痛痛病"事件

"痛痛病"是指1931—1977年发生在日本富山县神通川流域的镉污染公害事件。20世纪初期开始,人们发现该区域的水稻普遍生长不良。1931年,当地出现了一种腰、手、脚等关节疼痛的怪病,患者大多是妇女。患病后期患者骨骼软化、萎缩,四肢弯曲,脊柱变形,骨质松脆,就连咳嗽都能引起骨折,疼痛无比,这种病由此得名"痛痛病"。调查研究发现,"痛痛病"是由神通川上游的神冈矿山废水引起的镉中毒造成的。从出现首例病例到查清原因,"痛痛病"潜伏期长达10～30年,受害者不计其数。为消除当地土壤镉污染,日本政府对神通川盆地镉污染农田进行换土,耗时长达33年,耗资407亿日元(约合3.4亿美元),然而土壤污染的阴影至今仍未消除。

3. 中国台湾 RCA(美国无线电公司)污染事件

美国无线电公司(RCA)是生产电视机、映像管、音响等产品的一线品牌。1970—1992年,RCA在中国台湾地区设立子公司,并将生产过程中产生的有机化学废料以非法的秘密方式直接打入自行开挖的水井中,并且在水井内铺上沙土以吸收污染物,掩盖污染事实。其掩埋的有机化学废料主要包括二氯乙烷、二氯乙烯、四氯乙烯、三氯乙烷、三氯乙烯等挥发性有机氯化合物,至2001年,共致1375人罹患癌症,其中216人已过世。此次污染堪称台湾史上最严重的污染伤害事件。

其后,在中国台湾地区环保部门压力下,共花费新台币2亿多元进行土壤整治。完成整治后,虽然土壤污染达标,但遭受污染的地下水依然无法整治。因此,环保部门环境影响评估审查委员会审查结论公告"有条件通过环境影响评估审查",结论包括"该污染地区污染物未清除(完成整治)前,不允许申请建造执照""该污染地区不得兴建建筑物"等9项决议。

1.3　土壤污染修复方法概述

污染土壤修复是一个范围很广的概念,从土壤污染的绝对定义、相对定义和综合性定义等不同定义方式出发,污染土壤修复亦有不同的内涵。总体上,一般可将通过各种技术手段促使受污染的土壤恢复其基本功能和重建生产力的过程理解为污染土壤修复。土壤环境具有一定的自净作用,在自然循环的情况下可在一定程度上保持土壤缓冲体系的清洁,而各种人类研发的污染土壤修复技术也是在土壤自净机理的基础上,模拟土壤环境的自净作用和过程,从而对其进行强化处理。

污染土壤修复技术按照修复技术开展的原理主要包括物理修复法、化学修复法和生物修复法等,同时还包括修复技术的集成或联合。另外,按照污染土壤修复实施的场址,可将其分为原位修复(in-situremediation)和异位修复(out-sideremediation)。其中原位修复指的是在污染场地原址开展的修复,而异位修复则是指将污染土壤移出,在其他地方开展的修复。在污染土壤修复的实践中,原位和异位修复均具有广泛的应用,国内外成功开展的污染土壤修复案例也包含了上述两种形式的修复工程。实际应用中,原位修复因其不需开挖,所以对土层不产生扰动和破坏,同时可节约大量的土方量,具有成本低、不影响土壤功能等优点,这种修复在浅层和低浓度污染情况下较常用。而异位修复由于其污染物去除彻底、便于进行污染物去除过程和机制研究等优点,也得到了广泛的研究和应用,尤其对于污染程度深、危害大和特殊的污染物,异位修复具有不可比拟的优势。

1.3.1　物理修复法

物理修复法是以物理手段为主体的移除、覆盖、稀释、热挥发等污染治理技术,主要包括物理分离技术、翻土/客土、土壤蒸气浸提技术、固化/稳定化技术、玻璃化技术及热力学修复技术等。

1. 物理分离技术

物理分离技术是使用在化工、采矿和选矿工业中成熟的物理技术手段对污染土壤中的污染物进行分离的方法。

适合物理分离技术进行分离和修复的污染土壤,一般其污染物在密度、磁性、粒径、表面特性等方面与土壤颗粒的差异较大,因此,一般物理分离技术常用于土壤中无机污染物的分离,如用重力分离法除汞,以膜过滤法分离金、银等贵重金属等。

2. 翻土与客土技术

翻土即深翻土壤,使聚集在表层的污染物分散到较深地层,达到稀释的目的。客土法则是在污染的土壤中加入大量的干净土壤,或与原有的土壤混匀,使污染物浓度降低到临界危害浓度以下,或覆盖在表层,减少污染物与植物根系的接触,从而达到减轻危害的目的。翻土和客土等方法治理污染土壤的效果显著,但需要大量人力、物力,而且投资大,土壤肥力和初级生产力会有所降低,易产生二次污染,需专门处理。

3. 土壤蒸气浸提修复技术

土壤蒸气浸提技术(soil vapour extraction,SVE)是利用物理方法去除土壤中挥发性有机组分污染的一种原位修复技术,利用真空设备或鼓风设备产生压力差驱使空气流过污染的土壤孔隙,从而夹带挥发性有机组分流向抽取系统,抽提到地面后收集和处理。该技术主要通过固态、水溶态和非水溶性液态之间的浓度差,以及土壤真空浸提过程引入的清洁空气进行驱动,因此有时也将其称为"土壤真空浸提技术"。

SVE 技术主要用于亨利系数大于 0.01 或蒸气压大于 66.66 Pa 的挥发性有机化合物,同时也可用于土壤中油类、重金属及其有机物、PAHs 或二噁英的去除,其一般的运行和维护所需的时间为 6~12 个月。

4. 固化/填埋技术

固化技术(solidification)是将污染土壤按一定比例与固化剂混合,经熟化最终形成渗透性很低的固体混合物。固化/填埋技术则常与固化技术组合使用,将污染土壤挖掘出来,在地面进行混合,进行适当的固化与稳定、封存,亦可在原位进行固化和稳定化。填埋处理是将污染土壤填埋到进行过防渗处理的填埋场中,使污染土壤与未污染土壤分开,以减少或阻止污染物扩散到其他土壤中的处理方法。由于该法见效快,因而适用于由重金属、放射性等严重污染区土壤的抢救性修复。近几年,污染土壤的原位固化/稳定系统已经成为许多污染土壤的应急处理关键技术。据报道,对于土壤或重金属污染深度超过 10 英尺(3.048 米)的场地,原位固化/稳定处理比异位处理更为节约和经济。固化/填埋技术一般适用于污染严重的局部性、事故性土壤。

5. 热解吸修复技术

热解吸修复技术是指通过直接或间接热交换,将污染介质及其所含的有机污染物加热到足够温度(150 ℃~540 ℃),使有机污染物从污染介质中挥发或分离的过程。

常用的热解吸修复使用的气体介质包括空气、燃气或惰性气体。热解吸技术是将污染物从一相转化为另一相(通常是从固相或液相转化为气相)的物理分离过程,不涉及污染物的化学转化,对污染物本身的化学组成及其性质没有破坏作用,这也是热解吸技术区别于焚烧等技术的特点。热解吸技术可以分为两类:一是修复过程中加热温度为 150 ℃~315 ℃ 的,称为低温热解吸技术;二是修复过程温度为 315 ℃~540 ℃ 的,称为高温热解吸技术。

目前,热解吸技术已在苯系物以及石油烃的修复中得到应用。总体上,热解吸修复技术费用较高。由于上述常见的挥发性和半挥发性有机污染物的挥发温度一般较低,同时考虑降低能耗,一般来说,低温热解吸修复技术应用更为普遍。

1.3.2 化学修复法

化学修复法是利用外来的,或土壤自身物质之间的,或环境条件变化引起的化学反应来进行污染治理的技术,主要包括化学氧化法、化学淋洗法、化学改良剂、溶剂浸提技术等。

1. 化学改良技术

化学改良是向土壤中投加各种改良剂,调节土壤的酸碱度及化学组成,控制反应条件,使重金属能以生物有效性较低、毒害程度较弱的形态存在。在化学改良技术中,应用较多的改良剂主要包括石灰性物质、有机物质、离子拮抗剂以及化学沉淀剂等。具体的改良剂包括石灰、磷酸盐、堆肥、活性污泥、硫黄、高炉渣、沸石、片状和纤维状硅酸盐、氧化铁和氧化铝等，常用于修复被重金属和有机物污染的土壤。其中，原位化学改良技术具有处理成本低，且不需要专门的处理场地的优点，应用较为广泛。

2. 化学氧化技术

化学氧化技术是利用氧化剂的氧化性能，使污染物氧化分解，转变成无毒或低毒的物质，从而消除和减轻土壤污染和危害的技术。化学氧化技术包括普通化学氧化技术、高级氧化技术、原位化学氧化技术等。

3. 化学还原与还原脱氯修复技术

通过构建化学活性反应区或反应墙，当污染物通过这个特殊区域的时候被降解或固定，这就是原位化学还原与还原脱氯修复技术，多用于地下水的污染治理，是目前在欧美等发达国家新兴起的用于原位去除污染水中有害组分的方法，也可用做污染土壤的治理与修复，如重金属污染土壤的还原固定与去除、有机氯农药的脱氯降解等。

原位化学还原与还原脱氯修复技术需要构建一个可渗透反应区并填充以化学还原剂，修复地下水中对还原作用敏感的污染物如铀、锝、铬酸盐和一些氯代试剂，当这些污染物迁移到反应区时，或者被降解，或者转化成固定态，从而使污染物在土壤环境中的迁移性和生物可利用性降低。通常这个反应区设在污染土壤的下方或污染源附近的含水土层中。

4. 化学淋洗修复技术

化学淋洗修复技术是指借助能促进土壤环境中污染物溶解或迁移作用的化学/生物化学溶剂，在重力作用下或通过水力水头推动清洗液，将其注入被污染土层中，然后再把包含有污染物的液体从土层中抽提出，进行分离和污水处理的技术。

化学淋洗修复技术具有以下突出优点：

（1）可以去除土壤中大量的污染物，限制有害污染物的扩散范围；

（2）投资及消耗相对较少；

（3）操作人员可以不直接接触污染物；

（4）涉及土壤和淋洗液的分离，淋洗液/污染物的分离及淋洗液的循环利用。

5. 溶剂浸提技术

溶剂浸提技术（solvent extraction technology）是一种利用溶剂将有害化学物质从污染土壤中提取出来或去除的技术。溶剂浸提技术的设备组件运输方便，可以根据土壤的体积调节系统容量，一般在污染地点就地开展，是土壤异位处理技术。其主要特点如下：

（1）其突出优势在于可用于处理土壤中难以分离和去除的污染物；

（2）同其他原位处理技术相比，异位开展的溶剂浸提技术更为快捷和高效。溶剂浸提技术的开展一般是在原场地进行挖掘和浸提处理的，既省去了大量的运输费用和额外的土壤处理费用，同时浸提剂还可以循环使用。

（3）溶剂浸提技术的处理装置和组件可以运输到其他地方进行组装和应用，同时还可以根据待处理土壤的规模灵活调节系统容量，且其组件多为标准件，容易购买。

溶剂浸提技术适用于修复 PCBs、石油烃、氯代烃、PAHs、多氯二苯-p-二噁英以及多氯二苯呋喃(PCDF)等有机污染物污染的土壤。

6. 电动修复技术

电动修复技术又称为电动力学修复技术(electro kinetic remediation),是通过在污染土壤两侧施加直流电形成电场梯度,使土壤中污染物质在电场作用下通过电迁移、电渗流或电泳等方式被带到电极两端,从而使污染土壤得以修复的方法。

与其他修复方法相比,电动修复方法处理速度快,成本低,特别适合于处理黏土中的水溶性污染物。对于非水溶性污染物,则可先通过化学反应将其转化为水溶性化合物,然后再进行脱除。在大量实验室模拟研究的基础上,电动修复现已在重金属如 Pb、Cu、Cr 等和有机污染(如 TCE、石油烃等)土壤的修复与治理上得到了大量应用。

1.3.3 生物修复法

广义的生物修复是指一切以生物为主体的环境污染治理技术,包括利用植物、动物和微生物吸收、降解、转化土壤中的污染物,使污染物的浓度降低到可接受的水平;或将有毒、有害污染物转化为低毒、无害的物质。广义的生物修复包括微生物修复技术、植物修复技术和以土壤动物为功能主体的修复技术。而狭义的生物修复则是特指通过微生物的作用吸收、利用或消除土壤中的污染物,以使污染物无害化的过程。

1. 微生物修复技术

污染土壤的微生物修复技术(microbial remediation)是指利用微生物的作用降解土壤中的有机污染物,或通过生物吸附和生物氧化、还原作用改变有毒元素的存在形态,降低其在环境中的毒性和生态风险的修复技术。

微生物修复技术广泛用于被有机物污染的土壤的修复,如石油烃、PAHs、PCBs 等。微生物修复的优点:

(1)污染物降解完全,二次污染少;

(2)操作简单,可进行原位处理;

(3)对环境扰动小,不破坏植物生长所需土壤环境;

(4)费用低;

(5)可处理多种不同的污染物,面积大小均可适用,并可同时处理污染土壤和地下水。

微生物修复的缺点:

(1)当污染物溶解性较低或与腐殖质、黏粒结合较紧时,污染物不能被微生物降解;

(2)专一性强;

(3)可处理的污染物浓度存在限制;

(4)对于毒性大、结构复杂的污染物见效较慢。

生物修复技术具有广阔的应用前景,但应用范围有一定的限制,与热处理和化学处理相比见效慢,所需修复周期可以从几天到几个月,其长短受污染物种类、微生物物种和工程技术差异的制约。

2. 植物修复技术

植物修复(phytoremediation)技术是利用某些可以忍耐和超富集有毒元素的植物及其共存微生物体系清除污染物的一种环境污染治理技术。狭义上的植物修复技术即指的是清洁污染土壤中的重金属。随着植物修复技术的发展和概念的外延,逐步将其用于包括有机化合物、重金属、放射性物质等多种类型污染土壤的修复研究与实践,即广义的植物修复技术。

植物修复的优点:

(1)植物修复最显著的优点是价格便宜,可作为物理化学修复系统的替代方法;根据美国的实践,种植管理的费用在每公顷 200～10000 美元,即每年每立方米的处理费用为 0.02～1.00 美元,比物理化学处理的费用低几个数量级。

(2)对环境扰动少,植物修复是原位修复,不需要挖掘、运输和巨大的处理场所;不破坏土壤生态环境,能使土壤保持良好的结构和肥力状态,无需进行二次处理,即可种植其他植物。植物修复技术可增加地表的植被覆盖,控制风蚀、水蚀,减少水土流失,有利于生态环境的改善。

(3)对植物集中处理可以减少二次污染,对一些重金属含量较高的植物还可以通过植物冶炼技术回收利用植物吸收的重金属,尤其是贵重金属。

(4)植物修复不会破坏景观生态,兼具景观与生态价值,能绿化环境,容易为大众所接受。

植物修复的缺点:

(1)植物修复过程通常比物理、化学过程缓慢,比常规治理(挖掘、异位处理)需要更长的时间,尤其是与土壤结合紧密的疏水性污染物。

(2)植物修复受到土壤类型、温度、湿度、营养等条件的限制,对土壤肥力、气候、水分、盐度、酸碱度、排水与灌溉系统等自然条件和人工条件有一定的要求。植物受病虫害侵染时会影响其修复能力。

(3)对于植物萃取技术而言,污染物必须是植物可利用态并且处于根系区域才能被植物吸收。

(4)用于净化重金属的植物器官往往会通过腐烂、落叶等途径使重金属元素重返土壤,因此必须在植物落叶前收割,并进行无害化处理。

(5)超积累植物通常矮小、生物量低、生长缓慢、生长周期长,因而修复效率低,不易于机械化作业。

(6)用于修复的植物与当地植物可能会存在竞争,影响当地的生态平衡。

3. 动物修复技术

土壤动物修复技术是利用土壤动物及其肠道微生物在人工控制或自然条件下,在污染土壤中生长、繁殖、穿插等活动过程中对污染物发挥破碎、分解、消化和富集的作用,从而使污染物降低或消除的一种生物修复技术。在动物修复过程中,大量的肠道微生物也转移到土壤中,它们与土著微生物一起分解污染物或转化其形态,使得污染物浓度降低或消失。

动物修复与植物修复、微生物修复等相对成熟的生物修复技术相比,开展的领域和研究还相对较少,目前是评价污染物环境毒理学特性的重要手段。

1.3.4　修复技术集成

除了上述的物理修复、化学修复与生物修复技术之外,由于许多污染场地具有污染物成分多样、场地特征复杂、非均质性强等特点,单一的修复技术并不能完全满足场地修复的要求。因此,协同多种修复方法,形成联合修复技术,不仅可以提高单一污染土壤的修复速率与效率,而且可以克服单项修复技术的局限性。根据场地特征与污染物特点的组合修复技术可以实现对多种污染物的复合与混合污染土壤的修复。目前,已在现场实例应用的集成修复技术主要有植物-微生物联合修复技术、物化-生物集成修复技术等。

1. 物理-化学联合修复技术

土壤物理-化学联合修复技术是适用于污染土壤异位处理的修复技术。溶剂萃取-光降解联合修复技术是利用有机溶剂或表面活性剂提取有机污染物后进行光解的一项新的物理-化学联合修复技术。例如,可以利用环己烷和乙醇将污染土壤中的多环芳烃提取后进行光催化降解。此外,可以利用 Pd/Rh 支持的催化-热脱附联合技术或微波热解-活性炭吸附技术修复多氯联苯污染土壤;也可以利用光调节的 TiO_2 催化修复农药污染土壤。

2. 植物-微生物联合修复技术

植物-微生物联合修复技术一定程度上与广义的植物修复中的植物根圈微生物的修复作用相似,主要修复原理是利用植物的生长发育和新陈代谢等生理活动为微生物的生长繁殖提供更好的微环境,使微生物的治理效果可以得到更好的发挥和实现;同时,由于微生物的活动,可以为植物的根系提供更好的营养、通气条件等适合植物生长的环境,从而提高植物修复的效率。

将植物-微生物联合修复技术应用于有机污染物污染场地的治理,可以结合微生物修复与植物修复的优势,同时兼顾修复成本、景观功能和生物副产品等效益,是有广阔发展前景的污染场地修复技术之一。但将植物修复与微生物修复联合应用,应考虑修复周期和场地功能等的影响和制约,综合选择合适的修复技术体系。

3. 微生物-植物-动物联合修复技术

微生物(细菌、真菌)-植物-动物(蚯蚓)联合修复是土壤生物修复技术研究的新内容。筛选有较强降解能力的菌根真菌和适宜的共生植物是菌根生物修复的关键。种植紫花苜蓿可以大幅度降低土壤中多氯联苯浓度。根瘤菌和菌根真菌双接种能强化紫花苜蓿对多氯联苯的修复作用。利用能促进植物生长的根际细菌或真菌,发展植物-降解菌群协同修复、动物-微生物协同修复及其根际强化技术,促进有机污染物的吸收、代谢和降解将是生物修复技术新的研究方向。

4. 物化(物理-化学)-生物集成修复技术

发挥化学或物理化学修复的快速优势,结合非破坏性的生物修复特点,发展基于化学-生物、物理-生物或物理-化学-生物的联合修复技术是最具应用潜力的污染土壤修复方法之一。物化-生物集成修复技术的应用包括应用物化技术快速处理应急事故、拦截污染物、为生物作用提供预处理和修复条件等,将物化修复手段与生物技术相结合,综合二者的优势,建立高效、经济的污染场地修复技术体系与模式。

化学淋洗-生物联合修复技术是基于化学淋溶剂作用,通过增加污染物的生物可利用性而提高生物修复效率的修复技术。可利用有机络合剂的配位溶出,增加土壤溶液中重金属浓度,提高植物有效性,从而实现强化诱导植物吸取修复。化学预氧化-生物降解和臭氧氧化-生物降解等联合技术已经应用于污染土壤中多环芳烃的修复。电动力学-微生物修复技术可以克服单独的电动技术或生物修复技术的缺点,在不破坏土壤质量的前提下,加快土壤修复进程。电动力学-芬顿联合技术已用于去除污染黏土矿物中的菲,硫氧化细菌与电动综合修复技术用于强化污染土壤中铜的去除。应用光降解-生物联合修复技术可以提高石油中 PAHs 污染物的去除效率。总体上,这些技术多处于室内研究的阶段。

　　生物通气法在现场应用时采用与土壤气提法相似的系统配置,但其旨在促使空气流动,提供氧气以加大化合物的需氧微生物降解,而不是促使污染物挥发。这种差异使低挥发性污染化合物可以通过强化生物降解,达到处理的目的。

　　以石油烃为代表的高分子有机污染物污染土壤的生物修复研究已在大范围内展开,但由于石油烃具有的高生物毒性、低生物可利用性、低水溶性等特点限制了其生物降解效率的提高,目前国内外报道的石油生物降解率一般均低于 40%(1 年期),可生物利用组分为烷烃、芳烃等轻质组分。而占石油烃组成 50% 左右的胶质和沥青等重质组分则很难被微生物利用和分解。因此,利用高温、高机械强度的物理措施使污染物高分子链断裂,或通过投加表面活性剂等化学措施提高污染物水溶性和生物可利用性等物化措施作为生物修复的前处理手段,再续以生物修复技术提高有机污染场地的生物修复效率成为国内外的研究趋势。

　　不同修复技术各有其优缺点和适用范围,选择和应用修复技术受修复目标、修复周期和资金投入等的影响。国外因修复周期要求短、资金充足,较多地采用物化技术。生物修复技术因其环境友好性和成本相对低廉性,在近几年迅速发展。

思考题

　　1.简述土壤组成。

　　2.简述土壤质地对土壤污染物迁移的影响。

　　3.简述土壤环境容量及其与土壤自净能力之间的关系。

　　4.什么是土壤污染?评价土壤污染程度的指标有哪些?

　　5.简述土壤污染物的分类及其来源?

　　6.什么是污染土壤修复?土壤修复技术包括哪些主要类型?

　　7.污染土壤的物理修复有哪些方法?简述各种方法的原理。

　　8.简述污染土壤化学淋洗修复技术的原理及其应用场合。

　　9.简述污染土壤电动修复技术的原理及其优势。

　　10.简述污染土壤植物修复技术的原理及其优缺点。

土壤污染防治相关法律法规及标准

第2章

近年来我国土壤污染形势严峻，土壤污染防治已经成为国民经济和社会发展的重要工作之一，我国将其与大气污染防治、水污染防治并称为"污染防治三大攻坚战"。土壤污染防治是一项复杂的系统工程，不仅需要国家政策的支持，还需要各行政管理部门、社会团体、公民、企业和专家学者等的共同参与，更离不开法律法规体系的原则指导、标准的规范及治理技术的保障。近十年来，我国政府高度重视土壤污染防治，已建立了较为完整的土壤污染防治法规及标准体系，随着污染土壤治理工程的不断展开，相关法律法规标准还会进一步完善。

2.1 我国土壤污染防治工作概述

2.1.1 我国土壤污染防治工作的发展历程

与水和大气污染防治工作相比，我国土壤污染防治工作起步较晚，基础薄弱。该项工作大致经历了萌芽、起步、探索发展、全面推进四个阶段：

萌芽阶段（1949—1972年），新中国成立初期，人口的增长对粮食生产提出了严峻挑战，国家的主要任务是恢复和发展国民经济，重视工农业发展，长期关注的是土壤肥力问题，对工业三废污染土壤的危害缺乏认识。1972年中国代表团参加联合国人类环境会议，我们了解到了环境保护的新思想。

起步阶段（1973—1999年），从1973年全国第一次环保大会召开到1999年我国发布实施《工业企业土壤环境质量风险评价基准》为我国土壤污染防治工作的起步阶段。这个阶段我国成立了专门的环保机构，颁布了《中华人民共和国环境保护法（试行）》，环境政策和立法工作迅速发展，但没有专门涉及土壤污染，对于土壤污染防治工作仅有一些相关的原则性或笼统描述。20世纪80年代起我国土壤污染逐渐得到关注，积累了土壤环境背景的宝贵数据，出台了我国第一个《土壤环境质量标准》。

探索发展阶段（2000—2014年），21世纪初以来，我国开始进入环境污染事故高发期，土壤污染损害人体健康的问题日益凸显，社会各界对土壤质量和污染问题日渐关注，我国逐渐重视和积极开展土壤污染防治工作。按照党中央、国务院决策部署，有关部门和地方积极探索，土壤污染防治工作取得一定进展。主要体现在：①环保和国土资源部门联合开展全国土壤污染状况调查,初步掌握了全国土壤污染的基本特征和格局;②出台了一系列加强土壤污染防治工作的政策文件,着手开展土壤环境质量标准修订工作,相关规范标准相继发布,初步形成了土壤环境保护标准体系;③土壤污染防治工作纳入国家规划,在重金属污染防治专项资金等的支持下,我国初步建立了针对不同土壤污染物、污染程度、土地利用类型等的治理与修复技术体系,启动了土壤污染治理与修复试点项目。

全面推进阶段(2015 年以后),党和国家高度重视土壤环境保护工作,将土壤污染防治工作提上议事日程,放在与大气、水污染防治同等重要的位置,全面推进土壤污染防治工作,土壤污染防治工作取得积极成效。主要体现在:①发布土壤污染防治行动计划,全面部署土壤污染防治工作;②开展了全国土壤污染状况详查,基本摸清土壤污染底数,污染地块筛选、农用地和工矿用地修复技术快速发展;③加快推进土壤污染防治立法工作,颁布实施《中华人民共和国土壤污染防治法》,开展土壤环境质量标准修订工作等,我国土壤污染防治法律法规标准体系基本形成;④土壤监测能力建设加快,土壤环境质量监测网络基本建立;⑤土壤污染加重趋势得到初步遏制,受污染耕地安全利用深入推进,污染地块用地准入管理机制基本形成,土壤环境风险得到基本管控。

2.1.2 我国土壤污染防治工作的行动纲领

2.1.2.1 土壤污染防治行动计划产生的背景

长期以来,我国经济发展方式总体粗放,产业结构和布局不尽合理,污染物排放总量较高,大部分污染物长期收纳于土壤中。相关的污染物影响农产品质量和人居环境安全事件时有发生时,土壤污染问题成为社会关注的热点。土壤污染被关注及讨论过程中,使我们意识到,我国存在土壤污染底数不清、法律标准缺失、防治体系不健全、科技支撑不够、资金投入不足、各方认识不统一等问题,影响了土壤污染防治工作的进一步开展。

针对土壤污染防治工作面临的严峻形势,党中央、国务院高度重视土壤环境保护工作。按照党中央、国务院决策部署,环境保护部会同发展和改革委员会、科技部、工业和信息化部、财政部、国土资源部、住房和城乡建设部、水利部、农业部、质检总局、林业局、法制办等部门和单位,编制了《土壤污染防治行动计划》(以下称《土十条》)。起草工作自 2013 年 5 月起,经历了准备、编制、征求意见和报批 4 个主要阶段。2016 年 5 月 31 日,由国务院正式向社会公开《土十条》全文,成为我国当前和今后一个时期全国土壤污染防治工作的纲领性文件。

2.1.2.2 土壤污染防治行动计划的总体思路

土壤污染防治行动计划的总体思路和指导思想可概括为三条。

(1)坚持问题导向、底线思维。《土十条》重点在开展土壤污染调查、摸清底数,推进土壤污染防治立法、完善土壤污染防治相关标准和技术规范,明确责任、强化监管等方面提出工作要求,且要坚决守住影响农产品质量和人居环境安全的土壤环境质量底线。

(2)坚持突出重点、有限目标。土壤污染防治需要付出资金及长期艰苦的努力。《土十条》以农用地中的耕地和建设用地中的污染地块为重点,明确监管的重点污染物、行业和区域,严格控制新增污染;对于污染地块,区分不同用途,不简单禁用,根据污染程度,建立开发利用的负面清单。同时紧扣重点任务,设定有限目标指标,以实现在发展中保护、在保护中发展。

(3)坚持分类管控、综合施策。为提高措施的针对性和有效性,《土十条》对农用地从轻到重分为三个污染程度的类别,分别实施优先保护、安全利用和严格管控等措施;对建设用地,按不同用途明确管理措施,严格用地准入;对未利用地也提出了针对性管控要求,实现所有土地类别全覆盖。在具体措施上,对未污染的、已经污染的土壤,分别提出保护、管控及修复的针对性措施,既严控增量,也管好存量,实现闭环管理,不留死角。

2.1.2.3 土壤污染防治行动计划的主要内容

总体要求 立足我国国情和发展阶段,着眼经济社会发展全局,以改善土壤环境质量为核心,以保障农产品质量和人居环境安全为出发点,坚持预防为主、保护优先、风险管控;突出重点区域、行业和污染物;实施分类别、分用途、分阶段治理,严控新增污染、逐步减少存量;形成政府主导、企业担责、公众参与、社会监督的土壤污染防治体系,促进土壤资源永续利用。

工作目标 到2020年,全国土壤污染加重趋势得到初步遏制,土壤环境质量总体保持稳定,农用地和建设用地土壤环境安全得到基本保障,土壤环境风险得到基本管控。到2030年,全国土壤环境质量稳中向好,农用地和建设用地土壤环境安全得到有效保障,土壤环境风险得到全面管控。到21世纪中叶,土壤环境质量全面改善,生态系统实现良性循环。

主要指标 到2020年,受污染耕地安全利用率达到90%左右,污染地块安全利用率达到90%以上。到2030年,受污染耕地安全利用率达到95%以上,污染地块安全利用率达到95%以上。

实施措施 《土十条》提出了10条35款,共231项具体措施。可分为四个方面。其一包括两条措施,主要着眼于摸清土壤环境质量状况、建立健全法规标准体系;其二包括两条措施,突出农用地分类管理、建设用地准入管理两大重点;其三包括3条措施,包括推进未污染土壤保护、控制污染来源、土壤污染治理与修复三大任务;其四包括3条措施,强化科技支撑、治理体系建设、目标责任考核三大保障。10条措施的主要内容归纳如下:

第一条,开展土壤污染调查,掌握土壤环境质量状况。2018年和2020年底前,分别查明农用地和重点行业企业用地污染分布及其环境风险。建立土壤环境质量状况定期调查制度。提高信息化管理水平,建设土壤环境质量监测网络,到2020年实现监测点位所有县(市、区)全覆盖。

第二条,推进土壤污染防治立法,建立健全法规标准体系。完成土壤污染防治法起草立法工作,完善土壤污染防治相关技术标准和规范。明确监管重点,以镉、汞、砷、铅、铬等为重点重金属,以多环芳烃、石油烃等为重点有机污染物,以有色金属矿采选、有色金属冶炼、石油开采、石油加工、化工、焦化、电镀、制革等为重点行业,以产粮(油)大县、地级以上城市建成区为重点区域。建立专项环境执法机制,全面强化土壤环境监管。

第三条,实施农用地分类管理,保障农业生产环境安全。按污染程度将农用地划为三个类别,未污染和轻微污染的划为优先保护类,轻度和中度污染的划为安全利用类,重度污染的划为严格管控类,以耕地为重点,分别采取相应管理措施。到2020年,轻度和中度污染耕地安全利用面积达到4000万亩,重度污染耕地种植结构调整或退耕还林还草面积力争达到2000万亩。

第四条,实施建设用地准入管理,防范人居环境风险。建立建设用地调查评估制度,逐步建立污染地块名录及其开发利用的负面清单,分用途明确管理措施。严格用地准入,将土壤环境质量作为用地和供地等的必要条件,合理确定土地用途,加强城市规划和供地管理。落实监管责任,实行部门联动。

第五条,强化未污染土壤保护,严控新增土壤污染。严格查处向未利用地非法排污等环境违法行为。防范建设用地新增污染,对于相关建设项目,在环评中增加土壤污染防治要求。根据土壤等环境承载能力,合理确定区域功能定位、空间布局。

第六条,加强污染源监管,做好土壤污染预防工作。严控工矿污染,建立重点监管企业名单。严防矿产资源开发、涉重金属行业、工业废物处理和企业拆除活动污染土壤。控制农业污染,加强化肥、农药、农膜、畜禽养殖污染防治和灌溉水水质管理。减少生活污染,做好城乡生活垃圾分类和减量,整治非正规垃圾填埋场,建立村庄保洁制度,强化铅酸蓄电池等含重金属废物的安全处置。

第七条,开展污染治理与修复,改善区域土壤环境质量。按照"谁污染,谁治理"原则,明确治理与修复主体。以影响农产品质量和人居环境安全的突出土壤污染问题为重点,制定实施治理与修复规划,强化工程监管。到 2020 年,受污染耕地治理与修复面积达到 1000 万亩。

第八条,加大科技研发力度,推动环境保护产业发展。整合各类科技资源,加强土壤污染防治基础和应用研究。加大适用技术推广力度,加快成果转化应用。推动治理与修复产业发展,放开服务性监测市场,加快完善产业链,形成若干个综合实力雄厚的龙头企业,培育一批充满活力的中小型企业。发挥"互联网＋"作用,推进大众创业、万众创新。

第九条,发挥政府主导作用,构建土壤环境治理体系。按照"国家统筹、省负总责、市县落实"原则,完善土壤环境管理体制,全面落实属地责任。探索建立跨行政区域土壤污染防治联动协作机制。明确支持和激励政策,推进综合防治先行区建设。加强社会监管,强化政策宣传解读,营造良好社会氛围。

第十条,加强目标考核,严格责任追究。明确地方政府主体责任,健全考核评估机制。建立土壤污染防治工作协调机制,加强部门协调联动,形成工作合力。落实企业责任,逐步建立土壤污染治理与修复企业行业自律机制。

综上所述,《土十条》的出台实施将夯实我国土壤污染防治工作基础,全面提升我国土壤污染防治工作能力。

2.2　我国土壤污染防治的法律法规

2.2.1　土壤污染防治法的概念

土壤污染防治法,是指为了规范土壤污染防治行为,减少土壤污染,保护土壤环境质量和生态环境,保障公众健康,推动土壤资源永续利用,促进社会经济可持续发展所制定的一系列法律法规的总称。包括土壤污染防治法律制度、相关行政法规和部门规章等。

2.2.2　土壤污染防治立法概述

土壤污染普遍存在,是世界性的环境问题。20 世纪中期,一些发达国家社会经济快速发展,其土壤污染问题最先显现出来,土壤污染防治立法的相关研究工作随之开展。

美国早在 20 世纪 30 年代就制定了《土壤保护法》(*Soil Protection Act*,1935),确立了土壤保护是国家的一项基本政策,其制度侧重对自然环境和农业耕地的保护;20 世纪 70 年代,为解决城市固体废弃物污染土壤环境问题,美国国会通过了《资源保护与回收法》(*Resource Protection and Recovery Act*,1976 年)。"拉夫运河事件"爆发后,作为应急法案和授权法案,美国国会于 1980 年通过了针对土壤污染清理和恢复而制定的《综合环境污染响应、赔偿和责任认定法案》(又称《超级基金法》*Superfund Act*,1980 年),之后进行了多次修订和补充,如《棕色地块法》(*Brownfield Act*,2002)等,经过近百年的发展,美国建立了完善的土壤污染防治体系。

日本在 20 世纪 50 年代,就曾经制定了《工厂公害条例》,把包括土壤污染在内的环境污染视为公害。20 世纪 60 年代,日本制定了《公害对策基本法》(1963 年),90 年代以来,日本颁布了更多涉及土壤污染防治的法律,其中《农业用地土壤污染防治法》(1970 年)以农用地为对象进行土壤污染防治,而《土壤污染对策法》(2002 年)则以日本日趋严重的城市土壤污染为防治对象。经多年的发展,其已成为世界上环境污染防治最先进的国家之一。

大多发达国家的土壤污染防治立法工作都经历了起步、发展和不断完善的过程,这些土壤污染防治法规对我国土壤污染防治立法有参考和借鉴之处。

我国土壤污染防治的立法始于 1970 年代末,前期发展缓慢,近年来立法进程加快,逐步建立形成了现行土壤污染防治的法规体系。总体看来,我国土壤污染防治法律法规的立法过程可分为三个阶段:

第一阶段(1979—1986 年)。该阶段的土壤污染防治立法具体表现为"相关立法对土壤污染防治只作原则性规定"。我国最早涉及保护土壤的法律文件是 1979 年颁布的《中华人民共和国环境保护法(试行)》,此外 1982 年颁布的《中华人民共和国宪法》第十条原则性地提出"一切使用土地的组织和个人必须合理地利用土地",1986 年颁布的《中华人民共和国土地管理法》第二章第九条规定"使用土地的单位和个人有保护、管理和合理利用土地的义务",这些法律只原则性地规定了"合理利用土地"的问题,并无具体的制度和规定。

第二阶段(1987—2004 年)。该阶段的土壤污染防治立法具体表现为"许多单行环境法律、法规和行政规章中都出现了有关土壤污染防治的零散规定"。如《中华人民共和国水污染防治法》第五十七条规定"利用工业废水和城镇污水进行灌溉,应当防止污染土壤、地下水和农产品"、《中华人民共和国固体废物污染环境防治法》第六十八条规定"未采取相应防范措施,造成危险废物扬散、流失、渗漏或者造成其他环境污染的处以罚款"等,这些法规凡涉及土壤污染防治问题,主要强调污染源的控制,并无系统或专门的规定。

第三阶段(2005 年至今)。该阶段的土壤污染防治立法表现在"国家层面高度重视,逐步建立起较为完整的土壤污染防治法规体系"。原国家环保局 2005 年 11 月发布的《"十一五"全国环境保护法规建设规划》中明确指出要抓紧制定《土壤污染防治法》,2013 年十二届全国人大常委会将土壤污染防治法列入立法规划第一类项目。2016 年国务院印发《土壤污染防治行动计划》(即"土十条"),推进土壤立法工作,经多次专题研讨、座谈、审议、修改,2018 年《中华人民共和国土壤污染防治法》诞生。

2.2.3 我国现行土壤污染法律法规体系

目前我国土壤污染防治法律法规体系基本建立,并在不断完善中。通常我国现行土壤污染防治法律法规体系的核心是指"一法三部令",其中"一法"是指土壤污染防治领域的专项法律《中华人民共和国土壤污染防治法》;"三部令"指的是《污染地块土壤环境管理办法(试行)》、《工矿用地土壤环境管理办法(试行)》以及《农用地土壤环境管理办法(试行)》。此外,新修订的《环境保护法》《土地管理法》《农产品质量安全法》和《农药管理条例》等相关法律法规增加了土壤污染防治有关内容,它们和《农药包装废弃物回收处理管理办法》等部门规章一起构成了我国现行土壤污染防治法律法规体系。主要法规文件见表 2.1。

表 2.1 我国现行土壤污染防治法律法规体系主要法规文件

级别	类别	法规
国家层面	专项法律	《中华人民共和国土壤污染防治法》(2019 年 1 月 1 日施行)
	基本法和相关单行法律	《中华人民共和国环境保护法》(2015 年 1 月 1 日施行)
		《中华人民共和国固体废物污染环境防治法》(2020 年 9 月 1 日施行)
		《中华人民共和国森林法》(2020 年 7 月 1 日施行)
		《中华人民共和国草原法》(2013 年 6 月 29 日最新修正)
		《中华人民共和国矿产资源法》(2009 年 8 月 27 日最新修正)
		《中华人民共和国农业法》(2012 年 12 月 28 日最新修正)
		《中华人民共和国农产品质量安全法》(2018 年 10 月 26 日最新修正)
		《中华人民共和国土地管理法》(2019 年 8 月 26 日最新修正)
		《中华人民共和国水土保持法》(2011 年 3 月 1 日施行)
	行政法规	《排污许可管理条例》(2021 年 3 月 1 日施行)
		《农药管理条例》(2017 年 6 月 1 日施行)
		《危险化学品安全管理条例》(2011 年 12 月 1 日施行)
		《医疗废物管理条例》(2011 年 1 月 8 日最新修订)
		《基本农田保护条例》(2011 年 1 月 8 日最新修订)
		《土地调查条例》(2008 年 2 月 7 日施行)
		《土地复垦条例》(2011 年 3 月 5 日施行)
		《畜禽规模养殖污染防治条例》(2014 年 1 月 1 日施行)
	部门规章	《污染地块土壤环境管理办法(试行)》(环境保护部令[2017]第 42 号)
		《农用地土壤环境管理办法(试行)》(环境保护部令[2017]第 46 号)
		《工矿用地土壤环境管理办法(试行)》(生态环境部令[2018]第 3 号)
		《新化学物质环境管理登记办法》(生态环境部令[2020]第 12 号)
		《农药包装废弃物回收处理管理办法》(生态环境部令[2020]第 6 号)
		《农用薄膜管理办法》(农业部、工信部、生态环境部、市场监管总局令[2020]第 4 号)
		《城市建筑垃圾管理规定》(建设部令[2005]第 139 号)
		《农产品产地安全管理办法》(农业部令[2006]第 71 号)
		《土壤污染防治专项资金管理办法》(财资环[2019]11 号)
		《土壤污染防治基金管理办法》(财资环[2020]2 号)
		《农用地土壤污染责任人认定暂行办法》(环土壤[2021]13 号)
		《建设用地土壤污染责任人认定暂行办法》(环土壤[2021]12 号)
		《土壤污染防治行动计划实施情况评估考核规定(试行)》(环土壤[2018]41 号)

续表

级别	类别	法规
地方层面	地方法规	《福建省土壤污染防治办法》 《湖北省土壤污染防治条例》 《江西省土壤污染防治条例》 《山东省土壤污染防治条例》 《内蒙古自治区土壤污染防治条例》 《天津市土壤污染防治条例》 《广东省实施〈中华人民共和国土壤污染防治法〉办法》 《湖南省实施〈中华人民共和国土壤污染防治法〉办法》

2.2.4 中华人民共和国土壤污染防治法

中华人民共和国土壤污染防治法,即《土壤污染防治法》共七章九十九条。规定了土壤污染防治应当坚持预防为主、保护优先、分类管理、风险管控、污染担责、公众参与的原则;各级人民政府应当加强对土壤污染防治工作的领导,组织、协调、督促有关部门依法履行土壤污染防治监督管理职责。共同致力于做好建立相应法律制度和体系;加强工矿企业环境监管,切断污染源头遏制扩大趋势;对污染土地实行分级分类管理,建立自己的技术体系,逐步推动风险管控等四个方面工作。

关于目标责任和部门职责分工的条款内容如下。

第五条 地方各级人民政府应当对本行政区域土壤污染防治和安全利用负责。国家实行土壤污染防治目标责任制和考核评价制度,将土壤污染防治目标完成情况作为考核评价地方各级人民政府及其负责人、县级以上人民政府负有土壤污染防治监督管理职责的部门及其负责人的内容。

第七条 国务院生态环境主管部门对全国土壤污染防治工作实施统一监督管理;国务院农业农村、自然资源、住房城乡建设、林业草原等主管部门在各自职责范围内对土壤污染防治工作实施监督管理。地方人民政府生态环境主管部门对本行政区域土壤污染防治工作实施统一监督管理;地方人民政府农业农村、自然资源、住房城乡建设、林业草原等主管部门在各自职责范围内对土壤污染防治工作实施监督管理。

关于土壤标准定位的条款内容如下。

第十二条 国务院生态环境主管部门根据土壤污染状况、公众健康风险、生态风险和科学技术水平,并按照土地用途,制定国家土壤污染风险管控标准,加强土壤污染防治标准体系建设。省级人民政府对国家土壤污染风险管控标准中未作规定的项目,可以制定地方土壤污染风险管控标准;对国家土壤污染风险管控标准中已作规定的项目,可以制定严于国家土壤污染风险管控标准的地方土壤污染风险管控标准。地方土壤污染风险管控标准应当报国务院生态环境主管部门备案。土壤污染风险管控标准是强制性标准。国家支持对土壤环境背景值和环境基准的研究。

关于风险管控和修复,部分条款内容如下。

第四十五条 土壤污染责任人负有实施土壤污染风险管控和修复的义务。土壤污染责任人无法认定的,土地使用权人应当实施土壤污染风险管控和修复。地方人民政府及其有关部门可以根据实际情况组织实施土壤污染风险管控和修复。国家鼓励和支持有关当事人自愿实施土壤污染风险管控和修复。

关于农用地分类管理,部分条款内容如下。

第五十一条　未利用地、复垦土地等拟开垦为耕地的,地方人民政府农业农村主管部门应当会同生态环境、自然资源主管部门进行土壤污染状况调查,依法进行分类管理。

关于建设用地准入管理,部分条款内容如下。

第五十八条　国家实行建设用地土壤污染风险管控和修复名录制度。建设用地土壤污染风险管控和修复名录由省级人民政府生态环境主管部门会同自然资源等主管部门制定,按照规定向社会公开,并根据风险管控、修复情况适时更新。

关于土壤污染防治资金,部分条款内容如下。

第七十一条　国家加大土壤污染防治资金投入力度,建立土壤污染防治基金制度。设立中央土壤污染防治专项资金和省级土壤污染防治基金,主要用于农用地土壤污染防治和土壤污染责任人或者土地使用权人无法认定的土壤污染风险管控和修复以及政府规定的其他事项。对本法实施之前产生的,并且土壤污染责任人无法认定的污染地块,土地使用权人实际承担土壤污染风险管控和修复的,可以申请土壤污染防治基金,集中用于土壤污染风险管控和修复。土壤污染防治基金的具体管理办法,由国务院财政主管部门会同国务院生态环境、农业农村、自然资源、住房城乡建设、林业草原等主管部门制定。

总体来说,《土壤污染防治法》的出台并实施,填补了我国土壤污染防治法律的空白,有利于将土壤污染防治工作纳入法治化轨道,从而从根本上遏制土壤环境恶化的趋势,对推动生态文明建设,推进经济社会可持续发展,具有里程碑式的意义。

2.3　我国土壤污染防治的标准体系

2.3.1　土壤污染防治标准的概念

土壤污染防治标准是根据土壤环境质量管理和土壤污染防治工作的需要所制定的一系列标准或规范性文件的总称,一般包括土壤环境质量及质量评价标准、土壤污染控制标准、土壤环境监测规范类标准、土壤环境基础类标准等。其中土壤环境质量标准是土壤标准体系的核心和基础,其规定了土壤中污染物的最高容许含量,是判别土壤污染程度和污染风险的重要标尺。

2.3.2　土壤污染防治标准制定概述

伴随着土壤污染防治立法工作的开展,土壤污染防治相关标准也在世界各国逐渐制定出来。发达国家土壤标准制定的原则依据基本相同,即以污染物对动植物、人体健康的环境基准值作为定值的基础依据。但在标准定值方法、标准应用目标的理解上有所差异,各有侧重。在 1968 年以前,苏联就制定了第一个土壤环境质量标准,美国、荷兰、日本等发达国家也都先后建立了污染土壤风险评估导则和基于风险的土壤环境质量标准。

20 世纪 80 年代,我国土壤质量标准研究有了一定发展,主要侧重于土壤质量的化学分析方法。1988 年我国制定了 5 个土壤检测方法标准,1995 年我国发布首个《土壤环境质量标准》(GB 15618—1995),1997 年发布了 7 项土壤重金属分析方法标准,1999 年发布实施《工业企业土壤环境质量风险评价基准》(HJ/T 25—1999)(目前已废止)。

21 世纪以来,我国对土壤污染防治工作日益重视,根据土壤环境管理需求,国家陆续发布了一系列土壤环境保护相关标准规范,包括针对农用地环境保护的标准、场地环境管理的标准和土壤监测规范及分析方法标准等。2018 年,我国分别针对建设用地和农用地两种土地利用类型的土壤污染管控,发布两项土壤环境质量标准。

近十年来,配套土壤环境质量标准的修订、土壤环境调查工作以及典型污染场地环境风险评估工作的需求,土壤监测分析方法标准的发布频率和数量快速增长。

2.3.3 我国现行土壤污染防治标准体系

我国已发布实施的土壤环境保护相关标准近 80 项,初步形成了土壤污染防治标准体系。主要由五大类标准组成:一是土壤环境质量标准和评价标准类,包括《土壤环境质量 农用地土壤污染风险管控标准(试行)》(GB 15618—2018)和《土壤环境质量 建设用地土壤污染风险管控标准(试行)》(GB 36600—2018)等;二是技术导则类标准,包括《土壤环境监测技术规范》(HJ/T 166—2004)、HJ 25 系列建设用地和污染地块的相关导则等;三是土壤污染物分析方法类标准,包括土壤和沉积物中砷、汞、铬、铜、锌、镍、铅、镉、硒、铋、锑、铍、氰化物和总氰化物、丙烯醛、丙烯腈、乙腈、挥发性有机物、挥发性芳香烃、挥发性卤代烃、酚类化合物、多氯联苯、多环芳烃、有机磷农药、六六六和滴滴涕、二噁英类等污染物的分析方法;四是土壤污染控制类标准,包括《农用污泥中污染物控制标准》(GB 4284—2018)、《农用灌溉水质标准》(GB 5084—2021)等;五是基础类标准,包括《建设用地土壤污染风险管控和修复术语》(HJ 682—2019)等。

很多现行土壤污染防治标准都是逐渐完善而成的。以土壤环境质量标准为例:《土壤环境质量标准》(GB 15618—1995)自发布以来在我国土壤环境保护和管理中发挥了重要基础性作用。然而随着土壤环境保护工作的发展,旧标准存在适用范围小、项目指标少和部分地区土壤环境质量评价与农产品质量评价结果差异较大等问题。面对我国土壤环境形势的新变化、新问题和新要求,环境保护部 2006 年立项修订《土壤环境质量标准》,多年来广泛调研、提出多版修订草稿,于 2015 年完成修订草案《农用地土壤环境质量标准》与《建设用地土壤污染风险筛选指导值》,在广泛征求意见基础上多次修改完善后,最终 2018 年发布实施国家环境质量标准《土壤环境质量 农用地土壤污染风险管控标准(试行)》(GB 15618—2018)和《土壤环境质量 建设用地土壤污染风险管控标准(试行)》(GB 36600—2018)。

2009—2011 年北京市曾出台了防治土壤污染的相关标准,包括《场地土壤环境风险评价筛选值》(DB 11/T811—2011)、《重金属污染土壤填埋场建设与运行技术规范》(DB 11/T810—2011)、《污染场地修复验收技术规范》(DB 11/T783—2011)、《场地环境评价导则》(DB 11/T656—2009)等。这些地方标准在国家标准未落地之前的一段时期,对地方土壤污染防治工作的规范起到了积极的作用。

我国现行土壤污染防治相关标准体系见表 2.2。

表 2.2　我国现行土壤污染防治标准体系

土壤环境质量(评价)类标准	《土壤环境质量 农用地土壤污染风险管控标准(试行)》(GB 15618—2018) 《土壤环境质量 建设用地土壤污染风险管控标准(试行)》(GB 36600—2018) 《食用农产品产地环境质量评价标准》(HJ 332—2006) 《温室蔬菜产地环境质量评价标准》(HJ 333—2006) 《种植根茎类蔬菜的旱地土壤镉、铅、铬、汞、砷安全阈值》(GB/T 36783—2018) 《水稻生产的土壤镉、铅、铬、汞、砷安全阈值》(GB/T 36869—2018) 《耕地质量等级》(GB/T 33469—2016)
技术导则、规范类标准和指南	《土壤监测技术规范》(HJ/T 166—2004) 《建设用地土壤污染状况调查技术导则》(HJ 25.1—2019) 《建设用地土壤污染风险管控和修复监测技术导则》(HJ 25.2—2019) 《建设用地土壤污染风险评估技术导则》(HJ 25.3—2019) 《建设用地土壤修复技术导则》(HJ 25.4—2019) 《污染地块风险管控与土壤修复效果评估技术导则(试行)》(HJ 25.5—2018) 《污染地块地下水修复和风险管控技术导则》(HJ 25.6—2019) 《地块土壤和地下水中挥发性有机物采样技术导则》(HJ 1019—2019) 《耕地污染治理效果评价准则》(NY/T 3343—2018) 《受污染耕地治理与修复导则》(NY/T 3499—2019) 《环境影响评价技术导则 土壤环境(试行)》(HJ 964—2018) 《生态环境损害鉴定评估技术指南 环境要素 第 1 部分:土壤和地下水 》(GB/T 39792.1—2020) 《建设用地土壤环境调查评估技术指南》(环保部公告[2017]第 72 号) 《建设用地土壤污染状况调查、风险评估、风险管控及修复效果评估报告评审指南》(环办土壤[2019]63 号) 《工业企业场地环境调查评估与修复工作指南(试行)》(环保部公告[2014]第 78 号) 《企业拆除活动污染防治技术规定(试行)》(环保部公告[2017]第 78 号) 《重点监管单位土壤污染隐患排查指南(试行)》(生态环境部公告[2021]第 1 号) 《农用地土壤环境质量类别划分技术指南(试行)》(环办土壤[2017]97 号) 《地震灾区土壤污染防治指南(试行)》(环保部公告[2008]第 27 号) 《废铅蓄电池处理污染控制技术规范》(HJ 519—2020) 《黄金行业氰渣污染控制技术规范》(HJ 943—2018)
土壤分析方法类标准	土壤环境污染物监测方法标准(详见后面章节)

土壤污染控制类标准	《农田灌溉水质标准》(GB 5084—2021) 《农用污泥污染物控制标准》(GB 4284—2018) 《聚乙烯吹塑农用地面覆盖薄膜》(GB 13735—2017) 《城镇垃圾农用控制标准》(GB 8172—1987) 《农用粉煤灰中污染物控制标准》(GB 8173—1987) 《固体废物鉴别标准 通则》(GB 34330—2017) 《危险废物鉴别标准 通则》(GB 5085.7—2019) 《生活垃圾焚烧污染控制标准》(GB 18485—2014)及其修改单 《一般工业固体废物贮存和填埋污染控制标准》(GB 18599—2020) 《危险废物焚烧污染控制标准》(GB 18484—2020) 《医疗废物处理处置污染控制标准》(GB 39707—2020)
土壤环境基础标准	《建设用地土壤污染风险管控和修复术语》(HJ 682—2019) 《土壤环境 词汇(征求意见稿)》

2.3.4 《土壤环境质量 农用地土壤污染风险管控标准(试行)》(GB 15618—2018)

《土壤环境质量 农用地土壤污染风险管控标准(试行)》(GB 15618—2018)与原《土壤环境质量标准》(GB 15618—1995)有本质区别,不宜直接比较两者的宽严。《土壤环境质量 农用地土壤污染风险管控标准(试行)》遵循风险管控的思路,提出了风险筛选值和风险管制值的概念,规定了农用地土壤污染风险筛选值和管制值,以及监测、实施和监督的要求,不再是简单的达标判定,而是用于风险筛查和分类。这更符合土壤环境管理的内在规律,更能科学合理地指导农用地安全利用,保障农产品质量安全。《土壤环境质量 农用地土壤污染风险管控标准(试行)》风险筛选值共 11 个污染物项目,较《土壤环境质量标准》增加一项污染物苯并[a]芘。其中,根据《食品安全国家标准 食品中污染物限量》,从保护农产品质量安全角度,保留镉、汞、砷、铅、铬等 5 种重金属;从保护农作物生长的角度,保留铜、锌和镍等 3 种重金属。六六六和滴滴涕,自我国 1983 年禁止在农业生产中使用,以及分别在 2014 年和 2009 年基本全面禁止生产和使用以来,在农用地土壤中残留量已显著降低,基本不会成为影响稻米和小麦等农产品质量安全的污染物,但保留六六六、滴滴涕两项指标作为其他项目。此外,参考有关发达国家经验,增加苯并[a]芘指标作为其他项目。

《土壤环境质量 农用地土壤污染风险管控标准(试行)》中的农用地土壤污染风险筛选值基本项目和其他项目分别见表 2.3,表 2.4;农用地土壤污染风险管制值见表 2.5。关于农用地土壤污染风险筛选值和管制值的使用,标准规定如下:

(1)当土壤中污染物含量等于或者低于表 2.3 和表 2.4 规定的风险筛选值时,农用地土壤污染风险低,一般情况下可以忽略;高于表 2.3 和表 2.4 规定的风险筛选值时,可能存在农用地土壤污染风险,应加强土壤环境监测和农产品协同监测。

(2)当土壤中镉、汞、砷、铅、铬的含量高于表 2.3 规定的风险筛选值、等于或者低于表 2.5 规定的风险管制值时,可能存在食用农产品不符合质量安全标准等土壤污染风险,原则上应当采取农艺调控、替代种植等安全利用措施。

(3)当土壤中镉、汞、砷、铅、铬的含量高于表2.5规定的风险管制值时,食用农产品不符合质量安全标准等农用地土壤污染风险高,且难以通过安全利用措施降低食用农产品不符合质量安全标准等农用地土壤污染风险,原则上应当采取禁止种植食用农产品、退耕还林等严格管控措施。

(4)土壤环境质量类别划分应以本标准为基础,结合食用农产品协同监测结果,依据相关技术规定进行划定。

表 2.3 农用地土壤污染风险筛选值(基本项目)　　单位:mg/kg

序号	污染物项目[a,b]		风险筛选值			
			pH≤5.5	5.5<pH≤6.5	6.5<pH≤7.5	pH>7.5
1	镉	水田	0.3	0.4	0.6	0.8
		其他	0.3	0.3	0.3	0.6
2	汞	水田	0.5	0.5	0.6	1.0
		其他	1.3	1.8	2.4	3.4
3	砷	水田	30	30	25	20
		其他	40	40	30	25
4	铅	水田	80	100	140	240
		其他	70	90	120	170
5	铬	水田	250	250	300	350
		其他	150	150	200	250
6	铜	果园	150	150	200	200
		其他	50	50	100	100
7	镍		60	70	100	190
8	锌		200	200	250	300

注:[a]重金属和类金属砷均按元素总量计。
　　[b]对于水旱轮作地,采用其中较严格的风险筛选值。

表 2.4 农用地土壤污染风险筛选值(其他项目)　　单位:mg/kg

序号	污染物项目	风险筛选值
1	六六六总量[a]	0.10
2	滴滴涕总量[b]	0.10
3	苯并[a]芘	0.55

注:[a]六六六总量为α-六六六、β-六六六、γ-六六六、δ-六六六四种异构体的含量总和。
　　[b]滴滴涕总量为p,p′-滴滴伊、p,p′-滴滴滴、o,p′-滴滴涕、p,p′-滴滴涕四种衍生物的含量总和。

表 2.5　农用地土壤污染风险管制值　　　　　　　　单位:mg/kg

序号	污染物项目	风险管制值			
		pH≤5.5	5.5＜pH≤6.5	6.5＜pH≤7.5	pH＞7.5
1	镉	1.5	2.0	3.0	4.0
2	汞	2.0	2.5	4.0	6.0
3	砷	200	150	120	100
4	铅	400	500	700	1000
5	铬	800	850	1000	1300

2.3.5　《土壤环境质量 建设用地土壤污染风险管控标准(试行)》(GB 36600—2018)

《土壤环境质量 建设用地土壤污染风险管控标准(试行)》规定了保护人体健康的建设用地土壤污染风险筛选值和管制值,以及监测、实施与监督要求,适用于建设用地土壤污染风险筛查和风险管制。标准借鉴发达国家经验,结合我国国情,主要根据保护对象暴露情况的不同,并根据《污染场地风险评估技术导则》,将《城市用地分类与规划用地标准》规定的城市建设用地分为第一类用地和第二类用地。第一类用地,儿童和成人均存在长期暴露风险,主要是居住用地。考虑到社会敏感性,将公共管理与公共服务用地中的中小学用地、医疗卫生用地和社会福利设施用地,公园绿地中的社区公园或儿童公园用地也列入第一类用地。第二类用地主要是成人存在长期暴露风险。主要是工业用地、物流仓储用地等。污染物项目总结了北京、上海、浙江、重庆等地方经验,确定了 85 项污染物指标,基本涵盖了重点行业污染地块中检出率较高、毒性较强的污染物。综合平衡管理需求,标准将污染物清单区分为基本项目(必测项目)和其他项目(选测项目)。标准未考虑主要影响地下水的污染物,如氨氮、氟化物、甲基叔丁基醚(MTBE)、苯酚等。有关保护地下水的土壤标准另行制定。此外,一些毒性较小,推导的筛选值数值很高、现实中很少出现超标情况的污染物,如蒽、荧蒽、芴等多环芳烃指标以及锌、锡等金属指标也未纳入。

《土壤环境质量 建设用地土壤污染风险管控标准(试行)》中规定建设用地中,城市建设用地根据保护对象暴露情况的不同,可划分为以下两类:

第一类用地:包括《城市用地分类与规划建设用地标准》(GB 50137)规定的城市建设用地中的居住用地(R),公共管理与公共服务用地中的中小学用地(A33)、医疗卫生用地(A5)和社会福利设施用地(A6),以及公园绿地(G1)中的社区公园或儿童公园用地等。

第二类用地:包括 GB 50137 规定的城市建设用地中的工业用地(M),物流仓储用地(W),商业服务业设施用地(B),道路与交通设施用地(S),公用设施用地(U),公共管理与公共服务用地(A)(A33、A5、A6 除外),以及绿地与广场用地(G)(G1 中的社区公园或儿童公园用地除外)等。

建设用地中,其他建设用地可参照上面划分类别。

《土壤环境质量 建设用地土壤污染风险管控标准(试行)》的建设用地土壤污染风险筛选值和管制值见表 2.6 和表 2.7,表 2.6 为基本项目,表 2.7 为其他项目。标准考虑的暴露途径指建设用地土壤中污染物迁移到达和暴露于人体的方式。主要包括:①经口摄入土壤;②皮肤接触土壤;③吸入土壤颗粒物;④吸入室外空气中来自表层土壤的气态污染物;⑤吸入室外空气中来自下层土壤的气态污染物;⑥吸入室内空气中来自下层土壤的气态污染物。

表 2.6 建设用地土壤污染风险筛选值和管制值(基本项目) 单位:mg/kg

序号	污染物项目	CAS 编号	筛选值		管制值	
			第一类用地	第二类用地	第一类用地	第二类用地
重金属和无机物						
1	砷	7440 - 38 - 2	20[a]	60[a]	120	140
2	镉	7440 - 43 - 9	20	65	47	172
3	铬(六价)	18540 - 29 - 9	3.0	5.7	30	78
4	铜	7440 - 50 - 8	2000	18000	8000	36000
5	铅	7439 - 92 - 1	400	800	800	2500
6	汞	7439 - 97 - 6	8	38	33	82
7	镍	7440 - 02 - 0	150	900	600	2000
挥发性有机物						
8	四氯化碳	56 - 23 - 5	0.9	2.8	9	36
9	氯仿	67 - 66 - 3	0.3	0.9	5	10
10	氯甲烷	74 - 87 - 3	12	37	21	120
11	1,1-二氯乙烷	75 - 34 - 3	3	9	20	100
12	1,2-二氯乙烷	107 - 06 - 2	0.52	5	6	21
13	1,1-二氯乙烯	75 - 35 - 4	12	66	40	200
14	顺-1,2-二氯乙烯	156 - 59 - 2	66	596	200	2000
15	反-1,2-二氯乙烯	156 - 60 - 5	10	54	31	163
16	二氯甲烷	75 - 09 - 2	94	616	300	2000
17	1,2-二氯丙烷	78 - 87 - 5	1	5	5	47
18	1,1,1,2-四氯乙烷	630 - 20 - 6	2.6	10	26	100
19	1,1,2,2-四氯乙烷	79 - 34 - 5	1.6	6.8	14	50
20	四氯乙烯	127 - 18 - 4	11	53	34	183
21	1,1,1-三氯乙烷	71 - 55 - 6	701	840	840	840
22	1,1,2-三氯乙烷	79 - 00 - 5	0.6	2.8	5	15
23	三氯乙烯	79 - 01 - 6	0.7	2.8	7	20
24	1,2,3-三氯丙烷	96 - 18 - 4	0.05	0.5	0.5	5
25	氯乙烯	75 - 01 - 4	0.12	0.43	1.2	4.3
26	苯	71 - 43 - 2	1	4	10	40
27	氯苯	108 - 90 - 7	68	270	200	1000

续表

序号	污染物项目	CAS 编号	筛选值		管制值	
			第一类用地	第二类用地	第一类用地	第二类用地
28	1,2-二氯苯	95－50－1	560	560	560	560
29	1,4-二氯苯	106－46－7	5.6	20	56	200
30	乙苯	100－41－4	7.2	28	72	280
31	苯乙烯	100－42－5	1290	1290	1290	1290
32	甲苯	108－88－3	1200	1200	1200	1200
33	间-二甲苯＋对-二甲苯	108－38－3, 106－42－3	163	570	500	570
34	邻-二甲苯	95－47－6	222	640	640	640
半挥发性有机物						
35	硝基苯	98－95－3	34	76	190	760
36	苯胺	62－53－3	92	260	211	663
37	2-氯酚	95－57－8	250	2256	500	4500
38	苯并[a]蒽	56－55－3	5.5	15	55	151
39	苯并[a]芘	50－32－8	0.55	1.5	5.5	15
40	苯并[b]荧蒽	205－99－2	5.5	15	55	151
41	苯并[k]荧蒽	207－08－9	55	151	550	1500
42	䓛	218－01－9	490	1293	4900	12900
43	二苯并[a,h]蒽	53－70－3	0.55	1.5	5.5	15
44	茚并[1,2,3-cd]芘	193－39－5	5.5	15	55	151
45	萘	91－20－3	25	70	255	700

注:[a]具体地块土壤中污染物检测含量超过筛选值,但等于或者低于土壤环境背景值水平的,不纳入污染地块管理。土壤环境背景值可参见本标准附录 A。

表 2.7　建设用地土壤污染风险筛选值和管制值(其他项目)　　　　单位:mg/kg

序号	污染物项目	CAS 编号	筛选值		管制值	
			第一类用地	第二类用地	第一类用地	第二类用地
重金属和无机物						
1	锑	7440－36－0	20	180	40	360
2	铍	7440－41－7	15	29	98	290
3	钴	7440－48－4	20[a]	70[a]	190	350
4	甲基汞	22967－92－6	5.0	45	10	120
5	钒	7440－62－2	165[a]	752	330	1500
6	氰化物	57－12－5	22	135	44	270

续表

序号	污染物项目	CAS 编号	筛选值		管制值	
			第一类用地	第二类用地	第一类用地	第二类用地
挥发性有机物						
7	一溴二氯甲烷	75 - 27 - 4	0.29	1.2	2.9	12
8	溴仿	75 - 25 - 2	32	103	320	1030
9	二溴氯甲烷	124 - 48 - 1	9.3	33	93	330
10	1,2 -二溴乙烷	106 - 93 - 4	0.07	0.24	0.7	2.4
半挥发性有机物						
11	六氯环戊二烯	77 - 47 - 4	1.1	5.2	2.3	10
12	2,4 -二硝基甲苯	121 - 14 - 2	1.8	5.2	18	52
13	2,4 -二氯芬	120 - 83 - 2	117	843	234	1690
14	2,4,6 -三氯芬	88 - 06 - 2	39	137	78	560
15	2,4 -二硝基酚	51 - 28 - 5	78	562	156	1130
16	五氯芬	87 - 86 - 5	1.1	2.7	12	27
17	邻苯二甲酸二(2 -乙基己基)酯	117 - 81 - 7	42	121	420	1210
18	邻苯二甲酸丁基苄酯	85 - 68 - 7	312	900	3120	9000
19	邻苯二甲酸二正辛酯	117 - 84 - 0	390	2812	800	5700
20	3,3' -二氯联苯胺	91 - 94 - 1	1.3	3.6	13	36
有机农药类						
21	阿特拉津	1912 - 24 - 9	2.6	7.4	26	74
22	氯丹[b]	12789 - 03 - 6	2.0	6.2	20	62
23	p,p' -滴滴滴	72 - 54 - 8	2.5	7.1	25	71
24	p,p' -滴滴伊	72 - 55 - 9	2.0	7.0	20	70
25	滴滴涕[c]	50 - 29 - 3	2.0	6.7	21	67
26	敌敌畏	62 - 73 - 7	1.8	5.0	18	50
27	乐果	60 - 51 - 5	86	619	170	1240
28	硫丹[d]	115 - 29 - 7	234	1687	470	3400
29	七氯	76 - 44 - 8	0.13	0.37	1.3	3.7
30	α -六六六	319 - 84 - 6	0.09	0.3	0.9	3
31	β -六六六	319 - 85 - 7	0.32	0.92	3.2	9.2
32	γ -六六六	58 - 89 - 9	0.62	1.9	6.2	19
33	六氯苯	118 - 74 - 1	0.33	1	3.3	10
34	灭蚁灵	2385 - 85 - 5	0.03	0.09	0.3	0.9

序号	污染物项目	CAS 编号	筛选值		管制值	
			第一类用地	第二类用地	第一类用地	第二类用地
多氯联苯、多溴联苯和二噁英类						
35	多氯联苯(总量)[e]	—	0.14	0.38	1.4	3.8
36	3,3′,4,4′,5-五氯联苯(PCB 126)	57465-28-8	4×10^{-5}	1×10^{-4}	4×10^{-4}	1×10^{-3}
37	3,3′,4,4′,5,5′-六氯联苯(PCB 169)	32774-16-6	1×10^{-4}	4×10^{-4}	1×10^{-3}	4×10^{-3}
38	二噁英类(总毒性当量)	—	1×10^{-5}	4×10^{-5}	1×10^{-4}	4×10^{-4}
39	多溴联苯(总量)	—	0.02	0.06	0.2	0.6
石油烃类						
40	石油烃($C_{10}\sim C_{40}$)	—	826	4500	5000	9000

注:[a]具体地块土壤中污染物检测含量超过筛选值,但等于或者低于土壤环境背景值水平的,不纳入污染地块管理。土壤环境背景值可参见本标准附录 A。

[b]氯丹为 α-氯丹、γ-氯丹两种物质含量总和。

[c]滴滴涕为 o,p′-滴滴涕、p,p′-滴滴涕两种物质含量总和。

[d]硫丹为 α-硫丹、β-硫丹两种物质含量总和。

[e]多氯联苯(总量)为 PCB 77、PCB 81、PCB 105、PCB 114、PCB 118、PCB 123、PCB 126、PCB 156、PCB 157、PCB 167、PCB 169、PCB 189 十二种物质含量总和。

表 2.6 所列项目为初步调查阶段建设用地土壤污染风险筛选的必测项目,初步调查阶段建设用地土壤污染风险筛选的选测项目依据 HJ 25.1、HJ 25.2 及相关技术规定确定,可以包括但不限于表 2.7 中所列项目。

关于建设用地土壤污染风险筛选值和管制值的使用,标准规定如下:

(1)建设用地规划用途为第一类用地的,适用表 2.6 和表 2.7 中第一类用地的筛选值和管制值;规划用途为第二类用地的,适用表 2.6 和表 2.7 中第二类用地的筛选值和管制值。规划用途不明确的,适用表 2.6 和表 2.7 中第一类用地的筛选值和管制值。

(2)建设用地土壤中污染物含量等于或者低于风险筛选值的,建设用地土壤污染风险一般情况下可以忽略。

(3)通过初步调查确定建设用地土壤中污染物含量高于风险筛选值,应当依据 HJ 25.1、HJ 25.2 等标准及相关技术要求,开展详细调查。

(4)通过详细调查确定建设用地土壤中污染物含量等于或者低于风险管制值,应当依据 HJ 25.3 等标准及相关技术要求,开展风险评估,确定风险水平,判断是否需要采取风险管控或修复措施。

(5)通过详细调查确定建设用地土壤中污染物含量高于风险管制值,对人体健康通常存在不可接受风险,应当采取风险管控或修复措施。

(6)建设用地若需采取修复措施,其修复目标应当依据 HJ 25.3、HJ 25.4 等标准及相关技术要求确定,且应当低于风险管制值。

(7)表 2.6 和表 2.7 中未列入的污染物项目,可依据 HJ 25.3 等标准及相关技术要求开展风险评估,推导特定污染物的土壤污染风险筛选值。

2.4 《建设用地土壤污染风险管控和修复术语》(HJ 682—2019)

2.4.1 概述

为规范土壤污染状况调查和土壤污染风险评估、风险管控、修复、风险管控效果评估、修复效果评估、后期管理等活动中的术语,国家依据《中华人民共和国环境保护法》和《中华人民共和国土壤污染防治法》制定了《建设用地土壤污染风险管控和修复术语》。其中规定了与建设用地土壤污染相关的名词术语与定义,包括基本概念、污染与环境过程、调查与环境监测、环境风险评估、修复和管理等五个方面的术语。本标准首次发布于 2014 年,修订后标准为 HJ 682—2019。

修订的主要内容包括:标准名称由《污染场地术语》(HJ 682—2014)修改为《建设用地土壤污染风险管控和修复术语》(HJ 682—2019);增加了"建设用地""修复方案""土壤环境背景值""建设用地土壤污染风险管制值"等术语及定义;删除了"场地"和"潜在污染场地"的术语和定义;修改了"表层土""亚表层土""暴露途径""土壤筛选值"等术语及定义等。

术语按汉文名词所属技术体系的相关概念体系排列。一个概念有多个名称时,确定一个规范名作为正名,规范名的异名分别冠以"简称""全称"或"又称",异名与正名等效使用。英文名有约定俗成的习惯性缩写时,在英文名后列出缩写,并用","与英文名分开。凡英文词的首字母大、小写均可时,一律小写。英文除必须用复数者,一般用单数。"( )"中的字为可省略部分。

2.4.2 地块基本概念术语

建设用地(land for construction):指建造建筑物、构筑物的土地,包括城乡住宅和公共设施用地、工矿用地、交通水利设施用地、旅游用地、军事设施用地等。

土壤污染风险管控和修复(risk control and remediation of soil contamination):包括土壤污染状况调查和土壤污染风险评估、风险管控、修复、风险管控效果评估、修复效果评估、后期管理等活动。

土壤(soil):由矿物质、有机质、水、空气及生物有机体组成的地球陆地表面的疏松层。

地下水(ground water):以各种形式埋藏在地壳空隙中的水。

地表水(surface water):流过或静置在陆地表面的水。

室外空气(outdoor air):一般指建筑物外部的空气,与室内空气相对应。

室内空气(indoor air):一般指建筑物内部或其他相对比较密闭的空间内的空气,与室外空气相对应。

2.4.3 地块污染与环境过程术语

关注污染物(contaminant of concern):根据地块污染特征、相关标准规范要求和地块利益相关方意见,确定需要进行土壤污染状况调查和土壤污染风险评估的污染物。

目标污染物(target contaminant):在地块环境中其数量或浓度已达到对生态系统和人体健康具有实际或潜在不利影响的,需要进行修复的关注污染物。

地块残余废物(on-site residual material):地块内遗留、遗弃的各种与生产经营活动相关的设备、设施及其他物质,主要包括遗留的生产原料、工业废渣、废弃化学品及其污染物,残留在废弃设施、容器及管道内的固态、半固态及液态物质,以及其他与当地土壤有明显特征区别的固态物质。

挥发性有机化合物(volatile organic compounds,VOCs):沸点在 $50 \sim 260$ ℃,在标准温度和压力(20 ℃和1个大气压)下饱和蒸气压超过 133.32 Pa 的有机化合物。

半挥发性有机化合物(semivolatile organic compounds,SVOCs):沸点在 $260 \sim 400$ ℃,在标准温度和压力(20 ℃和1个大气压)下饱和蒸气压在 $1.33 \times 10^{-6} \sim 1.33 \times 10^{2}$ Pa 的有机化合物。

非水相液体(non-aqueous phase liquid,NAPL):不能与水互相混溶的液态物质,通常是几种不同化学物质(溶剂)的混合物,又称非水溶相液体。

高密度非水相液体(dense non-aqueous phase liquid,DNAPL):比重大于 1.0 的非水相液体,如三氯乙烯(TCE)、三氯乙烷(TCA)、四氯乙烯(PCE)等。

低密度非水相液体(light non-aqueous phase liquid,LNAPL):比重小于 1.0 的非水相液体,如汽油、柴油等烃类油品物质。

地下储罐(underground storage tank,UST):一个或多个固定的装置或储藏系统,包括与其直接相连接的地下管道,其体积(含地下管道的体积)有 90% 或超过 90% 位于地面以下,通常含有可能对土壤和地下水造成污染的液相有害物质。

地上储罐(aboveground storage tank,AST):一个或多个固定的装置或储藏系统,包括与其直接相连接的地上管道,其体积(含地上管道的体积)有 90% 或超过 90% 位于地面以上,通常含有可能对土壤和地下水造成污染的液相有害物质。

土壤质地(soil texture):按土壤中不同粒径颗粒相对含量的组成而区分的粗细度。

土壤 pH 值(soil pH):土壤溶液中氢离子浓度的负对数。

土壤密度(soil density):单位容积土壤的质量,又称土壤容重(soil bulk density)。

土壤孔隙度(soil porosity):单位土壤总容积中的孔隙容积。

土壤有机质(soil organic matter):土壤有机质是土壤中形成的和外部加入的所有动、植物残体不同分解阶段的各种产物和合成产物的总称,而进入土壤的各种动植物残体、微生物体及其分解、合成的有机物质中的碳则称之为土壤有机碳(soil organic carbon)。土壤有机碳是土壤有机质的一部分。

土壤含水量(soil water content):单位体积土壤中水分的体积或单位重量土壤中水分的重量。

阳离子交换量(cation exchange capacity,CEC):每千克土壤或胶体,吸附或代换周围溶液中的阳离子的厘摩尔数。

　　地层结构(stratigraphic structure)：岩层或土层的成因、形成的年代、名称、岩性、颜色、主要矿物成分、结构和构造、地层的厚度及其变化、沉积顺序等。

　　表层土壤(surface soil)：位于地块最上部的一定深度范围内(一般为 0～0.5 m)的土壤，主要指地块中与人体直接接触暴露(经口摄入土壤、皮肤接触土壤和吸入土壤颗粒物)相关的土壤，包括地表的填土，但不包括地表的硬化层。

　　下层土壤(subsurface soil)：表层土壤以下一定深度范围内的土壤，主要指地块中表层土壤以下可能受到污染物迁移扩散影响的土壤。

　　水文地质条件(hydrogeological condition)：地下水埋藏、分布、补给、径流和排泄条件，水质和水量及其形成地质条件等的总称。

　　地下水污染羽(groundwater plume)：污染物随地下水移动从污染源向周边移动和扩散时所形成的污染区域。

　　地下水埋深(buried depth of groundwater table)：从地表到地下水潜水面或承压水面的垂直深度。

　　水力梯度(hydraulic gradient)：沿渗透途径水头损失与相应渗透途径长度的比值。

　　渗透系数(permeability coefficient)：饱和土壤中，在单位水压梯度下，水分通过垂直于水流方向的单位截面的速度。

　　潜水层(unconfined aquifer layer；phreatic stratum)：地表以下第一个稳定水层，有自由水面，以上没有连续的隔水层，不承压或仅局部承压。

　　含水层(aquifer)：能够透过并给出相当数量水的岩层。

　　隔水层(aquitard)：不能透过与给出水，或者透过与给出的水量微不足道的岩层。

　　透水层(permeable layer)：透水而不饱水的岩层。

　　非饱和带(unsaturated zone)：又称包气带(vadose zone；aeration zone)，是指地表面与地下水面之间与大气相通的，含有气体的地带。

　　饱水带(saturated zone)：又称饱和带，是指地下水面以下，土层或岩层的空隙全部被水充满的地带。

　　潜水(phreatic water)：地表以下第一个稳定隔水层以上具有自由水面的地下水。

　　承压水(confined water；artesian water)：充满于上下两个隔水层之间的地下水，其承受压力大于大气压力。

2.4.4　地块调查与环境监测术语

　　地块概念模型(conceptual site model)：用文字、图、表等方式来综合描述污染源、污染物迁移途径、人体或生态受体接触污染介质的过程和接触方式等。

　　土壤污染状况调查(investigation on soil contamination)：采用系统的调查方法，确定地块是否被污染以及污染程度和范围的过程。

　　地块历史调查(site history investigation)：对地块历史事件、地块用途变更、地块生产经营活动，以及地块中与危险废物处理处置等相关的历史资料进行系统的收集、整理、分类和分析，以明确地块可能发生污染的历史及成因。

　　地块特征参数(site-specific parameter)：能代表或近似反映地块现实环境条件，用来描述地块土壤、水文地质、气象等特征的参数。

现场快速监测(on-site rapid monitoring):采用现场快速检测设备对地块潜在污染物进行定性或定量分析。

地块环境监测(site environmental monitoring):连续或间断地测定地块环境中污染物的浓度及其空间分布,观察、分析其变化及其对环境影响的过程。

土壤污染状况调查监测(monitoring for investigation on soil contamination):在土壤污染状况调查和风险评估过程中,采用监测手段识别土壤、地下水、地表水、环境空气及残余废物中的关注污染物及土壤理化特征,并全面分析地块污染特征,确定地块的污染物种类、污染程度和污染范围。

地块治理修复监测(monitoring for remediation of land for construction):在地块治理修复过程中,针对各项治理修复技术措施的实施效果所开展的相关监测,包括治理修复过程中涉及环境保护的工程质量监测和二次污染物排放监测。

修复效果评估监测(monitoring for assessment of remediation effect):在地块治理修复工程完成后,考核和评价地块是否达到已确定的修复目标及工程设计所提出的相关要求。

地块回顾性评估监测(monitoring for retrospective assessment of land for construction):在地块修复效果评估后,特定时间范围内,为评价治理修复后地块对土壤、地下水、地表水及环境空气的环境影响所进行的监测,同时也包括针对地块长期原位治理修复工程措施效果开展的验证性监测。

系统布点采样法(systematic sampling):将地块分成面积相等的若干小区,在每个小区的中心位置或网格的交叉点处布设一个采样点进行采样。

系统随机布点采样法(systematic random sampling):将监测区域分成面积相等的若干小区,从中随机抽取一定数量的小区,在每个小区内布设一个采样点。

专业判断布点采样法(judgemental sampling):根据已经掌握的地块污染分布信息及专家经验来判断和选择采样位点。

分层布点采样法(stratified sampling):将地块划分成不同的(层次)区域,根据各区域的面积或污染特点分层次布点采样的方法。

对照采样点(reference sampling point):在地块外非污染区域的同类土壤中布设的一个或多个采样点。

质量保证和质量控制(quality assurance and quality control,QA/QC):质量保证是指为保证地块环境监测数据的代表性、准确性、精密性、可比性、可靠性和完整性等而采取的各项措施。质量控制是指为达到地块监测计划所规定的监测质量而对监测过程采用的控制方法,是环境监测质量保证的一个部分。

2.4.5 地块环境风险评估术语

致癌风险(carcinogenic risk):人群每日暴露于单位剂量的致癌效应污染物,诱发致癌性疾病或损伤的概率。

非致癌风险(non-carcinogenic risk):污染物每日摄入剂量与参考剂量的比值,用来表征人体经单一途径暴露于非致癌污染物而受到危害的水平,通常用危害商值来表示。

建设用地健康风险评估(health risk assessment of land for construction):在土壤污染状况调查的基础上,分析地块土壤和地下水中污染物对人群的主要暴露途径,评估污染物对人体健康的致癌风险和危害水平。

地块生态风险评估（ecological risk assessment for land for construction）：对地块各环境介质中的污染物危害动物、植物、微生物和其他生态系统过程与功能的概率或水平与程度进行评估的过程。

危害识别（hazard identification）：根据土壤污染状况调查获取的资料，结合地块土地（规划）利用方式，确定地块的关注污染物、地块内污染物的空间分布和可能的敏感受体，如儿童、成人、生态系统、地下水体等。

暴露评估（exposure assessment）：在危害识别的工作基础上，分析地块土壤中关注污染物进入并危害敏感受体的情景，确定地块土壤污染物对敏感人群的暴露途径，确定污染物在环境介质中的迁移模型和敏感人群的暴露模型，确定与地块污染状况、土壤性质、地下水特征、敏感人群和关注污染物性质等相关的模型参数值，计算敏感人群摄入来自土壤和地下水的污染物所对应的暴露量。

受体（receptor）：一般指地块及其周边环境中可能受到污染物影响的人群或生物类群，也可泛指地块周边受影响的功能水体（如地表水、地下水等）和自然及人文景观（区域）等（如居民区、商业区、学校、医院、饮用水源保护区等公共场所）。

敏感受体（sensitive receptor）：受地块污染物影响的潜在生物类群中，在生物学上对污染物反应最敏感的群体（如人群或某些特定类群的生态受体）、某些特定年龄的群体（如老年人）或处于某些特定发育阶段的人群（如 0～6 岁的儿童）。

关键受体（critical receptor）：经地块风险评估确定的，对污染物的暴露风险已超过可接受风险水平的人群或生态受体。

暴露情景（exposure scenario）：特定土地利用方式下，地块污染物经由不同方式迁移并到达受体的一种假设性场景描述，即关于地块污染暴露如何发生的一系列事实、推定和假设。

暴露途径（exposure pathway）：指建设用地土壤和地下水中污染物迁移到达和暴露于人体的方式。

暴露方式（exposure route）：指建设用地土壤中污染物迁移到达被暴露个体后与人体接触或进入人体的方式。

暴露评估模型（exposure assessment model）：描述人体对污染物的暴露过程，预测和估算暴露量的概念模型及数学模拟方法。

污染物迁移转化模型（contaminant transport and fate model）：描述污染物在土壤和地下水中扩散、迁移、衰减和转化等环境行为，预测污染物时空变化规律、瞬时动态及扩散和影响范围的数学模型及模拟方法。

暴露量（exposure dose）：人体或生态受体经各种途径（如口、呼吸系统和皮肤）摄入污染物的量。

暴露参数（exposure parameter; exposure factor）：与人群行为相关的，用于反映地块污染物人体暴露特点的参数，如敏感人群结构特征（年龄、体重等）和人群通过各种环境介质暴露于污染物的时间、频率、周期等。

暴露期（exposure duration）：人群停留于污染区域或接触污染物的时间长度，在假设性未来场景中也可指污染区域保持污染状态的时间长度。

暴露频率(exposure frequency)：特定人群（受体）年平均暴露于污染环境（介质）的天数。

毒性评估(toxicity assessment)：在危害识别的工作基础上，分析关注污染物对人体健康的危害效应，包括致癌效应和非致癌效应，确定与关注污染物相关的毒性参数，包括参考剂量、参考浓度、致癌斜率因子、单位致癌因子、毒性当量、血铅含量等。

致癌斜率因子(cancer slope factor)：人体终生暴露于剂量为每日每公斤体重 1 mg 化学致癌物时的终生超额致癌风险度。

吸入单位风险(inhalation unit risk，IUR)：人体终生暴露在含有污染物浓度为 1 mg/m^3 的空气中的致癌风险值。

参考剂量(reference dose，RfD)：参考剂量是一种日平均剂量的估计值，当人体终身暴露于该水平时，预期发生有害效应的危险度很低，或者实际上检测不到。吸入暴露的参考剂量称为参考浓度(reference concentration，RfC)。

建设用地土壤污染风险筛选值(risk screening values for soil contamination of land for construction)：指在特定土地利用方式下，建设用地土壤中污染物含量等于或者低于该值的，对人体健康的风险可以忽略；超过该值的，对人体健康可能存在风险，应当开展进一步的详细调查和风险评估，确定具体污染范围和风险水平。

风险表征(risk characterization)：综合暴露评估与毒性评估的结果，对风险进行量化计算和空间表征，并讨论评估中所使用假设、参数与模型的不确定性的过程。

可接受风险水平(acceptable risk level)：为社会公认并能为公众接受的不良健康效应的危险度概率或程度，包括可接受致癌风险水平和非致癌效应可接受危害商值。

危害商(hazard quotient，HQ)：污染物每日摄入量与参考剂量的比值，用来表征人体经单一途径暴露于非致癌污染物而受到危害的水平。

危害指数(hazard index，HI)：多种暴露途径或多种关注污染物对应的危害商值之和，用来表征人体经多个途径暴露于单一污染物或暴露于多种污染物而受到危害的水平。

不确定性分析(uncertainty analysis)：对风险评估过程的不确定性因素进行综合分析评价，称为不确定性分析。地块风险评估结果的不确定性分析，主要是对地块风险评估过程中由输入参数误差和模型本身不确定性所引起的模型模拟结果的不确定性进行定性或定量分析，包括风险贡献率分析和参数敏感性分析等。

建设用地土壤污染风险管制值(risk intervention values for soil contamination of land for construction)：指在特定土地利用方式下，建设用地土壤中污染物含量超过该值的，对人体健康通常存在不可接受风险，应当采取风险管控或修复措施。

土壤环境背景值(environmental background values of soil)：指基于土壤环境背景含量的统计值。通常以土壤环境背景含量的某一分位值表示。其中土壤环境背景含量是指在一定时间条件下，仅受地球化学过程和非点源输入影响的土壤中元素或化合物的含量。

2.4.6 地块风险管控和修复术语

地块治理修复(site cleanup and remediation)：采用工程、技术和政策等管理手段，将地块污染物移除、削减、固定或将风险控制在可接受水平的活动。

土壤修复(soil remediation)：采用物理、化学或生物的方法固定、转移、吸收、降解或转化地块土壤中的污染物,使其含量降低到可接受水平,或将有毒有害的污染物转化为无害物质的过程。

原位修复(in-situ remediation):不移动受污染的土壤或地下水,直接在地块发生污染的位置对其进行原地修复或处理。

异位修复(ex-situ remediation):将受污染的土壤或地下水从地块发生污染的原来位置挖掘或抽提出来,搬运或转移到其他场所或位置进行治理修复。

修复目标(target for remediation):由土壤污染状况调查和风险评估确定的目标污染物对人体健康和生态受体不产生直接或潜在危害,或不具有环境风险的污染修复终点。

修复可行性研究(feasibility study for remediation):从技术、条件、成本效益等方面对可供选择的修复技术进行评估和论证,提出技术可行、经济可行的修复方案。

修复方案(remediation plan):遵循科学性、可行性、安全性原则,在综合考虑地块条件、污染介质、污染物属性、污染浓度与范围、修复目标、修复技术可行性,以及资源需求、时间要求、成本效益、法律法规要求和环境管理需求等因素基础上,经修复策略选择、修复技术筛选与评估、技术方案编制等过程确定的适用于修复特定地块的可行方案。

修复系统运行与维护(operation and maintenance of remediation system):对长期运行的修复系统进行定期的监控、检查、保养和维护,以确保修复工程的稳定与运行效果。

修复工程监理(site remediation supervision):按照环境监理合同对地块治理和修复过程中的各项环境保护技术要求的落实情况进行监理。

修复效果评估(assessment of remediation effect):通过资料回顾与现场踏勘、布点采样与实验室检测,综合评估地块修复是否达到规定要求或地块风险是否达到可接受水平。

制度控制(institutional control):通过制定和实施各项条例、准则、规章或制度,防止或减少人群对地块污染物的暴露,从制度上杜绝和防范地块污染可能带来的风险和危害,从而达到利用管理手段对地块的潜在风险进行控制的目的。

工程控制(engineering control):采用阻隔、堵截、覆盖等工程措施,控制污染物迁移或阻断污染物暴露途径,降低和消除地块污染物对人体健康和环境的风险。

修复技术(remediation technology):可用于消除、降低、稳定或转化地块中目标污染物的各种处理、处置技术,包括可改变污染物结构、降低污染物毒性、迁移性或数量与体积的各种物理、化学或生物学技术。

修复技术筛选(screening of remediation technology):依据经济可行、技术可行和环境友好等原则与特点,结合地块现实环境条件,从修复成本、资源要求、技术可达性、人员与环境安全、修复时间需求、修复目标要求,以及符合国家法律法规等方面综合考虑与分析,通过软件模拟或矩阵评分等技术方法与程序,从备选技术中筛选出适合修复特定地块的可行技术。

物理修复(physical remediation):根据污染物的物理性状(如挥发性)及其在环境中的行为(如电场中的行为),通过机械分离、挥发、电解和解吸等物理过程,消除、降低、稳定或转化土壤中的污染物。

化学修复(chemical remediation):利用化学处理技术,通过化学物或制剂与污染物发生氧化、还原、吸附、沉淀、聚合、络合等反应,使污染物从土壤或地下水中分离、降解、转化或稳定成低毒、无毒、无害等形式(形态),或形成沉淀除去。

生物修复(biological remediation):广义的生物修复,是指一切以利用生物为主体的土壤或地下水污染治理技术,包括利用植物、动物和微生物吸收、降解、转化土壤和地下水中的污染物,使污染物的浓度降低到可接受的水平,或将有毒有害的污染物转化为无毒无害的物质,也包括将污染物固定或稳定,以减少其向周边环境的扩散。狭义的生物修复(bioremediation),是指通过酵母菌、真菌、细菌等微生物的作用清除土壤和地下水中的污染物,或是使污染物无害化的过程。

挖掘-处置/处理(excavation and disposal/treatment):通过人工或机械手段,将污染土壤挖掘、移出原来位置并进行异地处理、处置或填埋的过程。

抽出-处理(pump and treatment):通过在地块地下水污染区的上游建造(必要时)注水井和在下游建造一定数量的抽水井,并在地表建造相应的污水处理系统,利用抽水井将有机(如 NAPL)污染地下水抽出地表和采用地表处理系统将抽出的污水进行深度处理的技术。

电动分离(electrokinetic separation):在土壤上施加低强度直流电,通过电渗析、电迁移和电泳等作用使土壤孔隙中的水和荷电离子或粒子发生迁移运动,从而去除污染物的技术。

土壤气相抽提(soil vapor extraction,SVE):通过专门的地下抽提(井)系统,利用抽真空或注入空气产生的压力迫使非饱和区土壤中的气体发生流动,从而将其中的挥发和半挥发性有机污染物脱除,达到清洁土壤的目的。

热处理(thermal treatment):通过直接或间接的热交换,将污染介质及其所含的污染物加热到足够的温度(150~540 ℃),使污染物发生裂解或氧化降解,或使污染物从污染介质中挥发分离的过程。

空气吹脱(air stripping):通过加压将空气注入受污染的地下水中,使其中的溶解性气体和易挥发的有机污染物穿过气液界面向气相扩散,从而达到脱除水中挥发性有机污染物的目的。

空气注入(air sparging):原位修复挥发性有机污染地下水的一种技术。利用压力将空气或氧气注入受污染的地下水中,产生气泡,促使含水层(饱和带)中的污染物逸出并挥发进入包气带(非饱和带)中,从而达到脱除地下水中挥发和半挥发性有机污染物的目的。

生物曝气(biosparging):将空气(或氧气)和营养物注入饱和带,提高饱和带土壤微生物的生物活性,从而促进饱和带有机污染物发生生物降解的技术。

循环井技术(circulating well):建立包含空气注入和地下气体抽提的三维循环系统,通过注入井将空气注入受污染的地下水中,使水中的挥发性有机污染物随着气泡释放出来,再通过气相抽提,抽取和处理释放出来的挥发性污染物的技术。

填埋(landfill):将污染土壤运到限定的区域内(山间、峡谷、平地和废矿坑内)进行有计划的填埋,使其发生物理、化学和生物学等变化,最终达到污染物减量化和无害化的目的。

焚烧(incineration):在高温和有氧条件下,依靠污染土壤自身的热值或辅助燃料,使其焚化燃烧并将其中的污染物分解转化为灰烬、二氧化碳和水,从而达到污染物减量化和无害化的目的。

溶剂萃取(solvent extraction):根据土壤溶液(或地下水)中某些物质在水和有机相间的分配比例不同,利用有机溶剂将土壤(或地下水)污染物选择性地转移到有机相进行物质分离或富集的过程。

多相萃取(multiphase extraction):将溶剂、超临界气体等注入地下,再采用真空抽提系统,将土壤污染物、地下水污染物、游离相油类污染物以及石油烃蒸气等各种混合物一并抽出除去的技术。

土壤淋洗(soil washing):用清水对挖掘出来的污染土壤进行洗涤,将附着在土壤颗粒表面的有机和无机污染物转移至水溶液中,从而达到洗涤和清洁污染土壤的目的。

土壤冲洗(soil flushing):将可促进土壤污染物溶解或迁移的化学溶剂原位注入受污染土壤中,从而将污染物从土壤中溶解、分离出来并进行处理的技术。

化学氧化-还原(chemical oxidation and reduction):根据土壤或地下水中污染物的类型和属性选择适当的氧化或还原剂,将制剂注入土壤或地下水中,利用氧化或还原剂与污染物之间的氧化-还原反应将污染物转化为无毒无害物质或毒性低、稳定性强、移动性弱的惰性化合物,从而达到对土壤净化的目的。

超临界水氧化(supercritical water oxidation,SCWO):通过对水进行适当的加温和加压,利用水在超临界条件(温度>374 ℃,$P>22.1$ MPa)下能与有机物和氧气混溶的特性,提高有机污染物的氧化反应及生成 CO_2、H_2O 和 N_2 等无毒物质,从而达到销毁土壤或地下水中有机污染物的目的。

固化/稳定化(solidification/stabilization):将污染土壤与能聚结成固体的材料(如水泥、沥青、化学制剂等)相混合,通过形成晶格结构或化学键,将土壤或危险废物捕获或者固定在固体结构中,从而降低有害组分的移动性或浸出性。其中,固化是将废物中的有害成分用惰性材料加以束缚的过程,而稳定化是将废物的有害成分进行化学改性或将其导入某种稳定的晶格结构中的过程,即固化通过采用具有高度结构完整性的整块固体将污染物密封起来以降低其物理有效性,而稳定化则降低了污染物的化学有效性。

生物通风(bioventing):通过加压(并可适当加温)对污染土壤进行曝气,使土壤中的氧气浓度增加,从而促进好氧微生物的活性,提高土壤中污染物的降解效果。

生物抽除(bioslurping):通过真空吸引式的抽汲技术,运用生物通风和污染物抽提回收两种机制清除包气带污染土壤中的挥发性有机污染物或石油烃类污染物。

生物反应器(bioreactor):以活细胞(如微生物或动、植物细胞)或酶制剂作为生物催化剂,在生物体外进行生化反应降解有机污染物的装备和技术。

可渗透反应墙(permeable reactive barrier,PRB):通过在受污染地下水流经的方向建造由反应材料组成的反应墙,通过反应材料的吸附、沉淀、化学降解或生物降解等作用去除地下水中的污染物。

自然衰减(natural attenuation,NA):利用污染区域自然发生的物理、化学和生物学过程,如吸附、挥发、稀释、扩散、化学反应、生物降解、生物固定和生物分解等,降低污染物的浓度、数量、体积、毒性和移动性。

土耕法(landfarming):将污染土壤撒布于土地表面并进行翻耕处理,促使污染物分散稀释或发生降解的活动。

堆肥(composting):将受污染土壤与水、营养物、泥炭、稻草或动物肥料等混合,通过特定的堆制方式(如用机械或压力系统充氧并添加石灰调节 pH 值等),依靠微生物将有毒有害的污染物进行降解和转化,并将治理达标后的土壤回填原地或用于农业生产,从而实现污染土壤的无害化和资源化的活动。

生物堆(biopiling):将污染土壤挖出并堆积于装有渗滤液收集系统的防渗区域,提供适量的水分和养分,并采用强制通风系统注入空气(补充氧气),利用土壤中好氧微生物的呼吸作用将有机污染物转化为 CO_2 和水,从而达到去除污染物的目的。

植物修复(phytoremediation):根据植物可耐受或超积累某些特定化合物的特性,利用植物及其共生微生物提取、转移、吸收、分解、转化或固定地块土壤和地下水中的有机或无机污染物,从而达到移除、削减或稳定污染物,或降低污染物毒性等目的。

地块档案(archive of site):记载地块基本信息,如地块名称、地理位置、占地面积、地块主要生产活动、地块使用权、土地利用方式,以及地块污染物类型和数量,地块污染程度和范围等,具有查考和保存价值的文字、图表、声像等各种形式的记录材料。

优先管理地块(priority management site):指污染重、风险高、危害性大或污染情况危急,可能对人体健康和生态环境造成严重威胁或极大破坏,或因某些特殊情况及实际需要,需要进行优先控制、管理和治理的地块。

思考题

1.简述我国土壤污染防治工作发展历程。

2.土壤污染防治行动计划的总体要求有哪些?

3.简述我国土壤污染防治法律法规的立法过程。

4.通常我国现行土壤污染防治法律法规体系的"一法三部令"指什么?

5.我国现行土壤污染防治标准体系由哪几类标准组成?

6.《土壤环境质量 农用地土壤污染风险管控标准(试行)》(GB 15618—2018)与原《土壤环境质量标准》(GB 15618—1995)相比,有何区别?

7.《土壤环境质量 建设用地土壤污染风险管控标准(试行)》中考虑的暴露途径指的是什么? 主要包括哪几类?

污染土壤环境监测指标及其测定技术

第 3 章

3.1 土壤环境监测

3.1.1 土壤环境监测目的和内容

土壤环境监测(soil environmental monitoring)以防治土壤污染危害为目的,是对土壤污染程度、发展趋势的动态分析测定,也是了解土壤环境质量状况的重要措施。按照监测目的可将土壤环境监测分为区域土壤环境背景监测、土壤质量监测(包括农田土壤环境质量监测、建设项目土壤环境评价监测)和土壤应急监测(包括各种土壤污染事故监测)等三类。

土壤环境背景值监测的主要目的是通过测定土壤中各元素的含量水平,为土壤环境保护提供依据;土壤质量监测主要目的是掌握土壤营养状况及其是否被污染和污染程度,并预测土壤质量的发展变化趋势;土壤应急监测主要包括土壤污染事故及事故处理过程中所涉及的监测任务,具体包括调查被污染土壤的主要污染物,确定污染来源、范围和程度,为污染控制裁决和污染防治策略提供科学依据,土壤应急监测也应包括,在利用土地的净化能力和强化措施修复过程中,对污染土地污染物实行动态监测,掌握土地处理过程中污染物残留量,防止土壤污染扩散。

根据环保部制定的"十三五"土壤环境监测总体方案,截至 2017 年,我国已初步建成了包含背景点位、基础点位和风险监控点位的 38880 个国家土壤环境监测点位。完善土壤环境监测网络,有利于掌握全国土壤环境质量总体状况,为建立土壤环境质量监督管理体系,保护和合理利用土地资源,防治土壤污染提供基础数据和信息。

3.1.2 土壤环境监测项目

土壤环境监测项目根据监测目的不同分为常规项目、特定项目和选测项目。常规项目原则上为 2018 年生态环境部发布的《土壤环境质量标准》(GB 15618—2018 和 GB 36600—2018)中所要求控制的污染物;特定项目视当地环境污染状况自行确定,按照优先监测原则,确认出土壤中积累较多、对环境危害较大、影响范围广、毒性较强的污染物,或者污染事故对土壤环境造成严重不良影响的优先污染物进行监测;选测项目一般包括新纳入的在土壤中积累较少的污染物、由于环境污染导致土壤性状发生改变的土壤性状指标以及生态环境指标等,由各地区自行选择测定。国标 GB 15618—2018 和 GB 36600—2018 标准中规定的土壤监测项目见表 3.1。

在建设用地土壤污染风险筛选中,初步调查阶段的必测项目如表 3.1 所列的基本项目,而选测项目则依据 HJ 25.1、HJ 25.2 及相关技术规定确定,可选择表 3.1 中的"其他项目",但不限于此。对于农用地土壤污染风险筛选,必测项目也如表 3.1 所列的基本项目,而选测项目则由地方环境保护主管部门根据本地区土壤污染特点和环境管理需求进行选择。

表 3.1　土壤环境质量监测项目

项目类别		监测项目
基本项目	农田用地	pH 值、镉、汞、砷、铅、铬、铜、镍、锌
	建设用地	砷、镉、铬、铜、铅、汞、镍、挥发性有机物、半挥发性有机物
其他项目	农田用地	六六六总量、滴滴涕总量、苯并[a]芘
	建设用地	锑、铍、钴、甲基汞、钒、氰化物、挥发性有机物、半挥发性有机物、有机农药类、多氯联苯、多溴联苯、二噁英、石油烃

注:表中挥发性有机物、半挥发性有机物和有机农药种类见《土壤环境质量 建设用地土壤污染风险管控标准(试行)》(GB 36600—2018)。

3.1.3　土壤样品采集

3.1.3.1　采样前准备

采样前的准备主要包括以下几个方面:

1. 组织准备

组织具有采样经验的专业人员组成采样组,学习采样技术规程与检测技术规范。

2. 查阅资料与现场踏勘

了解有关技术文件和监测规范,收集与监测区域相关的资料,同时通过现场踏勘,将调查得到的信息进行验证、整理和利用,丰富采样工作图的内容。其中所需收集的资料主要包括:

(1)监测区域的交通图、土壤图、地质图、大比例尺地形图等资料,用于制作采样工作图和标注采样点位。

(2)监测区域的土类、成土母质等土壤信息资料。

(3)工程建设或生产过程对土壤造成影响的环境研究资料。

(4)造成土壤污染事故的主要污染物的毒性、稳定性以及如何消除等资料。

(5)土壤历史资料和相应的法律(法规)。

(6)监测区域工农业生产及排污、污灌、化肥农药施用情况资料。

(7)监测区域气候资料(温度、降水量和蒸发量)、水文资料;监测区域遥感与土壤利用及其演变过程方面的资料等。

3. 采样工具准备

常用的采样工具主要包括以下几类。

（1）工具类：铁锹、铁铲、圆状取土钻、螺旋取土钻、竹片以及适合特殊采样要求的工具等。

（2）器材类：GPS、罗盘、照相机、胶卷、卷尺、铝盒、样品袋和样品箱等。

（3）文具类：样品标签、采样记录报表、铅笔、资料夹等。

（4）安全防护用品：工作服、工作鞋、安全帽、药品箱等。

（5）交通工具：采样专用车辆。

3.1.3.2　布点与样品数

1.布点原则

为了使采集的监测样品具有较好的代表性，采样点的布设需要遵循以下原则：

（1）不同土壤类型都要布点，一般按地形—成土母质—土壤类型—环境影响划分监测区域范围。

（2）污染较重的地区布点要密。

（3）在非污染区的同类土壤中，要布设一个或几个对照采样点。

2.布点方法

在采样点布设过程中，必须避免一切主观因素，使组成总体的个体有同样的机会被选入样品，即组成样品的个体应当是随机提取自总体的。另一方面，一组需要相互之间进行比较的样品，应当有同样的个体组成，否则样本大的个体所组成的样品，其代表性会大于样本少的个体组成的样品。所以"随机"和"等量"是决定样品具有同等代表性的重要条件。遵循随机条件，采样点的布设方法主要有简单随机布点、分块随机布点和系统随机布点，几种布点方法的示意图如图 3.1 所示。

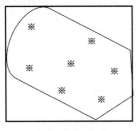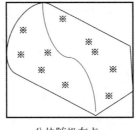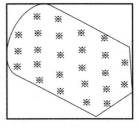

简单随机布点　　　　　　分块随机布点　　　　　　系统随机布点

图 3.1　布点方法示意图

简单随机布点是一种完全不带主观限制条件的布点方法，适用于监测区域无明显差别的情况。其布点方法是将监测单元分成网格，每个网格编上号码，决定采样点样品数后，随机抽取规定的样品数的样品，其样本号码对应的网格号，即为采样点。随机数的获得可以利用掷骰子、抽签、查随机数表的方法。关于随机数骰子的使用方法可见 GB 10111—2008《利用随机数骰子进行随机抽样的办法》。

分块随机布点是指如果监测区域内的土壤有明显的几种类型，即可将区域分成几块，每块内污染物较均匀，块间的差异较明显，将每块作为一个监测单元，在每个监测单元内再随机布点。值得注意的是，若区块划分合理，分块随机布点的代表性比简单随机布点好，若区块划分不正确，分块随机布点的效果可能会适得其反。

系统随机布点是将监测区域划分成面积相等的多个部分(网格划分),每网格内布设一采样点。如果区域内土壤污染物含量变化较大,系统随机布点比简单随机布点所采样品的代表性更好。

3. 基础样品数量确定

基础样品数量的确定有以下两种方法。

(1)由均方差和绝对偏差计算样品数,可由公式计算得到:

$$N = \frac{t^2 s^2}{D^2}$$

(2)由变异系数和相对偏差计算样品数,根据公式计算得到:

$$N = \frac{t^2 C_v^2}{m^2}$$

两式中　N——样品数;

t——选定的置信水平(一般选定为 95%),一定自由度下的 t 值由 t 分布表查得(见 HJ/T 166—2004 附录 A);

s^2——均方差,可从先前的其他研究或者由极差 $R[s^2=(R/4)^2]$ 估算得到;

D——可接受的绝对偏差;

C_v——变异系数(coefficient of variation),%,可从先前的其他研究资料中估计;

m——可接受的相对偏差,%,土壤环境监测一般限定为 20%~30%。

没有历史资料的地区、土壤变异程度不太大的地区,一般 C_v 可用 10%~30% 粗略估计,有效磷和有效钾变异系数可取 50%。

例题 3.1　某地土壤石油烃污染的浓度范围为 0~7 mg/kg,若 95% 置信度时平均值与真值的绝对偏差为 1.2 mg/kg,s 为 2.5 mg/kg,初选自由度为 15,请问基础样品数量是多少?

解　由 t 分布表查得 $t=2.13$

$$N = \frac{t^2 s^2}{D^2} = \frac{2.13^2 \times 2.5^2}{1.2^2} = 20(\uparrow)$$

4. 布点数量

土壤监测的布点数量要满足样本容量的基本要求,即上述基础样品数量的下限数值,实际工作中土壤布点数量还要根据调查目的、调查精度和调查区域环境状况等因素确定。比如:一般要求每个监测单元最少布设 3 个点。

(1)区域环境土壤背景调查布点。全国土壤环境背景值监测一般以土壤类型为主;省、自治区、直辖市级的以土壤类型和成土母质母岩类型为主;省级以下或条件许可或特别工作需要的可划分到亚类或土属。可按照调查的精度不同,从 2.5 km、5 km、10 km、20 km、40 km 中选择网距网格布点,区域内的网格节点数即为土壤采样点数量;或按照如下公式计算网格间距:

$$L = \frac{1}{2}\left(\frac{A}{N}\right)$$

式中　L——网格间距;

A——采样单元面积;

N——计算所得基础样品数量。

布点过程中还应注意:采样点选在被采土壤类型特征明显,地形相对平坦、稳定,植被良好的地点;坡脚、洼地等具有从属景观特征的地点不设采样点;城镇、住宅、道路、沟渠、粪坑、墓地等处人为干扰大,失去土壤的代表性,不宜设采样点,采样点离铁路、公路至少 300 m 以上;采样点以剖面发育完整、层次较清楚、无侵入体为准,不在水土流失严重或表土被破坏处设采样点;选择不施或少施化肥、农药的地块作为采样点,以使采样点尽可能少受人为活动的影响;不在多种土类、多种母质母岩交错分布、面积较小的边缘地区布设采样点。

在实际采样中,可根据具体情况适当调整网格的间距与网格起始的经纬度,避开过多网格落在道路或河流上,使样品更具代表性。

(2)农田土壤采样布点。在农田土壤采样点布设中,首先应确定监测单元。一般按土壤接纳污染物的主要途径,可将检测单元分为大气污染型、灌溉水污染型、固体废物堆污染型、农用固体废物污染型、农用化学物质污染型和综合污染型(污染物主要来自上述两种以上途径)6 类。在这里需要注意的是:监测单元划分要参考土壤类型、农作物种类、耕作制度、商品生产基地、保护区类型、行政区划等要素的差异,同一单元的差别应尽可能地缩小。

随后,根据调查目的、调查精度和调查区域环境状况等因素确定监测单元,不同监测单元,采样点的布设方法不同。对于大气污染型和固体废物堆污染型土壤监测单元,一般以污染源为中心放射状布点,在主导风向和地表水的径流方向适当增加采样点(离污染源的距离远于其他点);灌溉水污染型、农用固体废物污染型和农用化学物质污染型监测单元采用均匀布点;灌溉水污染型监测单元采用按水流方向带状布点,采样点自纳污口起由密渐疏;综合污染型监测单元布点采用综合放射状、均匀、带状布点法。

通常情况下,为了保证样品的代表性,减少监测费用,采取采集混合样的方案。具体操作为:在每个土壤单元设 3~7 个采样区,单个采样区可以是自然分割的一块田地,也可由多个田块构成,其范围以 200 m×200 m 左右为宜。每个采样区的样品为农田土壤混合样(采样方法见"3.1.4 节中混合样品的采集")。

(3)建设项目土壤环境评价监测采样布点。采样点按每 100 公顷占地不少于 5 个且总数不少于 5 个布设,其中小型建设项目设 1 个柱状样采样点,大中型建设项目不少于 3 个柱状样采样点,特大型建设项目或对土壤环境影响敏感的建设项目不少于 5 个柱状样采样点。

如果建设工程或生产没有翻动土层,表层土受污染的可能性最大,但不排除对中下层土壤的影响。生产或者将要生产导致的污染物是以工艺过程中的烟雾(尘)、污水、固体废物等形式污染周围土壤环境,采样点以污染源为中心放射状布设为主,在主导风向和地表水的径流方向适当增加采样点;以水污染型为主的土壤按水流方向带状布点,采样点自纳污口起由密渐疏;综合污染型土壤监测布点采用综合放射状、均匀、带状布点法。此类监测不采混合样,混合样虽然能降低监测费用,但损失了污染物空间分布的信息,不利于掌握工程及生产对土壤的影响状况。

(4)城市土壤采样布点。城市土壤主要是指小部分栽植草木的土壤。城市土壤的上层(0~30 cm)可能是回填土或受人为影响大的部分,下层(30~60 cm)是人为影响相对较小部分。一般将其分两层分别采样。

一般城市土壤监测点以网距 2000 m 的网格布设为主,功能区布点为辅,每个网格设一个采样点。对于专项研究和调查的采样点可适当加密。

(5)污染事故监测土壤采样布点。对于污染事故监测土壤的采样布点,一般根据污染物的颜色、印渍和气味并考虑地势、风向等因素,初步界定污染事故对土壤的污染范围。

然后根据污染物及其污染形式,确定采样点数量。对于抛洒污染型固体污染物等,打扫好后布设采样点应不少于3个;对于液体倾翻污染型,污染物向低洼处流动的同时向深度方向渗透并向两侧横向扩散,事故发生点的采样点应较密,事故发生点较远处的采样点可较疏,采样点应不少于5个;对于爆炸污染型,以放射性同心圆方式布点,采样点不少于5个;事故土壤监测还要设定2～3个背景对照点。

3.1.3.3 土壤样品采集

为了使采集的样品具有代表性,一般将土壤样品采集分为以下三个阶段。

(1)前期采样。根据背景资料与现场考察结果,采集一定数量的样品分析测定,用于初步验证污染物空间分异性和判断土壤污染程度,为制定监测方案(选择布点方式和确定监测项目及样品数量)提供依据,前期采样可与现场调查同时进行。

(2)正式采样。按照监测方案,实施现场采样。

(3)补充采样。正式采样测试后,发现布设的样点没有满足总体设计需要,则要增设采样点补充采样。面积较小的土壤污染调查和突发性土壤污染事故调查可直接采样。

每个采样点的采样量视分析测定项目而定。

1.剖面土样采集

土壤样品采集一般可采表层土样或土壤剖面土样。对于表层土样,一般采样深度0～20 cm。对特殊要求的监测(包括土壤背景、环评、污染事故等),必要时选择部分采样点采集剖面样品。剖面的规格一般为长1.5 m,宽0.8 m,深1.2 m。挖掘土壤剖面要使观察面向阳,表土和底土分两侧放置。

典型的自然土壤剖面分为A层(表层,淋溶层)、B层(亚层,淀积层)、C层(风化母岩层、母质层)和底岩层,如图3.2所示。一般每个剖面采集A、B、C三层土样。

地下水位较高时,剖面挖至地下水露出时为止;山地丘陵土层较薄时,剖面挖至风化层。

对B层发育不完整(不发育)的山地土壤,只采A、C两层;干旱地区剖面发育不完善的土壤,在表层5～20 cm、心土层50 cm、底土层100 cm左右采样。

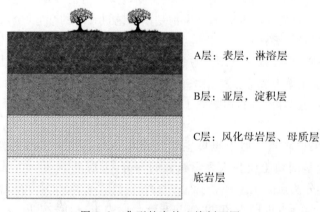

图3.2　典型的自然土壤剖面图

水稻土自上而下按照 A(耕作层)、P(犁底层)、C(母质层)或 G(潜育层)、W(潴育层)分层采样,对 P 层太薄的剖面,只采 A、C 两层(或 A、G 层或 A、W 层)。

对 A 层特别深厚,淀积层不甚发育,1 m 内见不到母质的土类剖面,按 A 层 5~20 cm、A/B 层 60~90 cm、B 层 100~200 cm 采集土壤。草甸土和潮土一般在 A 层 5~20 cm、C1 层(或 B 层)50 cm、C2 层 100~120 cm 处采样。

采样次序自下而上,先采剖面的底层样品,再采中层样品,最后采上层样品。测量重金属的样品尽量用竹片或竹刀取样,或去除与金属采样器接触的部分土壤,再用样品。

对于机械干扰土,由于建设工程或生产中土层易受到翻动影响,污染物在土壤纵向分布不同于非机械干扰土。采样总深度由实际情况而定,一般同剖面样的采样深度由 3 种方法确定(见图 3.3)。

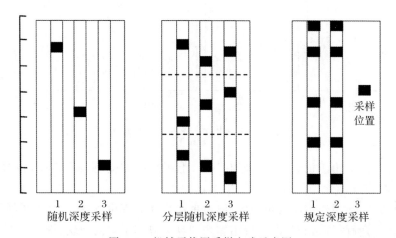

图 3.3　机械干扰图采样方式示意图

(1)随机深度采样。本方法适合土壤污染物水平方向变化不大的土壤监测单元,采样深度由下列公式计算:

$$深度＝剖面土壤总深 \times RN$$

式中,RN 为 0~1 的随机数。RN 由随机数骰子法产生,参照《利用随机数骰子进行随机抽样的方法》(GB 10111—2008)进行。

例题 3.2　如土壤剖面深度(H)为 1.2 m,用一个骰子决定随机数。

若第一次掷骰子得随机数(n_1)为 6,则 $RN_1＝n_1/10＝0.6$,则采样深度(H_1)＝$H \times RN_1＝$1.2×0.6＝0.72(m),即第一个点的采样深度为 0.72 m。

若第二次掷骰子得随机数(n_2)为 3,则 $RN_2＝0.3$,采样深度为 0.36 m,即第二个点的采样深度离地面 0.36 m。

若第三次掷骰子得随机数(n_3)为 8,同理可得第三个点的采样深度为 0.96 m。

若第四次掷骰子得随机数(n_4)为 0,则 $RN_4＝1$(规定当随机数为 0 时 RN 取 1),采样深度(H_4)＝$H \times RN_4＝$1.2×1＝1.2(m),即第四个点的采样深度为 1.2 m。

以此类推,直至决定所有点的采样深度为止。

(2)分层随机深度采样。本采样方法适合绝大多数的土壤采样,土壤纵向(深度)分成三层,每层采一样品,每层的采样深度由下列公式计算:

$$深度＝每层土壤深×RN$$

式中，RN 为 $0\sim1$ 的随机数，取值方法参考上例。

（3）规定深度采样。本采样适合预采样（为初步了解土壤污染随深度的变化，制定土壤采样方案）和挥发性有机物的监测采样，表层多采，中下层等间距采样。

2. 混合土样采集

混合土样采集是在农田土壤环境监测中，为了保证样品的代表性，同时降低监测费用而采取的一种采样方案。混合土样的采集主要有以下四种方法（见图 3.4）。

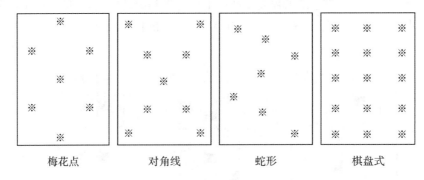

梅花点	对角线	蛇形	棋盘式

图 3.4　混合土壤采样点布设示意图

（1）梅花点法：适用于面积较小、地势平坦、土壤组成和受污染程度相对比较均匀的地块，设 5 个左右分点。

（2）对角线法：适用于污灌农田土壤，将对角线分为 5 等份，以等分点为采样分点。

（3）蛇形法：适宜于面积较大、土壤不够均匀且地势不平坦的地块，设分点 15 个左右，多用于农业污染型土壤。

（4）棋盘式法：适宜中等面积、地势平坦、土壤不够均匀的地块，设 10 个左右分点；受污泥、垃圾等固体废物污染的土壤，分点应在 20 个以上。

当监测农田土壤是种植一般农作物时，一般采集 $0\sim20$ cm 深的耕作层土样，当监测农田土壤是种植果林类农作物时，一般采集 $0\sim60$ cm 深的耕作层土样。对于每个检测单元，当采样结束后，将各分点采集的样品混匀后用四分法弃取。四分法的操作步骤为：将各点采集的土样混匀并铺成正方形，画对角线，分成 4 份，将对角线的两个对顶三角形范围内的样品保留，剔除一半。如此循环，直至剩余土样量为所需土样量。

样品采集量一般为 1 kg 左右，采样后装入样品袋，样品袋一般由棉布缝制而成，如潮湿样品可内衬塑料袋（供无机化合物测定）或将样品置于玻璃瓶内（供有机化合物测定）。如样品有腐蚀性或要测定挥发性化合物，改用广口瓶装样。采样的同时，由专人填写样品标签、采样记录；标签一式两份，一份放入袋中，一份系在袋口，标签上标注采样时间、地点、样品编号、监测项目、采样深度和经纬度。采样结束，需逐项检查采样记录、样袋标签和土壤样品，如有缺项和错误，及时补齐更正。将底土和表土按原层回填到采样坑中，方可离开现场，并在采样示意图上标出采样地点，避免下次在相同处采集剖面样。土壤样品标签和土壤采样现场记录样式见图 3.5。

土壤样品标签	土壤采样现场记录表			
样品编号：	采样地点		东经		北纬
采样地点：东经：北纬：	采样编号		采样日期		
采样层次：	样品类别		采样人员		
特征描述：	采样层次		采样深度/cm		
采样深度：	样品描述	土壤颜色	植物根系		
		土壤质地	砂砾含量		
检测项目：		土壤湿度	其他异物		
采样人员：	采样点示意图		自上而下植被描述		

图 3.5　土壤样品标签和土壤采样现场记录样式图

3.1.4　土壤样品保存

土壤样品保存可分为短期保存和预留样品保存,前者目的是保证首次分析前土壤样品不发生明显变化,而后者则为保证土壤样品在后续复测之前不发生明显变化。现场采样后,首先进行样品登记、贴标签并分类装箱,运往实验室加工处理。运输过程中严防样品的损失、混淆和沾污。对光敏感的样品应有避光外包装。含易分解有机物的样品,采集后置于低温(冰箱)中,直至运送分析室。

样品应按样品名称、编号和粒径分类保存。对于易分解或易挥发等不稳定组分的样品要采取低温保存的运输方法,并尽快送到实验室分析测试。测试项目需要新鲜样品的土样,采集后用可密封的聚乙烯或玻璃容器在 4 ℃以下避光保存,样品要充满容器。避免用含有待测组分或对测试有干扰的材料制成的容器盛装保存样品,测定有机污染物用的土壤样品要选用玻璃容器保存。具体保存条件见表 3.2。

表 3.2　新鲜土壤样品的保存条件和保存时间

测试项目	容器材质	温度/℃	可保存时间/d
金属(汞和六价铬除外)	聚乙烯、玻璃	<4	180
汞	玻璃	<4	28
砷	聚乙烯、玻璃	<4	180
六价铬	聚乙烯、玻璃	<4	1
氰化物	聚乙烯、玻璃	<4	2
挥发性有机物	玻璃(棕色)	<4	7
半挥发性有机物	玻璃(棕色)	<4	10
难挥发性有机物	玻璃(棕色)	<4	14

注:挥发性和半挥发性有机物的采样瓶应装满装实并密封。

样品制作过程在制样工作室进行,该工作室分设风干室和磨样室。风干室朝南(严防阳光直射土样)、通风良好、整洁、无尘、无易挥发性化学物质。在风干室将土样放置于风干盘(白色搪瓷盘及木盘)中,摊成 2~3 cm 的薄层,适时地压碎、翻动,拣出碎石、砂砾、植物残体。在磨样室将风干的样品倒在有机玻璃板上,用木锤敲打,用木滚、木棒、有机玻璃棒再次压碎,拣出杂质,混匀,并用四分法取压碎样,过孔径 0.25 mm(20 目)的尼龙筛。过筛后的样品全部置于无色聚乙烯薄膜上并充分搅拌混匀,再采用四分法取其两份,一份交样品库存放,另一份作样品的细磨用。粗磨样可直接用于土壤 pH 值、阳离子交换量、元素有效态含量等项目的分析。用于细磨的样品再用四分法分成两份,一份研磨到全部过孔径 0.25 mm(60目)筛,用于农药或土壤有机质、土壤全氮量等项目分析;另一份研磨到全部过孔径 0.15 mm(100 目)筛,用于土壤元素全量分析。制样过程如图 3.6 所示。

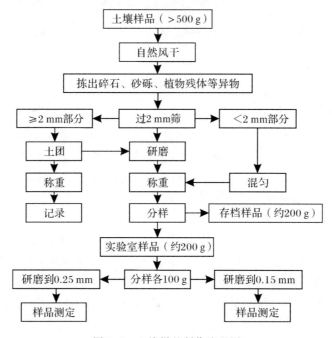

图 3.6 土壤样品制作流程图

研磨混匀后的样品,分别装于样品袋或样品瓶,填写土壤标签一式两份,瓶内或袋内装一份,瓶外或袋外贴一份。

制样过程注意事项:制样时将采样土壤标签与土壤始终放在一起,样品名称和编码始终不变,严禁混错;制样工具每处理一份样后擦抹(洗)干净,严防交叉污染;分析挥发性、半挥发性有机物或可萃取有机物无需上述制样,用新鲜样按特定的方法进行样品前处理。

预留样品在样品库造册保存。分析取用后的剩余样品待测定全部完成数据报出后,也移交样品库保存。分析取用后的剩余样品一般保留半年,预留样品一般保留 2 年。特殊、珍稀、仲裁、有争议样品要永久保存。样品库要求保持干燥、通风、无阳光直射、无污染;要定期清理样品,防止霉变、鼠害及标签脱落。样品入库、领用和清理均需记录。

3.1.5 土壤样品预处理

当土壤样品送至实验室后,一般需经过预处理才能进行分析。土壤样品预处理的目的是使土壤样品中待测组分的形态和浓度符合测定方法的要求,以及减少或消除共存组分的干扰。土壤样品预处理方法需根据污染监测、分析方法和土壤类型选择,同时要根据监测要求和目的来选定预处理方法。

常用的土壤样品预处理方法主要有分解法、溶浸法和提取法。其中分解法和溶浸法主要用于元素分析,提取法用于有机污染物和不稳定组分的测定。

3.1.5.1　全分解方法(消解法)

土壤样品的全分解方法的原理是通过普通酸分解法、高压密闭分解法、微波炉加热分解法、碱融法等破坏土壤的矿物晶格和有机质,使待测元素以某一价态进入试样溶液中。

1. 普通酸分解法

测定土壤中金属元素的总量时,常常使用各种酸或混合酸进行土壤样品的消解(即溶样)。所述的消解作用包括:①溶解固体物质;②高温氧化破坏土壤中的有机物;③将各种形态的金属转变为同一种可测价态。常用的酸有硝酸、盐酸、高氯酸、硫酸、磷酸、氢氟酸和硼酸等。

土壤样品的消解多采用多元酸消解体系,这与土壤介质的复杂性密切相关;测定元素不同,消解用酸的种类也有所不同。在土壤样品多元酸消解时,消解酸的用量及其加入酸的顺序就显得更为重要。比如,盐酸-硝酸-氢氟酸-高氯酸全分解土壤样品的操作要点:准确称取 0.5 g(准确到 0.1 mg,以下都与此相同)风干土样置于聚四氟乙烯坩埚中,用几滴水润湿后,加入 10 mL HCl($\rho=1.19$ g/mL),于电热板上低温加热,蒸发至约 5 mL 时加入 15 mL HNO$_3$($\rho=1.42$ g/mL),继续加热蒸至近黏稠状,随后加入 10 mL HF($\rho=1.15$ g/mL)并继续加热,为了达到良好的除硅效果应经常摇动坩埚。最后加入 5 mL HClO$_4$($\rho=1.67$ g/mL)并加热至白烟冒尽。对于含有机质较多的土样应在加入 HClO$_4$ 之后加盖消解,土壤分解物应呈白色或淡黄色(含铁较高的土壤),倾斜坩埚时呈不流动的黏稠状即可。用稀酸溶液冲洗内壁及坩埚盖,温热溶解残渣,冷却后,定容至 100 mL 或 50 mL,最终体积依待测成分的含量而定。

土壤样品酸消解预处理需特别注意:

(1)测定土壤 Hg 含量时,应采用低温消解法,即 HNO$_3$ - KMnO$_4$ 或 HNO$_3$ - H$_2$SO$_4$ - KMnO$_4$ 消解酸体系;

(2)多元素全量测定时,针对每种元素分别消解的方式是不可取的,为减少消解工作量,建议采用混合酸消解体系,如 HNO$_3$ - HF - HClO4 或 HCl - HNO$_3$ - HF - HClO$_4$ 消解体系;

(3)土壤样品的消解用时多,消解酸用量也远高于水样的消解,因此一定要选用优级品的酸,并采用少量多次用酸原则,同时要求进行空白试验。

(4)测定土壤氮/磷元素时,不可选用含氮/磷元素的相应酸。

2. 高压密闭分解法

对于难以消解的有机质或测定易挥发元素时,可选用此方法。操作过程为:称取 0.5 g 风干土样,置于聚四氟乙烯坩埚中,加入少许水润湿试样,再加入 HNO$_3$($\rho=1.42$ g/mL)、HClO$_4$($\rho=1.67$ g/mL)各 5 mL,摇匀后将坩埚放入不锈钢套筒中,拧紧后放在 180 ℃ 的烘箱中分解 2 h。取出,冷却至室温后,取出坩埚,用水冲洗坩埚盖的内壁,加入 3 mL HF($\rho=1.15$ g/mL),置于电热板上,在 100~120 ℃ 加热除硅,待坩埚内剩余 2~3 mL 溶液时,调高温度至 150 ℃,蒸至冒浓白烟后再缓缓蒸至近干,定容后进行测定。

3. 微波消解法

微波消解速度快,是结合高压消解和微波快速加热的一项消解技术。该技术加快了样品的分解速度,缩短了消解时间,提高了消解效率;同时,样品消解过程在密闭容器中完成,避免了待测元素的损失和可能造成的污染,特别适合土壤、沉积物、污泥等复杂基体样品的消解。但由于环境样品基体的复杂性不同及其与传统消解手段的差异,在确定微波消解方案时,应对所选消解试剂、消解功率和消解时间进行条件优化。常用于土样微波消解的多元酸体系主要有 $HNO_3 - HCl - HF - HClO_4$、$HNO_3 - HF - HClO_4$、$HNO_3 - HCl - HF - H_2O_2$、$HNO_3 - HF - H_2O_2$ 等。当不使用 HF 时(限于测定常量元素且称样量小于 0.1 g),可将消解液适当稀释后直接测定。若使用 HF 或 $HClO_4$ 对待测微量元素有干扰时,可将试样分解液蒸至近干,酸化后稀释定容。

4.碱融法

碱融法是将土壤样品与碱混合,在高温下熔融,使样品分解的方法。常用的溶剂有碳酸钠、氢氧化钠、过氧化钠和偏硼酸锂等。一般使用铝坩埚、瓷坩埚、镍坩埚和铂金坩埚等器皿。碱融法具有分解样品完全、操作简便和快速且不产生大量酸蒸气等优点,其不足是使用试剂量大,引入了大量可溶性盐,也易于引入污染物质,另外,有些金属如铬、镉等,在高温下(如大于 450 ℃)易挥发损失。常用的碱融法包括碳酸钠熔融法和碳酸锂-硼酸、石墨粉坩埚熔样法。其中碳酸钠碱融法适合测定氟、钼和钨等元素,碳酸锂-硼酸、石墨粉坩埚熔样法适合铝、硅、钛、钙、镁、钾、钠等元素分析。以下为碳酸钠碱融法操作要点:

称取 0.5～1.0 g 风干土样,放入预先用少量 Na_2CO_3 或 NaOH 垫底的高铝坩埚中(以充满坩埚底部为宜,以防止熔融物粘底),分次加入 1.5～3.0 g Na_2CO_3,并用圆头玻璃棒小心搅拌,使之与土样充分混匀,再放入 0.5～1.0 g Na_2CO_3,使其平铺在混合物表面,盖好坩埚盖。移入马弗炉中,在 900～920 ℃熔融 0.5 h。待自然冷却至 500 ℃左右时,可稍打开炉门(不可开缝过大,否则高铝坩埚骤然冷却会开裂)以辅助冷却,冷却至 60～80 ℃时用水冲洗坩埚底部,然后放入 250 mL 烧杯中,加入 100 mL 水,在电热板上加热浸提熔融物,用水及 HCl(1+1)将坩埚及坩埚盖洗净取出,并小心用 HCl(1+1)中和、酸化(注意盖好表面皿,以免大量 CO_2 冒泡引起试样的溅失),待大量盐类溶解后,用中速滤纸过滤,用水及 5% HCl 洗净滤纸及其中的不溶物,定容待测。

3.1.5.2 酸溶浸法

酸溶浸法是以酸为溶剂的一种浸提法,一般无需高温加热。常用的土壤酸溶浸方法主要有 $HCl - HNO_3$ 溶浸法、$HNO_3 - H_2SO_4 - HClO_4$ 溶浸法、HNO_3 溶浸法和 0.1 mol/L HCl 溶浸法等。各种酸溶浸法操作要点及其适用范围如下:

1. $HCl - HNO_3$ 溶浸法

操作步骤:准确称取 2.0 g 风干土样,加入 15 mL HCl(1+1)和 5 mL HNO_3(ρ=1.42 g/mL),振荡 30 min,过滤定容至 100 mL,用 ICP 法测定 P、Ca、Mg、K、Na、Fe、Al、Ti、Cu、Zn、Cd、Ni、Cr、Pb、Co、Mn、Mo、Ba、Sr 等。

2. $HNO_3 - H_2SO_4 - HClO_4$ 溶浸法

该方法的特点是 H_2SO_4、$HClO_4$ 沸点较高,能使大部分元素溶出,且加热过程中液面比较平静,没有迸溅的危险。但 Pb 等易与 SO_4^{2-} 形成难溶性盐类的元素,测定结果偏低。操作步骤是:准确称取 2.5 g 风干土样于烧杯中,用少许水润湿,加入 $HNO_3 - H_2SO_4 - HClO_4$

混合酸(5+1+20)12.5 mL,置于电热板上加热,当开始冒白烟后缓缓加热,并摇动烧杯,使溶液蒸发至近乎。冷却,加入 5 mL HNO₃(ρ=1.42 g/mL)和 10 mL 水,加热溶解可溶性盐类,用中速滤纸过滤,定容至 100 mL,待测。

3. HNO₃ 溶浸法

操作要点:准确称取 2.0 g 风干土样,置于烧杯中,加少量水润湿,加入 20 mL HNO₃(ρ=1.42 g/mL)。盖上表面皿,置于电热板或沙浴上加热,若发生迸溅,可采用每加热 20 min 关闭电源 20 min 的间歇加热法。待溶液蒸发至约剩 5 mL 时,冷却,用水冲洗烧杯壁和表面皿,经中速滤纸过滤,将滤液定容至 100 mL,待测。

4. Cd、Cu 和 As 等的 0.1 mol/L HCl 溶浸法

该方法是土壤中 Cd、Cu、As 的提取方法,其中提取 Cd、Cu 的操作方法是:准确称取 10.0 g 风干土样,置于 100 mL 广口瓶中,加入 0.1 mol/L HCl 50 mL,在水平振荡器上振荡。振荡条件是温度 30 ℃,振幅 5~10 cm、振荡频次 100~200 次/min,振荡 1 h。静置后,用倾斜法分离出上层清液,用干滤纸过滤,滤液经过适当稀释后用原子吸收法测定。

提取 As 的操作方法:准确称取 10.0 g 风干土样,置于 100 mL 广口瓶中,加入0.1 mol/L HCl 50 mL,在水平振荡器上振荡。振荡条件是温度 30 ℃,振幅 10 cm、振荡频次 100 次/min,振荡 30 min。用干滤纸过滤,取滤液进行测定。

除用 0.1 mol/L HCl 溶浸土壤中的 Cd、Cu 和 As 以外,还可溶浸 Ni、Zn、Fe、Mn、Co 等重金属元素。0.1 mol/L HCl 溶浸法是目前使用最多的酸溶浸方法,此外也有使用 CO₂ 饱和的水、0.5 mol/L KCl - HAc(pH=3)、0.1 mol/L MgSO₄ - H₂SO₄ 等酸溶浸方法。

3.1.6.3　土壤元素形态分析法

由于土壤组成的复杂性和土壤物理化学性状(pH 值、Eh 值等)的差异,造成重金属及其他污染物在土壤环境中形态的复杂性和多样性。金属形态不同,其生理活性和毒性均会有差异,其中以有效态和交换态的活性、毒性最大,残留态的活性、毒性最小,而其他结合态的活性、毒性居中。因此,土壤环境中元素的形态分析也是土壤污染监测的一个重要组成部分。土壤重金属形态分析的预处理方法主要采取逐级提取法,是指采用一系列化学试剂,按照由弱到强的原则,有选择性地对土壤中不同形态的重金属元素进行逐步提取和分别监测,从而获得土壤中不同形态的重金属元素分布。土壤重金属形态分析常用的预处理方法如下。

1. 有效态溶浸法

有效态溶浸法用于分析土壤中有效态微量元素。常使用的提取剂有乳酸、柠檬酸、醋酸-醋酸钠缓冲溶液、DTPA(diethylene triamine pentaacetic acid,二乙烯三胺五乙酸)、草酸-草酸铵、稀无机酸和水等。几种常用方法的操作要点如下所示。

(1)DTPA 浸提:DTPA 浸提法适合于石灰性土壤和中性土壤,可用于测定有效态 Cu、Zn、Fe 等。

浸提液(0.005 mol/L DTPA,0.01 mol/L CaCl₂,0.1 mol/L TEA)的配制:称取 1.967 g DTPA 溶于 14.92 g TEA(三乙醇胺)和少量水中;再将 1.47 g CaCl₂·2H₂O 溶于水,一并转入 1000 mL 容量瓶中,加水至约 950 mL,用 6 mol/L HCl 调节 pH 值至 7.30(每升浸提液约需加 6 mol/L HCl 8.5 mL),最后用水定容。贮存于塑料瓶中,几个月内不会变质。

浸提方法：称取 25.00 g 风干过 20 目筛的土样放入 150 mL 硬质玻璃三角瓶中，加入 50.0 mL DTPA 浸提剂，在 25 ℃用水平振荡机振荡提取 2 h，干滤纸过滤，滤液用于分析。

(2)0.1 mol/L HCl 浸提：适合于酸性土壤。其操作步骤为：称取 10.00 g 风干过 20 目筛的土样放入 150 mL 硬质玻璃三角瓶中，加入 50.0 mL 1 mol/L HCl 浸提液，用水平振荡器振荡 1.5 h，干滤纸过滤，滤液用于分析。

(3)水浸提：常用于土壤中有效硼的分析。其操作步骤为：准确称取 10.00 g 风干过 20 目筛的土样，放入 250 mL 或 300 mL 石英锥形瓶中，加入 20.0 mL 无硼水。连接回流冷却器后煮沸 5 min，立即停止加热并用冷却水冷却。冷却后加入 4 滴 0.5 mol/L $CaCl_2$ 溶液，移入离心管中，离心分离出清液备测。

2. Tessier 五步连续提取法

该方法由 Tessier 于 1979 年提出，主要适用于土壤或底泥等基质中重金属的形态分析。Tessier 五步连续提取法所得金属元素的形态分别为：可交换态、碳酸盐结合态、铁锰氧化结合态、有机物结合态、残渣态等。其中可交换态和碳酸盐结合态属于不稳定形态，铁锰氧化结合态和有机物结合态属于较稳定形态，残余态属于稳定结合态。我国《土壤环境监测技术规范》(HJ/T 166—2004)推荐的五种形态提取的具体步骤如下。

(1)可交换态浸提法：在 1 g 试样中加入 8 mL $MgCl_2$ 溶液(1 mol/L $MgCl_2$，pH=7.0)或者乙酸钠溶液(1 mol/L NaAc，pH=8.2)，室温下振荡 1 h。

(2)碳酸盐结合态浸提法：经(1)处理后的残余物在室温下用 8mL 1 mol/L NaAc 浸提，在浸提前用乙酸把 pH 值调至 5.0，连续振荡，直到估计所有提取的物质全部被浸出为止(一般用 8 h 左右)。

(3)Fe-Mn 氧化物结合态浸提法：浸提过程是在经(2)处理后的残余物中，加入 20 mL 0.3 mol/L $Na_2S_2O_3$、0.175 mol/L 柠檬酸钠、0.025 mol/L 柠檬酸混合液，或者用 0.04 mol/L $NH_2OH \cdot HCl$ 在 20%(体积分数)的乙酸中浸提。浸提温度为(96±3)℃，到完全浸提为止，一般在 4 h 以内。

(4)有机物结合态浸提法：在经(3)处理后的残余物中，加入 3 mL 0.02 mol/L HNO_3、5 mL 30% H_2O_2，然后用 HNO_3 调节至 pH=2，将混合物加热至(85±2)℃，保温 2 h，并在加热中间振荡几次。再加入 3 mL 30%的 H_2O_2，用 HNO_3 调至 pH=2，再将混合物在(85±2)℃加热 3 h，并间断地振荡。冷却后，加入 5 mL 3.2 mol/L 乙酸铵的 20% HNO_3(体积分数)溶液，稀释至 20 mL，振荡 30 min。

(5)残余态浸提法：经以上四部分提取之后，残余物中将包括原生及次生的矿物，它们除了主要组成元素之外，也会在其晶格内夹杂、包藏一些痕量元素，在天然条件下，这些元素不会在短期内溶出。残余态主要用 HF-$HClO_4$ 进行全消解后，再离心分离，吸出上清液待测定。

上述各形态的浸提都在 50 mL 聚乙烯离心试管中进行，以减少固态物质的损失。在互相衔接的操作之间，用 10000 r/min 离心处理 30 min，用注射器吸出清液，通过原子吸收分光光度法或电感耦合-等离子发射光谱法测定目标金属元素的各形态含量。

除此之外，还有 BCR 法和改进 BCR 法，其具体提取过程总结在表 3.3 所示。

表 3.3　常见重金属形态连续提取方法

方法	重金属形态	提取剂	操作条件	优缺点
BCR 法	①酸溶态	0.1 mol/L HOAc 溶液	室温下振荡 16 h,离心、过滤、定容	重现性很好,适于高灵敏度仪器测定。可参照沉积物 CRM601 标准总体评价
	②可还原态	0.1 mol/L $NH_2OH-HCl$ 溶液(HNO_3 调 pH=3.0)	室温下振荡 16 h,离心、过滤、定容	
	③可氧化态	30% H_2O_2+1 mol/L NH_4OAc(HNO_3 调 pH=2.0)	30 ℃水浴 1 h,(85±2) ℃水溶提取 2 h,室温下振荡 16 h,离心、过滤、定容	
	④残渣态	$HF-HNO_3-HClO_4$	土壤消化方法	
改进的 BCR 法	①酸溶态	0.1 mol/L HOAc 溶液	(22±5) ℃下振荡 16 h,离心、过滤、定容	操作过程简单,分析结果稳定可靠,可参照 CRM701 标准
	②可还原态	0.5 mol/L $NH_2OH·HCl$ 溶液(HNO_3 调 pH=1.5)	(22±5) ℃下振荡 16 h,离心、过滤、定容	
	③可氧化态	30% H_2O_2+1 mol/L NH_4OAc(HNO_3 调 pH=2.0)	(22±5) ℃下振荡 16 h,离心、过滤、定容	
	④残渣态	蒸馏水-$HCl-HNO_3$	土壤消化方法	

3.1.6　土壤中有机污染物的提取方法

　　土壤中有机物包括苯并[a]芘、三氯乙醛、矿物油、挥发酚、多环芳烃、六六六及滴滴涕等,其预处理方法主要是有机溶剂提取法。选择有机溶剂的原则是要根据相似相溶的原理,尽量选择与待测物极性相近的有机溶剂作为提取剂。常用有机溶剂的极性由强到弱的顺序为:水、乙腈、甲醇、乙酸、乙醇、异丙醇、丙酮、正丁醇、乙酸乙酯、乙醚、二氯甲烷、苯、四氯化碳、二硫化碳、环己烷、正己烷(石油醚)和正庚烷等。

　　此外,有机溶剂选择过程中还应注意:提取剂必须与样品能很好地分离,且不影响待测物的纯化与测定;不能与样品发生作用,毒性低、价格便宜;提取剂沸点范围在 45~80 ℃为好;还应考虑溶剂对样品的渗透力,以便将土样中的待测物充分提取出来。当单一溶剂不能成为理想的提取剂时,常用两种或两种以上不同极性的溶剂以不同的比例配成混合提取剂。

3.1.6.1　常用的土壤有机污染物提取方法

　　土壤样品中有机物的提取的常用方法有:振荡提取法、超声波提取法、索氏提取法、水浸提-蒸馏萃取法、顶空法和吹扫-捕集法等。

1.振荡提取法

　　准确称取一定量的土样(新鲜土样加 1~2 倍量的无水 Na_2SO_4 或 $MgSO_4·H_2O$ 搅匀,放置 15~30 min,固化后研成细末),转入标准口三角瓶中加入约 2 倍体积的提取液振荡 30 min,静置分层或抽滤、离心分出提取液,样品再分别用 1 倍体积提取液提取 2 次,离心分离提取液并合并,经净化后备分析测定。

提取液可以是纯水、一定 pH 值的水、溶剂或混合提取液。

2. 超声波提取法

与常规提取法相比,超声波提取具有提取时间短、萃取效率高、无需加热等优点。主要操作过程为:准确称取一定量的土样置于烧杯中,加入适量提取剂,超声振荡 3～5 min,真空过滤或高速离心分离,可采取多次提取方式,最终合并多次提取液,经净化后备分析测定。

3. 索氏提取法

与直接萃取法的不同之处是萃取过程中可以控制萃取温度,而且整个过程中固体样品始终处于淋溶和浸提状态,萃取效果比较好。该方法适用于从土壤中提取非挥发性及半挥发性有机污染物。主要操作过程:准确称取一定量土样或取新鲜土样 20.0 g,加入等量无水 Na_2SO_4 研磨均匀,转入滤纸筒中,再将滤纸筒置于索氏萃取器中。在有 1～2 粒干净沸石的 150 mL 圆底烧瓶中加 100 mL 提取剂,连接索氏萃取器,加热回流 16～24 h 即可。

4. 水浸提-蒸馏萃取法

水浸提-蒸馏萃取法适用于土壤中含有水溶性好、挥发性比较强的有机物的情况,如挥发性有机酸、挥发酚等。一般情况下,按照土壤与纯水 1∶1(质量比)的比例溶解,控制振幅,在摇床上振荡 8～24 h,进行充分浸提。随后,将浸提液看作水样,进行相关指标的蒸馏、固相萃取等。

5. 顶空法

顶空法是指在一密闭容器内,固体样品中的挥发性或半挥发性有机物从固相中释放,进入上层气相中,并达到平衡,而后取顶部气体进行色谱分析的方法。顶空技术问世于 1939 年,商品化的顶空进样器在 1962 年问世,目前顶空色谱已成为一种普遍使用的色谱技术。《土壤和沉积物 丙烯醛、丙烯腈、乙腈的测定 顶空-气相色谱法》(HJ 679—2013)中就是采用这种前处理方法。

在顶空分析中,影响进入 GC 样品量的主要因素有平衡温度、平衡时间、取样时间、载气流速和平衡压力等。这些操作条件也会直接影响顶空分析的灵敏度、重现性和准确性。

6. 吹扫-捕集法

从理论上讲,吹扫-捕集法属动态顶空技术。与静态顶空技术不同,动态顶空不是分析处于平衡状态的顶空气体样品,而是用流动气体将样品中的挥发性成分"吹扫"出来,再用一个捕集器将吹扫出来的有机物吸附,随后经热解吸将样品送入 GC 进行分析。待吹扫的样品可以是固体,也可以是液体样品,而吹扫气多采用高纯氦气。捕集器内装有吸附剂,可根据待分析组分的性质选择合适的吸附剂。吹扫-捕集法全过程为"动态顶空萃取→吸附捕集→热解吸→GC 分析"。吹扫-捕集适于挥发性有机物的预处理和测定,如《土壤和沉积物挥发性有机物的测定 吹扫-捕集/气相色谱-质谱法》(HJ 605—2011)等标准方法。

除此之外,近年来发展起来的加压流体萃取法、吹扫蒸馏法(用于提取易挥发性有机物)、超临界流体提取法都是很不错的有机物提取方法,尤其是超临界流体提取法,由于其快速、高效、安全性高(不需任何有机溶剂),因而具有很好的发展前途。

3.1.6.2　提取液的净化

提取液净化是使提取液中的待测组分与干扰物进行分离的过程。在土壤有机物的提取过程中,一些干扰杂质不可避免地随待测组分进入提取液。若不排除这些杂质,将会影响检测结果,甚至使定性定量无法进行,严重时还会沾污分析仪器,因而,必须对提取液进行净化处理,原则尽量完全除去干扰物,使待测物尽量少损失。常用的净化方法有以下几种。

1. 液-液分配法

在一组互不相溶的溶剂对中溶解某一溶质成分,该溶质以一定的比例分配(溶解)在溶剂的两相中。通常把溶质在两相溶剂中的分配比称为分配系数。在同一组"溶剂对"中,不同的物质有不同的分配系数;在不同的"溶剂对"中,同一物质也有着不同的分配系数。利用物质和溶剂对之间存在的分配关系,选用适当的溶剂通过反复多次分配,便可使不同的物质分离,从而达到净化的目的。液-液分配中常用的"溶剂对"有乙腈-正己烷、N,N-二甲基甲酰胺(DMF)-正己烷、二甲亚砜-正己烷等。

液-液分配过程中若出现乳化现象,可采用如下方法进行破乳:①加入饱和硫酸钠水溶液,以其盐析作用而破乳;②加入硫酸(1+1),加入量从 10 mL 逐步增加,直到消除乳化层,此法只适用于对酸稳定的化合物;③高速离心分离。

2. 化学处理法

用化学处理法净化能有效地去除脂肪、色素等杂质。常用的化学处理法有酸处理法和碱处理法。

(1)酸处理法。脂肪、色素中含有碳-碳双键,如脂肪中含不饱和脂肪酸和叶绿素中含双键的叶绿醇等,这些双键与浓硫酸作用时产生加成反应,所得的磺化产物溶于硫酸,这样便使提取液中的待测物与杂质分离。如用发烟硫酸直接与提取液(酸与提取液体积比 1∶10)在分液漏斗中振荡进行磺化,以除掉脂肪、色素等杂质。

(2)碱处理法。一些耐碱的有机物如农药艾氏剂、狄氏剂、异狄氏剂可采用氢氧化钾-助滤剂柱代替皂化法。提取液经浓缩后通过柱净化,用石油醚洗脱,有很好的回收率。

3. 柱层析法

柱层析法是利用提取液中各种组分在层析柱上吸附/解析能力的差异而达到分离杂质目的的净化方法,常用的吸附剂有氧化铝柱(中性、酸性或碱性)、弗罗里硅土、硅胶、硅藻土和活性炭柱等。需要时,还可选用离子交换树脂、凝胶渗透材料等。

3.1.7　污染土壤常见监测指标的标准测定方法

土壤环境监测中样品测定方法分为第一方法、第二方法和第三方法。第一方法是指标准(或仲裁)方法,第二方法是指权威部门推荐的方法,第三方法是指等效方法。其选择原则是:首选标准(或仲裁)方法、第二选择权威部门推荐的方法,第三自选等效方法。我国现行的土壤常规监测项目及标准分析方法见表 3.4,土壤监测项目第二方法和第三方法汇总见《土壤环境监测技术规范》中表 10-2 土壤监测项目与分析方法。

表 3.4　土壤环境监测标准方法目录

类别	标准名称	标准编号	实施日期
理化 指标	土壤 干物质和水分的测定 重量法	HJ 613—2011	2011 - 10 - 1
	土壤 可交换酸度的测定 氯化钾提取-滴定法	HJ 649—2013	2013 - 9 - 1
	土壤 可交换酸度的测定 氯化钡提取-滴定法	HJ 631—2011	2012 - 3 - 1
	土壤 有机碳的测定 燃烧氧化-非分散红外法	HJ 695—2014	2014 - 7 - 1
	土壤 有机碳的测定 燃烧氧化-滴定法	HJ 658—2013	2013 - 9 - 1
	土壤 有机碳的测定 重铬酸钾氧化-分光光度法	HJ 615—2011	2011 - 10 - 1
营养 盐	土壤 水溶性和酸溶性硫酸盐的测定 重量法	HJ 635—2012	2012 - 6 - 1
	土壤 氨氮、亚硝酸盐氮、硝酸盐氮的测定 氯化钾溶液提取-分光光度法	HJ 634—2012	2012 - 6 - 1
	土壤 总磷的测定 碱熔-钼锑抗分光光度法	HJ 632—2011	2012 - 3 - 1
金属 元素	土壤和沉积物 汞、砷、硒、铋、锑的测定 微波消解/原子荧光法	HJ 680—2013	2014 - 2 - 1
	土壤质量 总汞的测定 冷原子吸收分光光度法	GB/T 17136—1997	1998 - 5 - 1
	土壤 总铬的测定 火焰原子吸收分光光度法	HJ 491—2009	2009 - 11 - 1
	土壤质量 铅、镉的测定 KI-MIBK 萃取火焰原子吸收分光光度法	GB/T 17140—1997	1998 - 5 - 1
	土壤质量 铅、镉的测定 石墨炉原子吸收分光光度法	GB/T 17141—1997	1998 - 5 - 1
	土壤质量 镍的测定 火焰原子吸收分光光度法	GB/T 17138—1997	1998 - 5 - 1
	土壤质量 铜、锌的测定 火焰原子吸收分光光度法	GB/T 17139—1997	1998 - 5 - 1
	土壤质量 总砷的测定 硼氢化钾-硝酸银分光光度法	GB/T 17135—1997	1998 - 5 - 1
	土壤质量 总砷的测定 二乙基二硫代氨基甲酸银分光光度法	GB/T 17134—1997	1998 - 5 - 1
有机 污染 物	土壤和沉积物 丙烯醛、丙烯腈、乙腈的测定 顶空-气相色谱法	HJ 679—2013	2014 - 2 - 1
	土壤和沉积物 二噁英类的测定 同位素稀释/高分辨气相色谱-低分辨质谱法	HJ 650—2013	2013 - 9 - 1
	土壤和沉积物 二噁英类的测定 同位素稀释/高分辨气相色谱-高分辨质谱法	HJ 77.4—2008	2009 - 4 - 1
	土壤和沉积物 挥发性有机物的测定 顶空/气相色谱-质谱法	HJ 642—2013	2013 - 7 - 1
	土壤和沉积物 挥发性有机物的测定 吹扫捕集/气相色谱-质谱法	HJ 605—2011	2011 - 6 - 1
	土壤 毒鼠强的测定 气相色谱法	HJ 614—2011	2011 - 10 - 1
	土壤质量 六六六和滴滴涕的测定 气相色谱法	GB/T 14550—1993	1994 - 1 - 15

3.1.7.1　土壤理化指标的测定

1.**土壤水分的测定**

土壤理化指标中,土壤干物质和水分是最常测的两个指标,这是因为无论是采用新鲜还是风干样品,都需要测定土壤中的水分含量,以便获得土壤中各种成分以干固体为基准时的校准值。其测定步骤为:土壤样品在(105 ± 5)℃烘至恒重(约 $16\sim24$ h),以烘干前后的土样质量差计算干固体和水分的含量,用质量分数表示。参考标准为《土壤 干物质和水分的测定 重量法》(HJ 613—2011)。

2.**土壤可交换酸度的测定**

土壤可交换酸度是酸性土壤的重要性质之一,其测定方法有氯化钾提取-滴定法(HJ 649—2013)和氯化钡提取-滴定法(HJ 631—2011)。主要是用中性盐溶液(如 KCl 或 $BaCl_2$)提取土壤,将土壤胶体上吸附的 H^+ 和 Al^{3+} 交换下来,使之进入溶液,取一部分土壤淋洗液,用 NaOH 标准溶液滴定,滴定结果称为可交换酸度;另取一部分土壤提取液,加入适量 NaF 溶液,使氟离子与铝离子形成络合物,Al^{3+} 被充分络合,再用氢氧化钠标准溶液滴定,所得结果为可交换氢。可交换酸度与可交换氢的差值即为可交换铝。

3.**土壤有机碳的测定**

我国现行的土壤有机碳的分析方法有《土壤 有机碳的测定 重铬酸钾氧化-分光光度法》(HJ 615—2011)和《土壤 有机碳的测定 燃烧氧化-滴定法》(HJ 658—2013),也可采用配备固体氧化模块的总有机碳测定仪(HJ 695—2014)进行直接测定。

3.1.7.2　土壤中营养盐的测定

1.**土壤中硫酸盐的测定**

土壤中硫酸盐的测定推荐采用氯化钡重量法。该方法原理:用去离子水和稀盐酸提取土壤中的水溶性和酸溶性硫酸盐,提取液经慢速定量滤纸过滤后,加入氯化钡溶液,提取液中的硫酸根离子转化为硫酸钡沉淀,沉淀经过滤、烘干、恒重,根据硫酸钡沉淀的质量可计算土壤中的水溶性和酸溶性硫酸盐含量。

2.**土壤中氮营养盐的测定**

土壤中氨氮、亚硝酸盐氮、硝酸盐氮测定采用分光光度法。方法原理:采用氯化钾溶液提取土壤中的硝酸盐氮、亚硝酸盐氮和氨氮,提取液经过离心分离,取上清液进行分析测定。具体测定可参考水样中硝酸盐氮、亚硝酸盐氮和氨氮的测定方法。

3.**土壤中总磷的测定**

土壤中总磷的测定推荐采用碱熔-钼锑抗分光光度法(HJ 632—2011)。其原理为:经氢氧化钠熔融,土壤样品中的含磷矿物及有机磷化合物全部转化为可溶性的正磷酸盐,在酸性条件下与钼锑抗显色剂反应生成磷钼蓝,在波长 700 nm 处测量吸光度。在一定浓度范围内,样品中的总磷含量与吸光度值符合朗伯-比尔定律。

当试样量为 0.2500 g,采用 30 mm 比色皿时,本方法的检出限为 10.0 mg/kg(干土),测定下限为 40.0 mg/kg。

3.1.7.3 土壤中重金属的测定

在国内外的现行标准中,土壤重金属污染物的测定,主要是针对重金属元素的总量进行测定。其测定一般过程为:土壤样品经过酸消解,然后采用原子荧光法、原子吸收分光光度法、冷原子吸收法、分光光度法等进行测定。土壤中部分金属元素的分析方法见表 3.5。

表 3.5 土壤中金属元素的分析方法

序号	项目	预处理方法	所用仪器	参考标准
1	Hg	微波消解	原子荧光光度计	HJ 680—2013
		硝酸-硫酸-五氧化二钒或硫酸-硝酸-高锰酸钾消解	测汞仪	GB/T 17136—1997
2	Cr	盐酸-硝酸-氢氟酸-高氯酸全消解	富燃性空气-乙炔火焰/原子吸收分光光度计	HJ 491—2009
3	Pb	盐酸-硝酸-氢氟酸-高氯酸全消解	KI - MIBK 萃取火焰/原子吸收分光光度计	GB/T 17140—1997
4	Cd	盐酸-硝酸-氢氟酸-高氯酸全消解	石墨炉/原子吸收分光光度计	GB/T 17141—1997
5	Cu	盐酸-硝酸-氢氟酸-高氯酸全消解	原子吸收分光光度计	GB/T 17138—1997
6	Zn			
7	Ni	盐酸-硝酸-氢氟酸-高氯酸全消解	原子吸收分光光度计	GB/T 17139—1997
8	As	微波消解	原子荧光光度计	HJ 680—2013
		化学氧化分解	硼氢化钾-硝酸盐/分光光度计	GB/T 17135—1997
		化学氧化分解分光光度法	二乙基二硫代氨基甲酸银/分光光度计	GB/T 17134—1997

3.1.7.4 土壤中有机污染物的测定

土壤中有机物的测定主要采用气相色谱法,我国现有的有关土壤中有机物的萃取及其分析方法列于表 3.6,具体操作步骤可查国家相关方法标准。

表 3.6 我国现行土壤有机物的萃取及其分析方法

序号	项目	测定方法	检测范围	参考标准
1	丙烯醛	顶空-气相色谱法	取样量为 2.0 g 时,测定下限为 1.6 mg/kg	HJ 679—2013
2	丙烯腈	顶空-气相色谱法	取样量为 2.0 g 时,测定下限为 1.2 mg/kg	HJ 679—2013

续表

序号	项目	测定方法	检测范围	参考标准
3	乙腈	顶空-气相色谱法	取样量为 2.0 g 时，测定下限为 1.2 mg/kg	HJ 679—2013
4	二噁英类	同位素稀释/高分辨气相色谱-低分辨质谱法	取样量为 20 g 时，2,3,7,8-T4 CDD 检出限应低于 1 ng/kg	HJ 650—2013
		同位素稀释/高分辨气相色谱-高分 辨质谱法	对 2,3,7,8-T4CDD 检出限应低于 0.1 pg	HJ 77.4—2008
5	挥发性有机物	顶空/气相色谱-质谱法	取样量为 2 g 时，36 种目标物方法测定下限为 3.2～14 μg/kg	HJ 642—2013
		吹扫捕集/气相色谱-质谱法	取样量为 5 g 时，65 种目标物方法测定下限为 0.8～12.8 μg/kg	HJ 605—2011
6	毒鼠强	乙酸乙酯提取，提取液净化浓缩，带氮磷检测器的气相色谱分离检测	取样量为 5 g 时，方法测定下限为 14 μg/kg	HJ 614—2011
7	有机氯农药（六六六，滴滴涕）	丙酮-石油醚提取，浓硫酸净化，带电子捕获检测器的气相色谱仪测定	最低检测浓度为 0.05～4.87 μg/kg	GB/T 14550—1993

3.1.8　分析记录与监测报告

1. 分析记录

记录测量数据，要采用法定计量单位，只保留一位可疑数字，有效数字的位数应根据计量器具的精度及分析仪器的示值确定，不得随意增添或删除。

分析记录可以是记录本格式、活页、电子版本式的输出物（打印件）或存有其信息的磁盘、光盘等。若为记录本格式，应保证页码、内容齐全，用碳素墨水笔填写详实，字迹要清楚，需要更正时，应在错误数据（文字）上画一横线，在其上方写上正确内容，并在所画横线上加盖修改者名章或者签字以示负责；若为活页格式，则应随分析报告流转和保存，便于复核审查。

2. 数据运算

有效数字的计算修约规则按 GB 8170 执行。采样、运输、储存、分析失误造成的离群数据应剔除。

3. 结果表示

平行样的测定结果用平均数表示，一组测定数据用 Dixon 法、Grubbs 法检验剔除离群值后以平均值报出；低于分析方法检出限的测定结果以"未检出"报出，参加统计时按二分之一最低检出限计算。

土壤样品测定一般保留三位有效数字,含量较低的镉和汞保留两位有效数字,并注明检出限数值。分析结果的精密度数据,一般只取一位有效数字,当测定数据很多时,可取两位有效数字。表示分析结果的有效数字的位数不可超过方法检出限的最低位数。

4. 监测报告

监测报告应包括报告名称,实验室名称,报告编号,报告每页和总页数标识,采样地点名称,采样时间、分析时间,检测方法,监测依据,评价标准,监测数据,单项评价,总体结论,监测仪器编号,检出限(未检出时需列出),采样点示意图,采样(委托)者,分析者,报告编制、复核、审核和签发者及时间等内容。

3.2　土壤环境质量评价

土壤环境质量评价涉及评价因子、评价标准和评价模式。评价因子数量及内容与评价目的和现实的经济技术条件密切相关。评价标准与评价方法依据我国《土壤环境质量标准》和《全国土壤污染状况评价技术规定》的相关规定。

3.2.1　污染指数、超标率(倍数)评价

土壤环境质量评价一般以单项污染指数(single pollution index,SPI)为主,指数小污染轻,指数大污染重。当监测目的是为反映土壤的人为污染程度时,常采用土壤污染累计指数(pollution cumulative index,PCI);当监测目的是确定土壤的主要污染时,采用土壤污染物分担率。除此之外,土壤污染超标倍数、样本超标率等统计量也能反映土壤的环境状况。

污染指数和超标率的计算如下:

土壤单项污染指数＝土壤污染物实测值/土壤污染物质量标准

土壤污染累计指数＝土壤污染物实测值/污染物背景值

土壤污染物分担率(％)＝(土壤某项污染指数/各项污染指数之和)×100％

土壤污染超标倍数＝(土壤某污染物实测值－某污染物质量标准)/某污染物质量标准

土壤污染样本超标率(％)＝(土壤样本超标总数/监测样本总数)×100％

3.2.2　内梅罗污染指数评价

内梅罗污染指数(P_N)的计算公式为:

$$P_N = \sqrt{\frac{PI_{均}^2 + PI_{最大}^2}{2}}$$

式中,$PI_{均}$和$PI_{最大}$分别是平均单项污染指数和最大单项污染指数。

内梅罗指数反映了各污染物对土壤的作用,同时突出了高浓度污染物对土壤环境质量的影响,可按内梅罗污染指数划定污染等级。内梅罗指数土壤污染评价标准见表3.7。

表 3.7　内梅罗指数土壤污染评价标准

等级	内梅罗污染指数	污染等级
I	$P_N \leqslant 0.7$	清洁(安全)
II	$0.7 < P_N \leqslant 1.0$	尚清洁(警戒线)
III	$1.0 < P_N \leqslant 2.0$	轻度污染
IV	$2.0 < P_N \leqslant 3.0$	重度污染
V	$P_N > 3.0$	重污染

3.2.3　背景值及标准偏差评价

用区域土壤环境背景值(x)95％置信度的范围$(x \pm 2s)$来评价土壤环境质量,即:若土壤某元素监测值 $x_1 < x - 2s$,则该元素缺乏或属于低背景土壤;若土壤某元素监测值 $x - 2s < x_1 < x + 2s$ 范围内,则该元素含量正常;若土壤某元素监测值 $x_1 > x + 2s$,则土壤已受该元素污染,或属于高背景土壤。

3.2.4　综合污染指数法

当区域内土壤环境质量作为一个整体与外区域进行比较或与历史资料进行比较时,常用综合污染指数(comprehensive pollution index,CPI)。综合污染指数(CPI)包含了土壤元素背景值、土壤元素标准尺度因素和价态效应综合影响,其表达式为:

$$CPI = X \times (1 + RPE) + Y \times DDMB/(Z \times DDSB)$$

式中　X、Y——测量值超过标准值和背景值的数目;

　　　RPE——相对污染当量;

　　　$DDMB$——元素测定浓度偏离背景值的程度;

　　　$DDSB$——土壤标准偏离背景值的程度;

　　　Z——用作标准元素的数目。

RPE、$DDMB$ 和 $DDSB$ 的计算如下:

$$RPE = \frac{\sum_{i=1}^{N} \left(\frac{c_i}{c_{is}} \right)^{\frac{1}{n}}}{N}$$

$$DDMB = \frac{\left[\sum_{i=1}^{N} \left(\frac{c_i}{c_{iB}} \right) \right]^{\frac{1}{n}}}{N}$$

$$DDSB = \frac{\left[\sum_{i=1}^{Z} \left(\frac{c_{is}}{c_{iB}} \right) \right]^{\frac{1}{n}}}{Z}$$

式中　N——测定元素的数目;

　　　c_i——测定元素 i 的浓度;

　　　c_{is}——测定元素 i 的土壤标准值;

n——测定元素 i 的氧化数,对于变价元素,应考虑价态与毒性的关系,在不同价态共存并同时用于评价时,应在计算中注意高低毒性价态的相互转换,以体现由价态不同所构成的风险差异性;

c_{iB}——元素 i 的背景值。

用 CPI 评价土壤环境质量指标体系列于表 3.8 中。

表 3.8　综合污染指数评价表

X	Y	CPI	评价
0	0	0	背景状态
0	≥1	0<CPI<1	未污染状态,数值大小表示偏离背景值的程度
≥1	≥1	≥1	污染状态,数值越大表示污染程度越严重

3.3　建设用地污染土壤监测

为贯彻落实《土壤污染防治行动计划》的有关要求,保障人体健康,保护生态环境,加强建设用地环境保护监督管理,规范建设用地土壤环境调查、土壤污染健康风险评估、污染地块风险管控与土壤修复效果评估,我国生态环境部颁布了《建设用地土壤污染状况调查技术导则》(HJ 25.1—2019)、《建设用地土壤污染风险管控和修复监测技术导则》(HJ 25.2—2019)、《建设用地土壤污染风险评估技术导则》(HJ 25.3—2019)、《建设用地土壤修复技术导则》(HJ 25.4—2019)和《污染地块风险管控与修复效果评估技术导则》(HJ 25.5—2018)等 5 项标准,规定了建设用地土壤环境监测与风险评估的准则。

3.3.1　建设用地土壤污染状况调查的技术导则

1. 土壤污染状况调查的基本原则

土壤污染状况调查包括以下基本原则。

(1)针对性原则:针对地块的特征和潜在污染物特性,进行污染物浓度和空间分布调查,为地块的环境管理提供依据。

(2)规范性原则:采用程序化和系统化的方式规范土壤污染状况调查过程,保证调查过程的科学性和客观性。

(3)可操作性原则:综合考虑调查方法、时间和经费等因素,结合当前科技发展和专业技术水平,使调查过程切实可行。

2. 场地环境调查的工作程序

土壤污染状况调查可分为以下三个阶段:

(1)第一阶段场地环境调查(PhaseⅠ):以资料收集、现场踏勘和人员访谈为主的污染识别阶段,原则上不进行现场采样分析。

资料收集主要包括:地块利用变迁资料、地块环境资料、地块相关记录、有关政府文件,以及地块所在区域的自然和社会信息。当调查地块与相邻地块存在相互污染的可能时,须调查相邻地块的相关记录和资料。

重点踏勘对象一般应包括：有毒有害物质的使用、处理、储存、处置；生产过程和设备，储槽与管线；恶臭、化学品味道和刺激性气味，污染和腐蚀的痕迹；排水管或渠、污水池或其他地表水体、废物堆放地、井等。同时应该观察和记录地块及周围是否有可能受污染物影响的居民区、学校、医院、饮用水源保护区以及其他公共场所等，并在报告中明确其与地块的位置关系。

人员访谈内容应包括资料收集和现场踏勘所涉及的疑问，以及信息补充和已有资料的考证；访谈对象为地块现状或历史的知情人，包括：地块管理机构和地方政府的官员，环境保护行政主管部门的官员，地块过去和现在各阶段的使用者，以及地块所在地或熟悉地块的第三方，如相邻地块的工作人员和附近的居民。结束后，应对访谈内容进行整理，并对照已有资料，对其中可疑处和不完善处进行核实和补充，作为调查报告的附件。

若第一阶段调查确认地块内及周围区域当前和历史上均无可能的污染源，则认为地块的环境状况可以接受，调查活动可以结束。

(2)第二阶段场地环境调查(Phase Ⅱ)：根据第一阶段土壤污染状况调查的情况制订初步采样分析工作计划，内容包括核查已有信息、判断污染物的可能分布、制定采样方案、制定健康和安全防护计划、制定样品分析方案和确定质量保证和质量控制程序等任务。如果污染物浓度均未超过 GB 36600 等国家和地方相关标准以及清洁对照点浓度(有土壤环境背景的无机物)，并且经过不确定性分析确认不需要进一步调查后，第二阶段土壤污染状况调查工作可以结束；否则认为可能存在环境风险，需进行详细调查。

采样分析通常可以分为初步采样分析和详细采样分析两步进行，每步均包括制订工作计划、现场采样、数据评估和结果分析等步骤。采样方案一般包括：采样点的布设、样品数量、样品的采集方法、现场快速检测方法，样品收集、保存、运输和储存等要求。

初步采样分析中水平方向采样点的布设参照表 3.9 进行，并应说明采样点布设的理由；垂直方向采样点的采样深度可根据污染源的位置、迁移和地层结构以及水文地质等进行判断设置。若对地块信息了解不足，难以合理判断采样深度，可按 0.5~2 m 等间距设置采样位置。

表 3.9　几种常见的布点方法及适用条件

布点方法	适用条件
系统随机布点法	适用污染分布均匀的地块
专业判断布点法	适用潜在污染明确的地块
分区布点法	适用污染分布不均匀，并获得污染分布情况的地块
系统布点法	适用各类地块情况，特别是污染分布不明确或污染分布范围大的情况

详细采样分析工作中，应根据初步采样分析的结果，结合地块分区，制定采样方案。应采用系统布点法加密布设采样点。对于需要划定污染边界范围的区域，采样单元面积不大于 1600 m²(40 m×40 m 网格)。垂直方向采样深度和间隔根据初步采样的结果判断。

(3)第三阶段场地环境调查(Phase Ⅲ)：第三阶段土壤污染状况调查以补充采样和测试

为主,获得满足风险评估及土壤和地下水修复所需的参数。主要工作内容包括地块特征参数和受体暴露参数的调查。地块特征参数包括:不同代表位置和土层或选定土层的土壤样品的理化性质分析数据,如土壤 pH 值、容重、有机碳含量、含水率和质地等;地块(所在地)气候、水文、地质特征信息和数据,如地表年平均风速和水力传导系数等。根据风险评估和地块修复实际需要,选取适当的参数进行调查。受体暴露参数包括:地块及周边地区土地利用方式、人群及建筑物等相关信息。

本阶段的调查工作可单独进行,也可在第二阶段调查过程中同时开展。

3.3.2　建设用地土壤污染风险管控和修复监测技术导则

我国《建设用地土壤污染风险管控和修复监测技术导则》(HJ 25.2—2019)规定了建设用地土壤污染风险管控和修复监测的基本原则、程序、工作内容和技术要求。本标准适用于建设用地土壤污染状况调查和土壤污染风险评估、风险管控、修复、风险管控效果评估、修复效果评估、后期管理等活动的环境监测,但不适用于建设用地的放射性及致病性生物污染监测。

1. 基本原则

建设用地土壤污染风险管控和修复监测的基本原则包括以下几项。

(1)针对性原则:地块环境监测应针对土壤污染状况调查与土壤污染风险评估、治理修复、修复效果评估及回顾性评估等各阶段环境管理的目的和要求开展,确保监测结果的协调性、一致性和时效性,为地块环境管理提供依据。

(2)规范性原则:以程序化和系统化的方式规范地块环境监测应遵循的基本原则、工作程序和工作方法,保证地块环境监测的科学性和客观性。

(3)可行性原则:在满足地块土壤污染状况调查与土壤污染风险评估、治理修复、修复效果评估及回顾性评估等各阶段监测要求的条件下,综合考虑监测成本、技术应用水平等方面因素,保证监测工作切实可行及后续工作的顺利开展。

2. 工作内容

建设用地土壤污染风险管控和修复监测的工作内容主要包括以下几项。

(1)地块土壤污染状况调查监测:地块土壤污染状况调查和土壤污染风险评估过程中的环境监测,主要工作是采用监测手段识别土壤、地下水、地表水、环境空气、残余废弃物中的关注污染物及水文地质特征,并全面分析、确定地块的污染物种类、污染程度和污染范围。

(2)地块治理修复监测:地块治理修复过程中的环境监测,主要工作是针对各项治理修复技术措施的实施效果所开展的相关监测,包括治理修复过程中涉及环境保护的工程质量监测和二次污染物排放的监测。

(3)地块修复效果评估监测:对地块治理修复工程完成后的环境监测,主要工作是考核和评价治理修复后的地块是否达到已确定的修复目标及工程设计所提出的相关要求。

(4)地块回顾性评估监测:地块经过修复效果评估后,在特定的时间范围内,为评价治理修复后地块对土壤、地下水、地表水及环境空气的环境影响所进行的环境监测,同时也包括针对地块长期原位治理修复工程措施的效果开展验证性的环境监测。

3. 监测点位的布设

本部分内容旨在讨论土壤监测点位的布设,对于地下水监测点位、地表水监测点位、环境空气监测点位和地块残余废弃物监测点位的布设参见 HJ 25.2—2019 的相关要求。

(1)地块土壤污染状况调查监测点位的布设:土壤监测点位的布设包括初步调查采样和详细调查采样监测点位的布设。

初步调查采样监测点位的布设应遵循:根据原地块使用功能和污染特征,选择可能污染较重的若干工作单元,作为土壤污染物识别的工作单元,原则上监测点位应选择工作单元的中央或有明显污染的部位,如生产车间、污水管线、废弃物堆放处等;对于污染较均匀的地块(包括污染物种类和污染程度)和地貌严重破坏的地块(包括拆迁性破坏、历史变更性破坏),可根据地块的形状采用系统随机布点法,在每个工作单元的中心采样;监测点位的数量与采样深度应根据地块面积、污染类型及不同使用功能区等调查阶段性结论确定;对于每个工作单元,表层土壤和下层土壤垂直方向层次的划分应综合考虑污染物迁移情况、构筑物及管线破损情况、土壤特征等因素确定,采样深度应扣除地表非土壤硬化层厚度,原则上应采集 $0\sim0.5$ m 表层土壤样品,0.5 m 以下下层土壤样品根据判断布点法采集,建议 $0.5\sim6$ m 土壤采样间隔不超过 2 m,不同性质土层至少采集一个土壤样品,同一性质土层厚度较大或出现明显污染痕迹时,根据实际情况在该层位增加采样点;应根据地块土壤污染状况调查阶段性结论及现场情况确定下层土壤的采样深度,最大深度应直至未受污染的深度为止。

详细调查采样监测点位的布设应遵循:对于污染较均匀的地块(包括污染物种类和污染程度)和地貌严重破坏的地块(包括拆迁性破坏、历史变更性破坏),可采用系统布点法划分工作单元,在每个工作单元的中心采样;如地块不同区域的使用功能或污染特征存在明显差异,则可根据土壤污染状况调查获得的原使用功能和污染特征等信息,采用分区布点法划分工作单元,在每个工作单元的中心采样;单个工作单元的面积可根据实际情况确定,原则上不应超过 1600 m²,对于面积较小的地块,应不少于 5 个工作单元。采样深度应至土壤污染状况调查初步采样监测确定的最大深度,深度间隔参见初步调查采样监测点位的布设要求;如需采集土壤混合样,可根据每个工作单元的污染程度和工作单元面积,将其分成 $1\sim9$ 个均等面积的网格,在每个网格中心进行采样,将同层的土样制成混合样(测定挥发性有机物项目的样品除外)。

地下水监测点位、地表水监测点位、环境空气监测点位和地块残余废弃物监测点位的布设参见 HJ 25.2—2019 的相关要求。

(2)地块治理修复监测点位的布设:地块治理修复监测包括地块残余危险废物和具有危险废物特征土壤清理效果的监测、污染土壤清挖效果的监测和污染土壤治理修复的监测等。

在地块残余危险废物和具有危险废物特征土壤的清理作业结束后,应对清理界面的土壤进行布点采样。根据界面的特征和大小将其分成面积相等的若干工作单元,单元面积不应超过 100 m²。可在每个工作单元中均匀分布地采集 9 个表层土壤样品制成混合样(测定挥发性有机物项目的样品除外);如监测结果仍超过相应的治理目标值,应根据监测结果确定二次清理的边界,二次清理后再次进行监测,直至清理达到标准。

对完成污染土壤清挖后界面的监测,包括界面的四周侧面和底部。根据地块大小和污染的强度,应将四周的侧面等分成段,每段最大长度不应超过 40 m,在每段均匀采集 9 个表层土壤样品制成混合样(测定挥发性有机物项目的样品除外);将底部均分工作单元,单元的最大面积不应超过 400 m²,在每个工作单元中均匀分布地采集 9 个表层土壤样品制成混合样(测定挥发性有机物项目的样品除外);对于超标区域根据监测结果确定二次清挖的边界,二次清挖后再次进行监测,直至达到相应要求。

治理修复过程中的监测点位或监测频率,应根据工程设计中规定的原位治理修复工艺技术要求确定,每个样品代表的土壤体积应不超过 500 m³;应对治理修复过程中可能排放的物质进行布点监测,如治理修复过程中设置废水、废气排放口则应在排放口布设监测点位;如需对地下水、地表水和环境空气进行监测,监测点位应按照工程环境影响评价或修复工程设计的要求布设。

(3)地块修复效果评估监测点位的布设:对治理修复后地块的土壤修复效果评估监测一般应采用系统布点法布设监测点位,原则上每个工作单元面积不应超过 1600 m²。对原位治理修复工程措施(如隔离、防迁移扩散等)效果的监测,应依据工程设计相关要求进行监测点位的布设;对异位治理修复工程措施效果的监测,处理后土壤应布设一定数量监测点位,每个样品代表的土壤体积应不超过 500 m³;修复效果评估监测过程中,如发现未达到治理修复标准的工作单元,则应进行二次治理修复,并在修复后再次进行修复效果评估监测。

(4)地块回顾性评估监测点位的布设:对土壤进行定期回顾性评估监测,应综合考虑土壤污染状况调查详细采样监测、治理修复监测及修复效果评估监测中相关点位进行监测点位布设。对原位治理修复工程措施(如隔离、防迁移扩散等)效果的监测,应针对工程设计的相关要求进行监测点位的布设;长期治理修复工程可能影响的区域范围也应布设一定数量的监测点位。

思考题

1.简述土壤环境监测的目的与分类。

2.简述区域土壤环境背景监测的布点方法。

3.简述土壤样品的制备过程与注意事项。

4.土壤金属元素监测过程中的预处理方法都有哪些?

5.如何按照土壤重金属元素监测样品预处理方法进行重金属形态分析?

6.简述土壤中有机污染物分析中的预处理方法及其原则。

7.河水沿某块面积不大的农田对角线实施灌溉,为了监测该农田表层土壤受河水中汞污染的情况,试设计采样点布设(图示)、采样深度、样品制备基本步骤、样品预处理方法和测定方法。

8.内梅罗污染指数(P_N)与综合污染指数法有什么区别?

9.比较常用土壤重金属分析方法的优缺点?

土壤重金属污染及其修复

第4章

土壤是人类赖以生存的重要资源之一，重金属是土壤环境中具有直接和潜在危害的一类优先污染物。通常把密度大于 $4.5\ g/cm^3$（或密度大于 $5.0\ g/cm^3$）的金属元素称为重金属元素，主要包括 Cd、Cr、Cu、Pb、Zn 等 45 种元素。因 As 和 Se 类金属能表现出重金属元素所具有的环境行为，也常将其纳入重金属污染。本章首先介绍土壤中常见重金属污染元素的种类、反应特征、赋存形态、污染现状、来源及危害，在此基础上，讨论重金属污染土壤修复技术，并对典型案例进行分析。

4.1 土壤中重金属的种类、反应特征及赋存形态

4.1.1 土壤中重金属的种类

重金属普遍存在于大气、土壤和水等环境体系中，可归于重金属的锌（Zn）、铜（Cu）、铁（Fe）、锰（Mn）、硒（Sn）等是生物生长代谢所必需的微量元素，但这些元素超过一定范围后，也会表现出毒性。有些重金属如汞（Hg）、镉（Cd）、铅（Pb）等是生物非必须元素，极低浓度就能对生物体造成毒害。从环境科学与工程学科角度看，人们更多关注的是其中来源广泛、生物毒性较大的重金属元素，污染土壤中常见重金属元素有汞（Hg）、镉（Cd）、砷（As）、铅（Pb）、铬（Cr），因其毒性大被称为"五毒元素"。

4.1.2 重金属在土壤中的反应特性

重金属在土壤中的主要反应有离子交换吸附、吸附反应、核晶过程、沉淀作用、氧化还原作用等。

1. 离子交换吸附

离子交换吸附指重金属离子与土壤表面电荷之间因静电引力作用而被土壤吸附。因羧基或其他易解离氢离子的官能团存在于土壤表面，通常可带有一定数量负电荷，所以荷正电的金属离子通过与氢离子交换被土壤吸附。一般来说，阳离子交换容量较大的土壤，对荷正电重金属离子的吸附能力较强；而对带负电荷的重金属含氧基团（如砷酸根、重铬酸根）在土壤表面的吸附量较小。土壤表面正负电荷的多少与溶液的 pH 值有关，当 pH 值降低时，氢离子不易从土壤表面有机质中解离，因而对负电荷离子的吸附能力相对增强。

2. 吸附反应

重金属在土壤中的吸附反应是指重金属在土壤或黏粒矿物、氧化物等表面富集，也包括

从表面富集通过渗入进入土壤内部的吸附过程,包括物理吸附和化学吸附。

物理吸附是重金属和土壤界面通过弱的原子和分子间相互作用力(范德华力)而黏附。这种吸附选择性差,大多重金属进入土壤都会发生这种吸附,但被吸附的重金属处于不稳定态,易被解析。土壤表面对重金属的物理吸附速度取决于重金属在吸附质相界面的扩散效率。在这种吸附行为中,吸附质的化学性质在吸附和解吸过程中基本保持不变。

化学吸附又称专性吸附,选择性高。指重金属离子通过与土壤颗粒表面有机质和金属氧化物表面的—OH、—OH_2等配位基以化学键结合于土壤颗粒表面。当重金属趋近于土壤物质表面,须克服表面能障(可认为是化学反应的活化能)而形成价键,并伴有吸热或放热现象(相当于化学反应热)。这种吸附可以发生在带不同电荷的土壤颗粒表面,也可发生在中性表面上,其吸附量的大小不取决于土壤表面电荷的多少和强弱,而取决于土壤颗粒表面配位基的量。专性吸附的重金属离子通常不能被中性盐所交换,只能被亲和力更强和性质相似的元素所解吸或部分解吸。这种吸附可使土壤中游离态重金属离子含量减少,也可能降低农作物中的吸收量。但是,某些有机分子能与金属离子产生配位反应,可以增强土壤颗粒中矿物表面重金属的溶解作用,从而增加土壤溶液中金属离子的浓度。

3. 核晶过程、沉淀作用

土壤溶液中重金属离子的浓度可因为核晶过程和沉淀作用得到一定程度的控制。低浓度下以核晶聚集为主,而高浓度下以沉淀作用为主。沉淀作用可分为单一盐沉淀和共沉淀。土壤固相中大部分重金属离子的浓度较低时不能发生沉淀作用。土壤矿物(可看作微晶核)可降低从土壤溶液中形成晶核所需的能障,其表面能催化晶体的核晶过程,有利于重金属吸附与沉淀。但在重金属污染严重的土壤中,可生成沉淀而降低重金属的溶解度,如被 Cd^{2+} 污染的石灰性土壤中,形成的碳酸镉沉淀可控制镉的溶解度,从而控制土壤溶液中 Cd^{2+} 的浓度;在碱性土壤中 Pb^{2+} 和 Zn^{2+} 的浓度可能分别受磷酸盐和硅酸盐固相所制约;而在强还原性的湿润土壤中,Zn^{2+} 的浓度可能受硫化锌的形成作用所控制。

在土壤溶液中可发生重金属共沉淀,如 Cu^{2+} 可共沉淀在非晶质极细的 $Al(OH)_3$ 颗粒中,由于 Cu^{2+}、Mn^{2+}、Co^{2+} 和 Ni^{2+} 等能抑制氧化物的结晶作用,因而它们可被集结在颗粒表面。但大部分共沉淀的重金属易与配位体或还原剂起反应,如 Cr^{3+} 和 Mn^{3+} 可置换氧化物结构中的 Fe^{3+} 和 Al^{3+};因 Pb^{2+} 和 Cd^{2+} 离子大小与 Ca^{2+} 相近,土壤中的磷酸钙矿物能与 Pb^{2+} 和 Cd^{2+} 形成固溶体(固溶体指的是矿物一定结晶构造位置上离子的互相置换,而不改变整个晶体的结构及对称性等),如 Pb^{2+} 可嵌入羟基磷灰石的结构中而被沉淀固定。

4. 氧化还原作用

土壤氧化还原作用是在生物(微生物、植物根系分泌物等)、氧气及某些金属氧化物等参与下,土壤中的氧化态与还原态物质之间的化学反应或生化反应。一般土壤空气中的游离氧、高价金属离子为氧化剂,土壤中的有机质及其厌氧条件下的分解产物和低价金属等为还原剂,促使土壤中变价重金属发生氧化还原反应。土壤中某些变价的重金属污染物,其价态变化、迁移能力和生物毒性与土壤氧化还原状况有密切的关系,如当土壤处于氧化状态时,砷的危害较轻,而土壤处于还原状态时,土壤中砷酸还原为亚砷酸对作物的危害增强。有机质在还原条件下可使土壤矿物表面的金属离子减少,例如胡敏酸可还原 Hg^{2+} 为 Hg^0 而形成汞蒸汽挥发,$Mn(Ⅵ)$ 还原为 $Mn(Ⅴ)$ 和 $Mn(Ⅲ)$,从而改变了它们在土壤中的溶解度和毒性。

氧化还原反应的电位(Eh)可直接/间接影响重金属的形态,从而决定其毒性和活性,可用来衡量重金属在土壤中的氧化还原反应状况。土壤 Eh 值一般在 200~700 mV 时,养分供应正常,Eh 值低于 300 mV 时多为还原状态,淹灌水田的 Eh 值可降至负值。Eh 值变化对重金属活性往往存在双向影响:①淹水环境使 Eh 值降低,引发反硝化反应、铁锰氧化物和硫酸盐还原,使 pH 值向中性靠拢,从而间接导致酸性土壤中游离态重金属沉淀或碱性土壤中吸附态重金属释放。②厌氧条件下,会引起如铁锰氧化物还原、大分子有机质分解等反应,分解产物与重金属离子结合增加了可溶性重金属的浓度;但厌氧条件也可以使重金属离子和硫化物产生沉淀,且还原 Cr、Hg 等元素,降低毒性。③在氧化条件下,硫化物氧化形成硫酸盐促进了重金属释放;但铁锰离子沉淀及其氧化物形态变化形成的具有强吸附力的无定形铁锰氧化物可重新吸附游离态金属离子。因此,仅靠 Eh 值变化定量化研究重金属污染风险评价较为困难,须对 Eh 值诱导下土壤颗粒界面发生的与重金属行为相关反应进行深入研究,建立不同土壤中 Eh 值与重金属形态、活性的定量关系。

除上述化学反应外,土壤中重金属迁移转化也可通过扩散、稀释、沉积、悬浮等物理过程及摄取、富集和甲基化等生物过程进行。

综上所述,重金属在土壤中具有迁移转化途径多样、形态多变、毒性强且致毒浓度低、难以消除等反应特征。因土壤 Eh 值、pH 值、配位体等不同,土壤中重金属价态、化合态和结合态不同,其形态多变;一般土壤重金属浓度在 1~10 mg/L 可产生生物毒性,而一些毒性较强的金属(如 Cd 和 Hg)在 0.001~0.01 mg/L 范围即可产生毒性效应,当重金属经有机反应生成有机金属化合物时,毒性往往更大,如甲基氯化汞毒性大于氯化汞,二甲基镉毒性大于氯化镉。因重金属污染元素在土壤中一般只能发生形态转变和迁移,即使被微生物转化,也仍存在于土壤中,不易消除。当重金属进入土壤,并被土壤颗粒吸附,多集中在土壤表层 20~30 cm,即处于农作物根际分布区域,易被植物吸收,但大多吸收量有限,而利用普通植物吸收修复重金属污染土壤需要相当长时间,也仅能将部分重金属清除出土壤。

4.1.3　土壤中重金属的赋存形态

重金属因赋存形态不同也会导致其毒性和环境行为差异很大。重金属的形态指的是重金属的价态、化合态、结合态和结构态四个方面,即重金属元素在环境中以某种离子、分子或其他结合方式存在的化学状态。该四方面形态,可用水溶态、可交换态、碳酸盐结合态、铁锰氧化物结合态、有机物结合态和残渣态等 6 种不同分级加以表述。

1. 水溶态

水溶态是指以简单离子或者弱离子存在于土壤溶液中的重金属,它们可以用蒸馏水直接提取,且可直接被植物根部吸收,在大多数情况下水溶态的含量极低,一般在研究中不单独提取而将其合并于可交换态一组中。

2. 可交换态

可交换态是指交换吸附在土壤黏土矿物质及其他成分上的那一部分离子,它在总量中所占比例不大,但因可交换态较易被植物吸收利用,易于迁移转化,对作物的危害极大。可交换态重金属可反映人类近期排污影响及对生物毒性的作用结果。

3.碳酸盐结合态

碳酸盐结合态是指与碳酸根结合沉淀的那一部分重金属离子,在石灰性土壤中是比较重要的一种形态,随着土壤 pH 值的降低,该部分重金属可大幅度重新释放而被作物吸收;相反,pH 值升高则有利于碳酸盐的生成。

4.铁锰氧化物结合态

铁锰氧化物结合态是被 Fe、Mn 氧化物或黏粒矿物的专性交换位置所吸附的重金属,这部分重金属离子不能用中性盐溶液交换,只能被亲和力相似或者更强的金属离子所置换。土壤中 pH 值和氧化还原电位较高时,有利于铁锰氧化物的形成。铁锰氧化物结合态则反映了人类活动对环境的污染。

5.有机物结合态

有机物结合态是指以重金属离子为中心,以有机质活性基团为配位体发生螯合作用而形成螯合态盐类或是硫离子与重金属生成难溶于水的物质,该形态的重金属较为稳定,但当土壤氧化还原电位发生变化,有机质发生氧化作用时可导致该形态重金属溶出。有机物结合态重金属反映水生生物活动及人类排放富含有机物污水的结果。

6.残渣态

残渣态重金属是存在于硅酸盐、原生和次生矿物等晶格中,自然地质风化过程所形成的重金属最主要的形态。残渣态基本不能被生物所利用,因而毒性相对也是最小的。

可交换态、碳酸盐结合态和铁锰氧化物结合态重金属稳定性较差,生物的可利用性较高,易被植物吸收利用,其含量与植物吸收含量呈显著正相关关系,而有机物结合态和残渣态重金属稳定性较强,不易被植物吸收利用。

重金属形态不同,毒性、活跃性和生物迁移性均有差异。土壤中常见重金属元素的存在形态详见表 4.1,这些常见元素在土壤中均可以 6 种形态赋存,只是物质种类不同而已。

表 4.1　常见土壤重金属元素的存在形态

元素	基本性质	土壤背景值	存在形态
汞（Hg）	具有很强的挥发性,微溶于水,不与大多数酸反应,但与氧化性酸可形成硫酸盐、硝酸盐和氰化物	中国土壤中（A 层）汞的背景含量为 $0.001 \sim 45.9$ mg/kg,平均值为 0.038 mg/kg	价态有 Hg、Hg^+、Hg^{2+}、Hg^{4+},无机汞（HgS、$HgS \cdot 2Sb_2S_3$、AgHg、SeHg）残渣形态,有机汞（甲基汞、乙基汞）
镉（Cd）	有韧性和延展性,镉及其化合物溶于酸,但不溶于碱	世界范围内未污染土壤镉的平均含量为 0.5 mg/kg,范围为 $0.01 \sim 0.7$ mg/kg,我国土壤镉的背景值为 0.06 mg/kg	价态有 Cd、Cd^{2+},无机盐（$CdCO_3$、$Cd_3(PO_4)_2$、$Cd(OH)_2$）碳酸盐形态,有机镉（二甲基镉$(CH_3)_2Cd$、二乙基镉$(C_2H_5)_2Cd$）
砷（As）	砷及其化合物为剧毒污染物。砷不溶于水,可溶于硝酸和王水形成 $HAsO_2$ 和 H_3AsO_4	我国表层（A 层）土壤砷含量范围为 $0.01 \sim 626$ mg/kg,平均值为 9.2 mg/kg	价态有 As、As^{3-}、As^{3+}、As^{5+},无机砷（As_2O_3、As_2O_5、砷酸盐、亚砷酸盐）,有机砷（甲基砷酸锌、甲基砷酸钙、甲基砷酸铁胺）

续表

元素	基本性质	土壤背景值	存在形态
铬 (Cr)	纯铬有延展性,含杂质的铬硬而脆。铬不溶于水和硝酸,但溶于稀盐酸和硫酸形成盐类	我国土壤铬的背景值范围为 $2.20 \sim 1209$ mg/kg,平均值为 57.3 mg/kg	价态有 Cr、Cr^{2+}、Cr^{3+}、Cr^{6+},无机铬(CrO、Cr_2O_3、$CrCl_3$、Na_2CrO_4、K_2CrO_4)有机结合态和残渣态
铅 (Pb)	铅及其化合物溶于酸,但不溶于碱	世界土壤平均铅背景值为 $15 \sim 25$ mg/kg,而中国为 23.6 mg/kg	价态有 Pb、Pb^{2+}、Pb^{4+},无机铅(PbS、$PbCO_3$、PbO、Pb_2O_3、$PbCl_2$、$Pb(OH)_2$、$Pb_3(PO_4)_2$)残渣态铅。有机铅(四甲铅$(CH_3)_4Pb$、四乙铅$(C_2H_5)_4Pb$、$(C_2H_5)_3PbNa$ 等)

4.2　土壤中重金属形态分析方法

土壤中重金属形态的确定,通常采用连续提取前处理方法,然后再按各重金属元素分析方法测定。

4.2.1　土壤重金属形态分析前处理方法

土壤重金属形态连续提取:即针对与土壤固相特定化学基团结合的重金属元素,用一系列化学活性(酸性、氧化还原能力和络合性质)不断增强的试剂逐级提取。通常依次采用中性、弱酸性、中酸性、强酸性提取剂对土壤重金属进行提取。近年来,针对土壤重金属形态分析前处理方法研究较多,目前,常用的重金属连续提取方法有 Tessier 连续提取法和 BCR 法(The Community Bureau of Reference);此外,微波辅助提取(MAE)、超声提取(USE)等方法都有报道。近年来,土壤重金属形态分析前处理实践中,我国科学家常用的方法是 Tessier 连续提取法、原 BCR 法和改进 BCR 法,参见表 4.2。

表 4.2　常见重金属形态连续提取方法

方法	重金属形态	提取剂	操作条件	优缺点
Tessier 连续提取法	①水溶态＋交换态	1 mol/L $MgCl_2$(pH＝7.0)	室温下振荡 1 h,离心,过滤,定容	释出金属在各个形态间的再分配,使得分析结果可比性较差,须要求程序标准化。无参照标准
	②碳酸盐结合态	1 mol/L NaOAc · $3H_2O$(HOAc 调 pH＝5.0)	室温下振荡 6 h,离心,过滤,定容	
	③铁锰氧化物结合态	0.04 mol/L $NH_2OH \cdot HCl$ 溶液(体积分数 25% CH_3COOH溶液,pH＝2.0)	(96±3) ℃水浴提取,间歇搅拌 6 h,离心,过滤,定容	
	④有机物结合态	0.02 mol/L HNO_3＋30% H_2O_2(pH＝2.0)	(85±2) ℃水浴提取 3 h,最后加 CH_3COONH_4 防止再吸附,振荡 30 min,离心,过滤,定容	
	⑤残渣态	HF-HCl-$HClO_4$	土壤消化方法	

续表

方法	重金属形态	提取剂	操作条件	优缺点
原BCR法	①酸溶态	0.1 mol/L HOAc 溶液	室温下振荡 16 h,离心,过滤,定容	重现性很好,适于高灵敏度仪器测定。可参照沉积物 CRM 601 标准总体评价
	②可还原态	0.1 mol/L NH₂OH-HCl 溶液(HNO₃ 调 pH=3.0)	室温下振荡 16 h,离心,过滤,定容	
	③可氧化态	30%H₂O₂+1 mol/L NH₄OAc(HNO₃调 pH=2.0)	30 ℃水浴 1 h,(85±2) ℃水溶提取 2 h,室温下振荡 16 h,离心,过滤,定容	
	④残渣态	HF-HNO₃-HClO₄	土壤消化方法	
改进 BCR法	①酸溶态	0.1 mol/L HOAc 溶液	(22±5) ℃下振荡 16 h,离心,过滤,定容	操作过程简单,分析结果稳定可靠,可参照 CRM701 标准
	②可还原态	0.5 mol/L NH₂OH · HCl 溶液(HNO₃调 pH=1.5)	(22±5) ℃下振荡 16 h,离心,过滤,定容	
	③可氧化态	30%H₂O₂+1 mol/L NH₄OAc(HNO₃调 pH=2.0)	(22±5) ℃下振荡 16 h,离心,过滤,定容	
	④残渣态	蒸馏水- HCl - HNO₃	土壤消化方法	

4.2.2　土壤重金属测定方法

我国针对土壤中不同的重金属元素制定了相应的分析方法标准,参照 2018 年我国生态环境部发布的标准,常见土壤重金属国标测定方法见表 4.3。

表 4.3　常见土壤重金属分析方法

污染元素	分析方法	标准编号
汞	土壤和沉积物汞、砷、硒、铋、锑的测定,微波消解/原子荧光法	HJ 680
	土壤质量总汞、总砷、总铅的测定,原子荧光法第 1 部分:土壤中总汞的测定	GB/T 22105.1
	土壤质量总汞的测定,冷原子吸收分光光度法	GB/T 17136
	土壤和沉积物总汞的测定,催化热解-冷原子吸收分光光度法	HJ 923
镉	土壤质量铅、镉的测定,石墨炉原子吸收分光光度法	GB/T 17141
砷	土壤和沉积物 12 种金属元素的测定,王水提取-电感耦合等离子体质谱法	HJ 803
	土壤和沉积物汞、砷、硒、铋、锑的测定,微波消解/原子荧光法	HJ 680
	土壤质量总汞、总砷、总铅的测定,原子荧光法第 2 部分:土壤中总砷的测定	GB/T 22105.2

续表

污染元素	分析方法	标准编号
铬	土壤总铬的测定,火焰原子吸收分光光度法	HJ 491
	土壤和沉积物无机元素的测定,波长色散 X 射线荧光光谱法	HJ 780
铅	土壤质量铅、镉的测定,石墨炉原子吸收分光光度法	GB/T 17141
	土壤和沉积物无机元素的测定,波长色散 X 射线荧光光谱法	HJ 780

常根据土壤样品中重金属含量及形态等选择合适的分析方法,上述分析方法的测试原理、检测范围及优缺点对比详见表 4.4。

表 4.4　常用土壤重金属分析方法对比

分析方法	原理	检测范围	主要优点	应用
原子吸收光谱法(火焰法、石墨炉法)	待测元素共振辐射在通过该原子蒸汽时的吸光度与浓度成正比	可检测 30 余种元素,一般可检测 ppm 级,精密度达 1%	因光源为待测元素灯而选择性好;因可选择火焰和石墨炉等原子化方法,而使测定灵敏,且具灵活性	除汞以外,可应用于气、液、固等各种样品中重金属的测定
原子荧光光谱(氢化法、火焰法)	测量待测元素的原子蒸气在辐射能激发下产生的荧光发射强度与待测元素含量成正比	可检测 20 余种元素,检出限可低于原子吸收光谱,Cd 和 Zn 分别可低至 0.001 和 0.4 ng·cm^{-3}	灵敏度很高,检出限较低;校正曲线的线性范围宽,能同时测定多元素	可应用于气液、固等各种样品中重金属的测定
X 射线荧光光谱(便携式、台式)	X 射线激发放射出的 X 荧光射线能量、数量或波长与待测元素种类及含量有对应关系	能分析 B(5)~U(92)所有元素,检出限范围是 ppm 量级	不破坏样品,重现性好;测量速度快,选择性好;浓度范围较宽,可从常量到微量	可应用于液、固等各种样品中重金属的测定
电感耦合等离子体原子发射光谱	根据元素特征谱线及其强度进行定性、定量分析	可测 70 多种元素,检出限达到 ppb 量级	多元素同时分析;高灵敏度;线性动态范围宽,高低含量可同时测量	可应用于液、固等各种样品中重金属的测定
电感耦合等离子体质谱	样品高温解离出离子化气体,取样锥收集、截取板进入、滤质器质量分离后,根据探测器的计数与浓度的比例关系测元素含量	可测 70 多种元素,检出限达 ng/mL 或更低,测定精密度可达 0.1%	检出限低,可测痕量及超痕量元素;能同时测定多元素;能快速测定同位素比值	可用于液、固等样品中微量、痕量和超痕量重金属测定,某些卤素元素、非金属元素及元素的同位素比值

4.3 土壤重金属污染现状、来源及危害

4.3.1 土壤重金属污染现状

据估算,全世界每年排放到环境中的 Cd 约 1.0×10^6 吨,Hg 约 1500 吨,Pb 约 5×10^6 吨,Cu 约 3.4×10^6 吨,Ni 约 1.0×10^6 吨。而我国农用地中镉含量以平均每年 0.004 mg/kg 的速度增加,远高于欧洲 0.00033 mg/kg 的增速,如我国台湾地区 116 万公顷农用地中有 10.24％的点位超标,其主要污染物为 Cd、Pb。近年来,国家环境保护部和国土资源部联合开展的全国土壤污染现状调查显示,有16.1％的被调查点位土壤遭受了不同程度的污染,其中以镉(Cd)、汞(Hg)、砷(As)、铜(Cu)、铅(Pb)、铬(Cr)、锌(Zn)和镍(Ni)等 8 种重金属为代表的无机污染类型,占全部超标点位的 82.8％。我国粮食主产区被调查点位超标率达到 21.49％,均以轻度污染为主。总体来说南方耕地重金属污染重于北方,采矿、冶金及其相关工业用地污染较严重,据调查,全国 402 个工业用地和 1041 个农业用地有不同纯度重金属污染,主要污染物为 Cd、Ni、Cu、Zn、Hg。20 世纪末期,我国北方旱区因水资源短缺,利用污水灌溉土壤面积约占全国污灌区总面积的 85％,造成了土壤中 As、Pb、Cd、Hg、Cr、Cu、Zn 等多种重金属污染,由于治理过程没有完全展开,部分地区污染严重。

4.3.2 土壤重金属污染来源

土壤重金属污染源多,主要途径可分为土壤母质、自然力及人为因素。

1.土壤母质

土壤母质不同,其表层物理化学风化形成的土壤中所含重金属种类及其形态则不同。而自然形成的土壤中重金属含量可称为土壤环境元素背景值(Environmental background value of soils),即一定区域内自然状态下,未受或少受人类活动(特别是人为污染)影响的土壤环境中固有的重金属元素及含量。该值含量一般较低,具体浓度因土壤母质和金属种类不同而异,如表 4.5 所示。

表 4.5 发育于不同母质的土壤重金属元素背景值 　　　　　　单位:mg/kg

母质名称	Hg	Pb	Cu	Mn	Ni
酸性火成岩	0.054	31.9	17.2	636	19.9
火山喷发物	0.065	31.7	13.1	540	15.7
沉积页岩	0.068	26.3	28.7	610	31.8
沉积砂岩	0.057	25.5	24.8	529	28.1
沉积石灰岩	0.112	32.7	27.7	738	38.0
沉积砂页岩	0.064	24.7	21.8	386	22.7
河流冲积沉积物	0.055	23.4	22.8	609	26.8

续表

母质名称	Hg	Pb	Cu	Mn	Ni
湖泊沉积物	0.081	22.6	24.9	558	30.3
海洋沉积物	0.177	32.6	26.9	610	32.3
黄土母质	0.029	21.6	21.1	569	27.8
红土母质	0.091	29.3	23.5	452	28.5
风沙母质	0.019	15.9	10.6	370	13.6

2. 自然力

能改变土壤中重金属含量的主要自然力包括大风扬沙、火山爆发、植被火灾等,一般情况下,这些自然过程首先向大气中释放含重金属元素的物质。据统计,全球由于自然力而进入大气中的金属元素中,Cd 约占向大气释放总量的 15%,Pb 约占总释放量的 3.5%,Cr、Cu 比例较高,分别达 59% 和 44%。大气中的大部分重金属会随降尘、降雪、降雨等过程进入土壤。

3. 人为因素来源

土壤中重金属的主要来源是人为因素。人类活动散发的重金属尽管可进入大气、水体、生物和土壤等环境系统,但大多最终会进入土壤。因人为因素造成土壤重金属污染的途径诸多,见表 4.6。其中成土母质与成土过程不同则土壤所含重金属的差异很大,主要体现在不同土壤重金属背景值的差异。而自然过程中的自然力所释放和迁移的重金属也会进入土壤产生污染。土壤中常见的重金属元素污染来源详见表 4.7。

表 4.6　土壤重金属来源

重金属污染来源		主要方面
	土壤母质	土壤母岩经物理化学风化,母岩中所含重金属经复杂淋溶、迁移、沉积和再分配过程,形成土壤元素背景
	自然力	大风扬沙、火山爆发、植被火灾等自然过程释放含重金属元素的物质
	重金属应用	重金属及其盐在冶炼、电镀、制革、制药等应用及所生产的产品,通过人为应用直接进入土壤
	大气沉降	冶金、建筑材料生产、汽车尾气排放等过程中产生的气体和粉尘含重金属元素,常以气溶胶的形态进入大气,而后再随降尘、降雪、降雨等过程最终进入土壤
人为因素	固体废弃物	生活固废、垃圾堆放场、矿渣铬渣堆放区、城市生活垃圾场及车辆废弃物、污泥畜禽粪便肥料等含重金属的固体废弃物堆放和使用中,重金属进入土壤
	污水灌溉	生活污水、商业污水和工业废水排入河道,引起城市污水中含有高浓度的多种重金属离子,随污水灌溉而进入土壤
	农用物资	农药、肥料、塑料大棚和地膜长期不合理的使用,会导致土壤重金属污染

表 4.7 常见土壤重金属污染来源

元素	污染来源
汞	土壤母质:地壳中汞主要以硫化物、游离态金属汞和类质同象形式存在于矿物中。典型的汞矿物有辰砂(HgS)、硫汞锑矿($HgS \cdot 2Sb_2S_3$)、汞银矿($AgHg$)、硒汞矿($SeHg$)及黑黝铜矿等。 自然力:自然力引起汞的排放,通常占汞排放总量的 1/4。 人为因素:①含汞颜料、汞原料工厂、汞制剂厂(仪表、电气、氯碱工业)、含汞农药、氯碱、塑料、电子、气压计和日光灯等含汞产品的生产应用可将汞带入土壤;②汞产品生产过程及汞冶炼厂、汞矿山开采的废弃物是土壤汞的主要来源;③煤、石油和天然气燃烧排放大量含汞废气和颗粒态汞尘,随降水、降尘多被土壤吸收,大气汞进入农田的量高于污水灌溉输入量;④目前仍有部分地区利用污水灌溉引起土壤汞污染;⑤曾多年使用的如乙基汞、醋酸苯汞等含汞农药是汞污染土壤的主要来源,农田施用的含汞有机、水溶性等肥料也会将汞带入土壤
镉	土壤母质:成土母质为污染土壤中镉的主要天然来源,石灰土镉背景值最高(1.115 mg/kg),其次是磷质石灰土(0.751 mg/kg),南方砖红壤、赤红壤和风沙土镉背景值较低,均在 0.06 mg/kg 以下。 自然力:自然力向土壤释放含镉颗粒物中,以火山喷发物中镉含量最高。 人为因素:①镉产品如镍镉电池、制造合金、电镀防腐、家用电器开关、汽车继电器、制造颜料、塑料稳定剂、荧光粉、杀虫剂、杀菌剂、油漆等的应用进入土壤可造成污染;②此外,化石燃料燃烧、金属冶炼、废物焚烧等产生含镉废气(3100~12040 吨镉/年),通过气溶胶形式远距离运输沉降到地面进入土壤;③采矿、金属冶炼、电镀等过程所产废弃物及城市污泥等中常含有镉,其不合理处置、堆放可造成土壤镉污染;④20 世纪中末期,镉工业废水灌溉农田也是土壤镉污染的重要来源,因污灌引起镉污染农田面积约 3892 hm²;⑤因含镉磷肥的长期大量施用,占土壤镉总量的 54%~58%,是农田土壤镉污染的重要来源
砷	土壤母质:母质中砷铁矿、雄黄、臭葱石等含砷矿物是土壤砷的主要天然来源。母岩对土壤砷含量可起控制作用,一般石英质岩石母质>硅酸盐与铝硅酸盐岩石母质>碳酸盐类岩石。 自然力:经岩石风化、雨水冲蚀、火山作用等释放的可溶性砷是主要的自然来源。 人为因素:①含砷原料的广泛应用,砷化物大量用于玻璃脱色、木材防腐、制革脱毛、纺织印染过程,是冶金、陶器、颜料、化肥等工业的原材料,这些化工过程会排放大量的砷进入土壤;②大气沉降,含砷矿物冶炼、高砷煤燃烧,砷挥发进入大气,可凝结成固体颗粒沉积进入土壤;③砷化物开采、冶炼废渣及含砷原料生产所引起的废弃物等,可造成堆放处土壤造成砷污染;④20 世纪末,废水污水灌溉土壤砷污染严重,特别是我国南方工矿区如韶关、大全、河地、阳朔、株洲等地更为严重;⑤含砷农药如砷酸钙、砷酸铅、甲基砷、亚砷酸钠、砷酸铜等及磷肥、有机肥、化肥、畜禽粪肥的长期大量使用,则会使土壤砷不断累积

续表

元素	污染来源
铬	土壤母质:土壤中铬的背景含量与成土母岩和矿物密切相关。中国土壤铬的背景值呈现一定的分异规律,铬的含量呈岩成土纲>高山土纲>不饱和土纲>富铝土纲,西南区>青藏高原区>华北区>蒙新区>东北区>华南区的空间分布格局 自然力:岩石风化、植被燃烧等自然力可向土壤和大气中释放铬 人为因素:①铬应用,铬可应用在铬合金、镀铬、印染、制革、制药、玻璃、陶瓷等工业过程,其应用可排放大量铬直接或间接进入土壤;②大气沉降,含铬矿物冶炼、重铬酸盐等生产、汽车尾气等所产的粉尘、废气进入大气,再经扩散和沉降可进入土壤;③含铬废弃物堆放,垃圾、铬渣、车辆废弃物、污泥和制革废弃物等含铬固废的堆放使土壤铬污染向四周扩散;④含铬污水灌溉,含铬污水灌溉少量铬可被植物吸收,大量铬被吸附在土壤表层,其污染程度随污灌年限增长而增加;⑤农用物资利用,以废弃皮粉为原料生产的有机肥、以铬渣为原料制备的钙镁磷肥及制革污泥农用使土壤有明显铬的累积
铅	土壤母质:土壤中铅背景含量主要源于成土母质和岩石矿物(如方铅矿 PbS)风化过程。一般铅含量沉积岩中较高(可超过 100 mg/kg),岩浆岩和变质岩较低(10~20 mg/kg) 自然力:自然现象可向环境中释放铅,随降尘降水迁移进入土壤 人为因素:①铅使用,铅蓄电池、铅合金、铅材、焊料、弹壳、涂料、添加剂等铅产品,通过风化、磨损、扩散等途径可释放进入土壤;②大气沉降,来自燃油、矿山、冶炼、蓄电池、电镀厂、合金厂、涂料等生产排放的废气、垃圾焚烧飞灰等,通过大气沉降迁移进入土壤,其中,占大气总污染份额燃油为 56.7%、铅冶炼及蓄电池等工业性污染占 30.24%;③含铅废弃物堆放,矿渣、冶炼废渣、城市固体废弃物、建筑垃圾、铅酸电池、电缆包皮、耐酸器皿、合金等含铅固废填埋或堆放,向土壤中可释放大量的铅;④含铅污水灌溉,因土壤有较强铅吸附其迁移性较弱,含铅工业废水灌溉使铅可在土壤中不断累积;⑤农用物资利用,主要是施用锌肥(铅含量高达 50~52000 mg/kg)、过磷酸钙(32.5 mg/kg)等含铅肥料,以及施用如砷酸铅等含铅农药进入土壤

4.3.3 土壤重金属污染危害

由 4.1.3 节可知,重金属有包括水溶态、可交换态等在内的 6 种形态,各金属元素也存在不同价态。由于形态和价态不同,重金属活跃性和生物迁移性及毒性均不同。土壤中重金属通过迁移转化,可被微生物、酶、土壤动物、农作物和其他植物吸收利用富集,对其产生直接危害。通过对土壤微生物、土壤酶活性等的影响,间接危害土壤通气性和土壤肥力。而重金属经食物链传递进入人体,可引起慢性中毒症状。

4.3.3.1 直接危害

对土壤微生物的影响:土壤微生物包括细菌、真菌、放线菌等,它们以各种有机质为能源,进行分解、聚合、转化等复杂的生化反应,在土壤生态系统物质循环与养分转化过程中起十分重要的作用。重金属污染主要是对土壤微生物的生物量、群落结构、生理生化作用等方面产生较大的影响。

土壤微生物的生物量是指除植物根系等生物质外,土壤中体积小于 5×10^3 μm^3 的生物总量,包括细菌、放线菌、真菌和小型动物。可表征参与调控土壤中物质能量循环及有机质转化所产生的微生物量的数量。在未受污染的土壤中,土壤微生物量与土壤有机碳含量之间往往有密切的正相关关系,但受重金属污染的土壤,降低了有机物质的转化效率,微生物为了维持其正常生命活动需要消耗更多的能量,呼吸量会成倍增加,因而土壤微生物量会显著下降。一般低浓度重金属往往会对微生物生长产生刺激作用,而高浓度则抑制微生物生长。不同类群微生物对重金属污染的敏感性也不同,通常放线菌＞细菌＞真菌。

土壤微生物群落结构是指群落内各种微生物在时间和空间上的配置状况。微生物群落结构的动态变化是最具潜力的敏感的生物指标,它能及时预测土壤养分及土壤环境质量的变化。一般土壤重金属污染程度与土壤微生物碳氮比呈负相关,与土壤中真菌相对含量呈正相关,与放线菌与革兰氏阴性菌含量呈负相关趋势。因此,重金属污染能改变土壤微生物群落状态,使其向低碳氮比需求的微生物群落转化,土壤微生物群落中真菌相对含量会增加,放线菌和革兰氏阴性菌含量则减少,而细菌和革兰氏阳性菌的相对含量出现较小幅度的波动。另一方面,土壤微生物群落结构也与重金属种类和污染浓度密切相关,轻度和中度污染时,土壤微生物丰富度、多样性及均匀度在一定范围内提高,但重度污染则相应下降低,且有明显的优势菌种出现,微生物群落优势度的指数最高。

土壤微生物生理生化类型主要包括土壤基础呼吸、有机氮素矿化、固氮、硝化及反硝化、凋落物分解等作用,在土壤生态系统的形成、功能演变过程中起着非常重要的作用,且必不可少,可反映土壤质量的健康状况。重金属污染能影响土壤微生物生理生化反应。一般受重金属污染程度低时,土壤微生物呼吸速率反而会上升,可促进 CO_2 的释放;高浓度重金属污染明显抑制土壤微生物基础呼吸,不利于土壤释放 CO_2。重金属污染土壤中由于参与含氮有机物转化的酶活性减弱、固氮菌和硝化细菌的活性影响,对氮素的转化及固氮作用受到抑制。因重金属污染胁迫使土壤微生物种类和数量下降,种群结构改变,常可降低土壤生态系统中凋落物的分解速率。

对土壤酶活性的影响:土壤酶是由土壤微生物和植物根系分泌及动植物残体分解所产的一类活性很强的蛋白类化合物,是土壤生物化学反应的催化剂,其和微生物一起参与土壤中物质转化和能量循环。土壤中的酶种类很多,主要分为:①氧化还原类酶,包括脱羧酶、过氧化物酶、多酚氧化酶等;②转移酶类,包括转氨酶,果聚糖蔗糖酶等;③水解酶类,种类最多,包括蛋白酶、磷酸酶、纤维素酶、淀粉酶等;④裂解酶类,包括谷氨酸脱羧酶、天冬氨酸脱羧酶等。土壤酶的活性作为判断土壤生化强度、评价土壤肥力水平及衡量土壤质量变化的重要指标。

重金属污染对土壤酶的作用有:①激活作用,重金属能促进酶活性中心与底物配位结合,使酶分子及活性中心保持一定的专性结构,改变酶催化的平衡性及表面电荷,从而增强酶活性;一般低浓度的某些重金属对土壤酶有一定的激活作用。②抑制作用,一是重金属可与酶分子中活性中心的巯基、胺基和羧基等结合,从而破坏酶活性基团和空间结构,降低土壤酶活性;二是重金属通过抑制土壤微生物生长和繁殖,减少微生物体内酶的合成和分泌量。重金属元素对土壤酶活性的影响因土壤和重金属种类不同而异,土壤酶活性变化也与重金属浓度、形态、种类等因素密切相关。

对土壤动物的影响:土壤动物是土壤中和落叶下生存的如蚯蚓、蚂蚁、鼹鼠、变形虫、轮虫、线虫、壁虱、蜘蛛、潮虫、千足虫等各种动物的总称。土壤动物是土壤生态系统的重要组成部分,对重金属污染反应敏感,是环境监测的重要指示种,可为土壤质量评价和环境风险评估提供生物学指标。重金属对土壤动物的影响是通过间接摄取富集重金属的植物和微生物后,重金属进入动物体可与其体内蛋白质及某些酶结合,进而在其器官中累积造成重金属慢性中毒,使动物体组织发生病变,生长受限,甚至死亡。随着重金属污染加重,土壤动物群落结构呈现简单化和不稳定化,土壤动物的种类和数量逐渐减少,优势类群和常见类群也明显减少。

对农作物和植物的影响:土壤环境中的重金属如汞、镉、砷、铬等为作物生长的非必须元素,当污染浓度超过一定的值时,通过对植物细胞膜系统、植物光合和呼吸作用、植物酶活性等的破坏和抑制,进而对农作物生长发育、产量和品质产生影响。常见金属元素对植物产生的危害作用见表 4.8。

表 4.8　常见金属元素对植物产生的危害

元素	形态	作物-有害浓度 /(mg/kg)	中毒症状
汞	氯化汞	水稻,0.74	植株高度变矮,根系发育不良
镉	氯化镉	水稻,1.0	根系生长受阻,叶片发黄、褪绿,产量降低
砷	亚砷酸、砷酸	水稻,1.0	叶枯黄,枯萎,根枯死,植株矮化,生长迟缓
铬	氯化铬	水稻,1.0	根部功能受抑制,叶卷曲、褪色失绿,生长缓慢
铅	硝酸铅	燕麦,25	幼苗枯萎、生长缓慢、产量下降
铜	硫酸铜	水稻,6.0	根生长受阻,夜色褪绿,作物减产甚至绝收

4.3.3.2　间接危害

对土壤通气性的影响:高浓度重金属污染因抑制土壤中微生物生长、降低酶活性,导致土壤中养分转化速率降低,因而土壤通气性差。重金属重度污染土壤往往比较贫瘠,易板结。这是因为,当土壤中缺氧时,释放的速效性养分有限,这样间接抑制固氮菌或降低其固氮能力,同时,硝化细菌也受抑制,也可能引发反硝化作用使土壤中氮素损失。也会因板结间接阻碍植物根系的生长发育,使土壤生态功能恢复缓慢。

对土壤肥力的影响:土壤受重金属污染,一定程度上将影响土壤有机氮矿化、磷吸附、钾形态转化等过程,进而影响土壤中氮、磷、钾素营养元素的供应。重金属污染对土壤矿物营养的影响包括:

(1)土壤氮素的矿化势和矿化速率常数会明显降低,土壤供氮能力也相应下降,不同重金属元素对土壤矿化势的影响不同。

(2)可生成重金属磷酸盐沉淀,对磷的吸持固定作用增强,使土壤可溶性磷、钙结合态磷、闭蓄态磷的比例变化,降低土壤磷的有效性。

(3)重金属在土壤中累积会占据部分土壤胶体的吸附位,从而影响土壤中钾的吸附、解吸和形态分配。此外,由于重金属对微生物和植物的毒害作用,导致其对钾的吸收能力减弱。土壤受重金属污染,其水溶态钾会明显上升,交换态钾则明显下降,导致土壤钾素流失加剧。

　　重金属污染还可改变土壤有机质矿化速率,对易分解有机质矿化影响不大,可降低难分解有机质矿化,而有机质矿化除产生各种可供作物吸收的氮、磷等养分外,也为进一步合成腐殖质提供原料。上述两种影响作用会间接影响土壤营养元素供应和肥力特性。

　　对人体健康的危害:重金属污染土壤最终影响人畜健康,因重金属在土壤污染具有积累性和隐蔽性,一旦发现污染危害时,往往已经达到相当严重的程度,治理难度很大。土壤受重金属污染越重,作物可食部分的重金属含量也越高,当通过食物链经消化道进入人体后,或当人体暴露于重金属污染土壤的扬尘环境,重金属可经呼吸道进入人体等,能直接或间接地危害人体健康。

　　毒害最大的汞、镉、铅、铬、砷等5种元素对人体健康的危害详见表4.9。

表 4.9　常见土壤重金属污染元素对人体健康的危害

元素	危害
汞	汞主要蓄积于人体肾、肝、脑中,毒害神经,破坏蛋白质、核酸,使人出现手足麻木、神经紊乱,也可导致孕妇畸胎、死胎等症状。微量汞在人体内一般不引起危害,可经尿、粪和汗液等排出体外;汞可通过呼吸系统、食道、血液和皮肤进入人体内,一定条件下转化成剧毒的甲基汞,侵害人的神经系统。天然水每升水含 0.01 mg 就会强烈中毒,长期饮用含微量汞的水会引起蓄积性中毒
镉	镉可通过消化道进入人体与血红蛋白和低分子金属硫蛋白结合,再随血液分布到内脏器官。对人体健康的影响包括:①与蛋白分子中的巯基结合,抑制众多酶活性,干扰人体正常代谢,减少体重;②刺激人体胃肠系统,致使食欲缺乏,导致食物摄入量下降;③影响骨骼钙质代谢,使骨质软化、变形或骨折;④累积于肾脏、肝脏和动脉中,抑制锌酶活性,导致糖尿、蛋白尿和氨基酸尿等症状;⑤诱发癌症(骨癌、直肠癌和胃肠癌等),女性摄入镉的量越高,患乳腺癌风险越大,还可能导致贫血症或高血压发生。镉引起慢性中毒的潜伏期可达 10～30 年之久
铅	铅可与人体多种酶结合,或以 $Pb_3(PO_4)_2$ 沉积在骨骼中,对人体各系统和器官的毒害包括:①对 δ-氨基乙酰丙酸合成酶有强烈抑制作用,对 δ-氨基乙酰丙酸脱水酶、血红素合成酶有强烈抑制作用,造成卟啉代谢及血红蛋白合成障碍,导致贫血;②抑制红细胞 ATP 酶活性,增加红细胞膜脆性,引起溶血;③具有神经系统毒性,引起中毒性脑病和周围神经病;④损害肾小管及肾小球旁器功能及结构,引起中毒性肾病、小血管痉挛、高血压。⑤伤害人的脑细胞,特别是胎儿的神经板,可造成先天大脑沟回浅,智力低下,对老年人造成痴呆、脑死亡等危害。普遍认为儿童和胎儿对铅污染比成年人更为敏感
铬	铬是人体必需的微量元素,三价铬协助胰岛素发挥生物作用,为糖和胆固醇代谢所必需。土壤铬污染严重,可通过食物链对人畜产生危害,表现为消化系统紊乱、呼吸道疾病等,能引起溃疡,在动物体内蓄积而致癌。铬毒性顺序为 $Cr^{6+} > Cr^{3+} > Cr^{2+}$,其中 Cr^{6+} 是一种强氧化剂,对细胞膜具有较强的穿透能力,易被人体吸收而且在人体蓄积,可引起呼吸道、肠胃道疾病和皮肤损伤等
砷	砷主要蓄积在人体骨骼、肝脏、肾脏、心脏、淋巴、脾和脑等组织。各形态砷的毒性强度依次为:砷化氢＞三价砷＞五价砷＞有机砷;砷中毒是由于砷氧化物与蛋白质巯基(—SH)结合,可抑制呼吸酶活性,破坏其分解过程及代谢,从而造成中枢神经系统机能紊乱、毛细血管麻痹和肌肉瘫痪等;慢性砷中毒主要表现为神经衰弱、消化系统障碍等,并有致癌作用

4.4　重金属污染土壤修复技术

重金属污染土壤修复技术即清除土壤中的重金属或者降低土壤中重金属的活性和有效态组分,以期恢复土壤生态系统的正常功能,从而减少土壤中重金属向食物链和向地下水的转移量。重金属污染土壤修复包括去除化和稳定化两种。去除化是指从土壤中去除重金属污染物,使其存留浓度接近或者达到限量标准;稳定化是改变重金属在土壤中的存在形态,使其固定而降低活性。

按处置场地,土壤重金属修复分为原位修复(In-situ remediation)和异位修复(Ex-situ remediation),土壤原位修复技术是指在人为干预的条件下,在受污染土壤的原址直接进行的修复,而土壤异位修复技术是指将污染土壤从场地移至其他地方进行修复。按修复技术学科分类,可分为物理修复/化学修复、生物修复和农业生态修复等三类。其中,生物修复技术包括微生物、植物及其联合修复技术,植物修复原理主要有植物吸收、植物挥发和植物稳定等。

4.4.1　土壤重金属污染物理化学修复技术

物理化学修复技术是当前土壤修复研究的热点,也是应用最广泛的修复技术,主要包括固化/稳定化技术、土壤淋洗技术、电动修复技术和电热修复技术等,表 4.10 对各技术进行了比较。

表 4.10　几种常用的土壤重金属物理化学修复技术

技术方法	原理	实施方法	注意事项	优缺点
固化/稳定化技术(工艺见图 4.1)	通过固态形式在物理上隔离污染物或将重金属转化成化学性质不活泼的形态,从而降低其毒性和生物有效性	物理固化与隔离:先利用吸附质如黏土、活性炭和树脂等吸附污染物,浇上沥青,再用水泥、硅土、消石灰、石膏或碳酸钙等凝固剂或黏合剂固化为硬块。化学固定与稳定化:投加石灰、磷酸盐、黏土矿物、铁锰氧化物等无机改良剂或加入有机肥、泥炭、家禽粪肥及腐殖酸等有机改良剂,对土壤中重金属吸附、氧化还原或沉淀固定	①对深层污染土壤原位修复,需利用机械装置深翻松动,通过高压方式有次序地注入固化剂,充分混合后自然凝固。②处理前要针对污染物类型和金属存在形态进行预处理,注意金属的氧化还原状态和溶解度。③土壤固化剂的加入量因不同地块所含重金属离子的种类和浓度不同,需提前优化配比及用量。④适用农田土壤重金属原位修复	优点:降低了重金属的迁移能力和生物有效性,有效阻止污染物随雨水向地下入渗,随地表径流等进入周围环境。缺点:并未真正除去污染物,只是改变了重金属在土壤中的形态,随着环境条件改变,可能再度活化

续表

技术方法	原理	实施方法	注意事项	优缺点
土壤淋洗技术（工艺见图4.2）	淋洗液中有效成分与土壤中重金属作用形成游离态金属离子或金属络合物/离子，随液相被转移	根层淋洗-深层固定：用清水和淋洗液冲洗土壤，将污染物淋洗出根层以外，在未进入地下水上边界，再用能与金属形成难溶性沉淀的溶液继续冲洗土壤，将其固定在一定深度的土层中，形成阻隔墙，防止污染地下水。异位淋洗-回收处理：将水、溶剂及淋洗助剂注入污染土壤中，回收并处理淋洗液	①常用的淋洗剂有表面活性剂、螯合剂等有机淋洗剂及酸、盐、氧化还原剂等无机淋洗剂；淋洗剂本身会对土壤理化特性产生影响，需慎重选用。②在土壤淋洗过程中，为缩短淋洗过程中重金属和淋洗液的扩散时间，需破碎土壤至一定粒径。③适用于小面积高污染的土壤修复	优点：可快速去除重金属，且效率高；常作为土壤修复前处理，后配合其他方法以彻底去除。缺点：对土壤黏粒含量高、渗透性较差的效果差；淋洗剂价格昂贵，难以大面积推广；淋洗液会造成二次污染
电动修复技术（见图4.3）	在直流电场作用下，通过电渗和电迁移方式，将土壤中的重金属离子向电极运输，再收集离子集中处理和二次利用	原位电动修复：直接将电极插入污染土壤。序批电动修复：将污染土壤被运送至修复设备分批处理。电动栅修复：受污染土壤中一次排列一系列电极，也可用于去除地下水中的重金属离子	①常使用表面活性剂等药剂增强金属的可溶性，以改善其迁移运动性。②可在电极附近加入合适药剂加速金属去除率。③土壤水分含量须高于10%～20%。④不适用于渗透性高、传导性差的土壤。⑤应用前须做试验评估以确定是否适合该技术	优点：对均质土壤及渗透性和含水量较高的土壤修复效果好；不需投入化学药剂，对环境几乎无负面影响。对现场影响最小。缺点：偏极效应、电极腐蚀等问题突出，难以在工程上应用。电解产生二次污染
电热修复技术	利用高频电压释放电磁波产生热量，加热使土壤颗粒吸附的重金属解吸出来，可分离土壤中具有挥发性的重金属	高频电压加热-汽化挥发：利用电压加热土壤，土壤中的超标元素受热汽化，挥发脱离出土壤，再对气态金属污染物回收处理	适用于 As、Hg 和 Se 等挥发性重金属重度污染土壤	优点：高温处理，土壤形成玻璃态物质，可降低重金属生物活性及生态风险；操作简单、技术成熟。缺点：能耗大、操作费用高；可降低土壤肥力；重金属蒸汽回收时易对大气造成二次污染

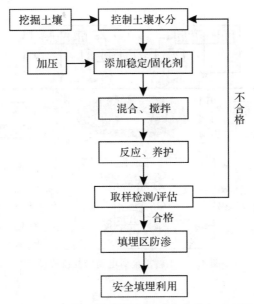

图 4.1　土壤重金属异位固化/稳定化修复流程图

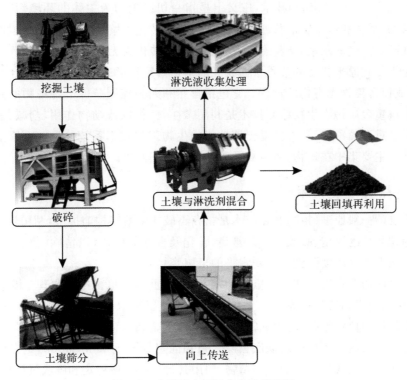

图 4.2　土壤重金属异位淋洗流程图

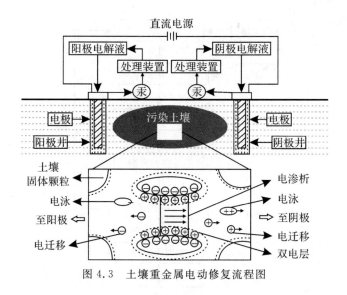

图 4.3 土壤重金属电动修复流程图

4.4.2　土壤重金属污染生物修复技术

生物修复(bioremediation)技术,广义上是指一切以生物为主体的环境污染治理技术。包括利用植物、动物和微生物的代谢活动吸收、降解、转化土壤和水体中的污染物,使污染物的浓度降低到可接受的水平,或将有毒有害的污染物转化为无害的物质,使受污染的环境能部分或完全恢复到原来状态的过程。而狭义的生物修复是指通过微生物清除土壤和水体中的污染物,或使污染物无害化的过程。它包括自然和人为控制条件下污染物的降解或无害化过程。土壤重金属污染生物修复技术是利用微生物、植物或动物作用,削减、去除环境中重金属或降低重金属毒性,从而恢复土壤功能的生物工程技术系统。目前土壤重金属污染生物修复技术主要集中在植物、微生物及其联合修复三方面。

4.4.2.1　植物修复技术

植物修复的一般原理:植物修复技术是指在不破坏土壤结构前提下,利用自然生长或经遗传培育筛选的植物固定、吸收、转移、富集、转化及根滤等作用,以清除、稳定化、挥发转移土壤重金属或者将其浓度降到可接受水平的土壤修复方法。

根据重金属的存在特征和植物修复的定义,土壤重金属植物修复原理主要有植物提取(或吸收)、植物稳定和植物挥发等三大主要类型。植物提取(phytoextraction)是利用对重金属有富集作用的植物吸收、转运和富集土壤中的重金属,将其转移到地上部,再通过收割植物地上部分将土壤中的重金属彻底去除。植物固定(phytostabilization)是在污染土壤上种植对重金属不吸收或吸收少的耐性植物,利用其自身的机械稳定和吸收沉淀作用,达到固定、隔绝、阻止其进入地下水体和食物链的目的。植物挥发(phytovolatilization)是利用某些植物根系能吸收可挥发性重金属元素的作用,通过植物蒸腾将其排放至大气中,或把重金属形态从非挥发性转变为挥发性,再通过叶面释放到大气中。

植物提取是土壤重金属修复最主要的手段,多选用超富集植物,但其具有生长速度慢、生物量小、不利于机械化作业;多为野生植物,对环境条件要求高,在不同区域引种应用困难;经济效益低,难以调动农户等问题。近年来,利用生长速度快、生物量大和经济效益高的非超富集植物修复土壤重金属污染具有很大潜力,如一些能源植物、经济作物和木本植物等。表 4.11 列出常见用于土壤重金属修复的植物、修复效率及修复原理。

表 4.11　土壤重金属典型修复植物

植物		修复重金属	修复效率	修复原理
能源植物	柳枝稷	Cd、Pb	吸收量 Cd 可达 75.6~94 mg/kg,Pb 可达 471~645 mg/kg	
	甜高粱	Cd、Pb	苗期地上和根系部分的镉含量分别可达 3.75 mg/kg 和 7.60 mg/kg	
	甘蔗	Cd、Pb	在 Pb 单一污染条件下,甘蔗对土壤中 Pb 的最大吸收量达到 429 g/ha,而在 Cd 单一污染条件下,甘蔗对土壤中 Cd 的最大吸收量达到 889 g/ha	
	芒草	As、Pb、Zn、Cd	地上对 As、Pb、Zn 吸收可达 760 mg/kg、200 mg/kg、400 mg/kg,对 Cd 的富集和转运系数均可大于 1	
经济作物	油菜	Cd、Pb	盆栽根系和茎叶对 Cd 的富集系数均大于 1,对 Pb 的富集系数小于 1	植物提取
	向日葵	Cd、Cr、Zn、Pb	盆栽地上富集量 Cd 可达 113.24~324.8 mg/kg,Zn 达 87.12~227.32 mg/kg,Pb 达 44.98~144.45 mg/kg,Cr 达 6.15~59.66 mg/kg;其转运系数均小于 1	
	蓖麻	Cd	盆栽 Cd 处理浓度为 360 mg/kg 时积累量可达 4460.3 mg/kg,其中茎对 Cd 的积累量达 137.1 mg/kg	
木本植物	杨树	Cd、Zn	根、叶中 Cd 最高浓度分别达 9962 mg/kg、514.08 mg/kg,Zn 在叶片中最高浓度可达 2120 mg/kg	
	构树	Sb、Zn、Pb、As	锑矿区可累积 Sb 155.85 mg/kg,Zn 为 150.12 mg/kg,Pb 为 37.56 mg/kg,As 为 18.9 mg/kg,其中 85% 的重金属累积在构树地上部分,60% 以上累积在构树的叶部,是锑矿区的理想修复植物	
	柳树	Cd、Zn	蒿柳 5 年累计从钙质土壤提取 Cd 170 g/hm^{-2}、Zn 13.4 kg/hm^{-2},2 年内从酸性土壤提取 Cd 47 g/hm^{-2}、Zn 14.5 kg/hm^{-2}	
	印度芥菜	Pb	盆栽根部累积 Pb 达 206.62~902.40 mg/kg,单株植物的 Pb 积累量分别为 70.75~138.31 μg,对 Pb 的去除率最大值为 1.02%,Pb 的固定率达 11.22%	
	香根草	Pb	盆栽根部累积 Pb 达 288.42~1102.47 mg/kg,单株植物的 Pb 积累量分别为 99.09~220.49 μg,对 Pb 的去除率最大值为 1.78%,Pb 的固定率达 16.78%	植物固定
	藨草	Cd、Cu	藨草 Cd 和 Cu 富集系数大于 1,转移系数都小于 1,藨草对 Cd 富集能力强于 Cu,藨草可用于植物固定	
	细弱剪股颖	Cu	提高土壤有机质和 pH 值,显著降低 Cu 的生物有效性,植物对 Cu 的吸收低	

续表

植物	修复重金属	修复效率	修复原理
烟草	Hg	二价汞转化为零价汞,烟草对重金属 Hg 的富集系数变化范围为 $0.52\sim1.70$,Hg 的转运系数小于 1	
植物芥花油	Se	可最高降低 23% 的土壤硒	植物挥发
阿尔塔高羊茅	Se	可最高降低 21% 的土壤硒	
印度洋麻	Se	将土壤中的硒转化为甲基硒,而甲基硒挥发性较强,可最高降低 47% 的土壤硒	

目前研究较多,且应用较广泛的植物修复是利用超富集植物修复土壤重金属。这是因为重金属在土壤中以不同的形态存在,水溶态和交换态是非超富集植物吸收重金属的主要来源,超富集植物除直接吸收水溶态重金属外,还可调节土壤环境释放其他形态的重金属,降低 pH 值可增加土壤对重金属的溶解、释放及迁移。

所谓超富集植物(hyperaccumulator)是指能超量吸收重金属并将其运移到地上部的植物。Brooks 等于 1977 年首次提出了超积累植物概念,用来定义含 Ni 浓度(干重)大于 1000 mg/kg 的植物。一般而言,在自然条件下生长的重金属超积累植物应满足以下条件:

(1)植物地上部或叶片中重金属浓度要达到一定临界标准。

(2)植物对重金属的转运系数 TF 和富集系数 BCF 均大于 1。转运系数是植物地上部重金属浓度与根中重金属浓度的比值,用来评价植物将重金属从地下部向地上部的运输和富集能力;富集系数为植物地上部重金属浓度与根和土壤中重金属浓度的比值,反映土壤-植物体系中重金属迁移的难易程度,是植物将重金属吸收转移到体内能力大小的评价指标,生物富集系数高表明地上部分植物体内重金属富集浓度高。

(3)植物在吸收富集重金属后,生长良好,未发生重金属毒害现象。目前已发现 400 多种超积累植物,常见报道的超富集植物见表 4.12。

表 4.12 典型重金属超富集植物

超富集植物	重金属	修复效率
商陆	Mn	叶中 Mn 可达 364×10^3 mg/kg,生物富集系数为 55,$87\%\sim95\%$ 可被转移到地上部分
宝山堇菜	Cd	地上、地下部 Cd 平均含量为 1168 mg/kg、981 mg/kg,地上与地下部 Cd 含量平均比值为 1.32,Cd 生物富集系数平均为 2.38
东南景天	Zn/Pb	地上部 Zn 可达 4515 mg/kg,最高值达 19674 mg/kg,富集系数为 $1.25\sim1.94$;地上部 Pb 可达 514 mg/kg,根部可达 13922 mg/kg
蜈蚣草	As	叶中 As 可达 5070 mg/kg,地上、地下生物富集系数可分别高达 80、71
土荆芥	Pb	茎叶 Pb 高达 3888 mg/kg
九节木属	Ni	植物地上部元素含量可达 47500 mg/kg
圆叶遏蓝菜	Pb	植物地上部元素含量可达 8200 mg/kg
天蓝遏蓝菜	Zn	植物地上部元素含量可达 51600 mg/kg

超富集植物对重金属的主要耐受机制如下。

(1)细胞壁沉淀作用:重金属离子进入植物体后会有部分沉淀在细胞壁上(主要在根尖细胞壁),这可阻止重金属离子对细胞原生质过多伤害。而细胞壁对重金属的容量是有限的,因此,该作用不是超富集植物耐重金属的主要机制。

(2)细胞内区室化作用:在组织和细胞水平,重金属在超富集植物内呈区室化分布。组织水平上,重金属大多积累在表皮细胞、亚表皮细胞和表皮毛中,一定程度上减轻叶片细胞结构及生理功能所受的伤害;在细胞内,重金属贮存在液泡中,减少了其对细胞质及细胞器中各种生理代谢的伤害。细胞内区室化作用与超富集植物耐受和超富集重金属密切相关。

(3)重金属螯合作用:超富集植物体内含草酸(oxalic acid)、苹果酸(malic acid)、柠檬酸(citric acid)、组氨酸(histidine)和谷胱甘肽(GSH)等小分子物质和重金属结合蛋白(MBP)等大分子物质,这些物质通过螯合、钝化等作用可降低重金属离子的浓度和毒性。

此外,重金属能与氨基酸(脯氨酸、组氨酸)中的羧基、氨基、羟基等功能团结合形成稳定化合物,以起钝化解毒作用。GSH 是含非蛋白硫基的小分子量多肽,在植物螯合肽合成酶催化下,聚合成对重金属亲和力较强的植物螯合肽(phytochelatin,PC),PC 能将重金属离子螯合成无毒螯合物,减轻重金属离子对植物的毒害。重金属结合蛋白(MBP)分为类金属硫蛋白(metallothionein-like,MT-like)、植物螯合肽等,其对重金属的螯合能力远大于小分子物质。

(4)酶系统保护作用:超富集植物在重金属胁迫下,由超氧化物歧化酶(SOD)、过氧化物酶(POD)、过氧化氢酶(CAT)组成的抗氧化酶系统是一个有效的活性氧清除系统,可减轻重金属对植物的毒害。

超富集植物根系发达,根毛稠密,根毛直接接触土壤颗粒,有利于其对重金属的吸收。这些根系向土壤分泌各种根系分泌物,主要包括小分子化合物(CO_2、H_2CO_3、有机酸、单糖、氨基酸、脂肪酸等),大分子化合物(多糖、聚乳糖、植物络合素、植物铁载体、类金属硫蛋白、黏液等),这些分泌物通过对土壤环境酸化或螯合重金属,促进植物对土壤中重金属的活化和吸收。目前,大多超富集植物往往植株矮小,生物量低,生长缓慢且生活周期长,因去除土壤污染元素的总量较小,在土壤重金属修复中受到一定限制。

一些重金属耐性强,生长快,生物量大并有一定的重金属富集能力的植物具有重要的开发应用价值。特别是筛选引种培育能源植物富集提取土壤重金属污染物,可实现生物质原料生产与污染土壤治理的双赢,为大规模的工程应用提供了可能。

土壤重金属植物修复的优缺点:土壤重金属植物修复技术具有两面性。

优点主要表现为:①处理成本低廉;②原位修复,不需要挖掘、运输和巨大的处理场所;③操作简单,效果持久,如植物固化技术能使地表长期稳定,有利于生态环境改善和野生生物的繁行;④安全可靠;⑤修复过程中土壤有机质含量和土壤肥力增加,修复后土壤适合于多种农作物生长;⑥植物修复对环境扰动少,不会破坏景观生态,能绿化环境,有较高的美化环境价值,容易为大众和社会所接受。

缺点主要表现在:①修复速度慢;②对土壤类型、土壤肥力、气候、水分、盐度、酸碱度、排水与灌溉系统等自然和人为条件有一定要求;③超富集植物对重金属具有一定的选择性;④富集了重金属的超富集植物若处置不当会重返土壤;⑤污染物必须是植物可利用态,且修复区域在植物根系所能延伸到的区域内,一般不超过 20 cm 的土层厚度,才能被有效清除;⑥要针对不同污染状况的环境选用不同的植物生态型;⑦异地引种对生物多样性的威胁,也是一个不容忽视的问题。

当土壤重金属处于重度污染时,用植物提取方法进行修复的难度就很大,一方面土中有大量重金属需要去除;另一方面,植物本身的重金属富集量和生物量有限。此时,可采用植物稳定的方法种植对重金属不吸收或吸收少的重金属耐性植物,防止重金属扩散。

4.4.2.2 微生物修复技术

微生物修复的一般原理:微生物修复(microbial remediation)是利用微生物具有的对某些重金属吸收累积、沉淀、吸附、氧化和还原等作用把重金属离子转化为低毒产物,减少植物摄取,并降低环境中重金属毒性的一种修复方法。微生物修复主要包括微生物固定、微生物转化和微生物强化等三个方面。

(1)微生物固定:是通过胞外络合、胞外沉淀及胞内积累等作用方式,将重金属离子从可交换态、碳酸盐结合态、铁锰氧化物结合态转化为有机结合态、残渣态富集在微生物体内,从而使土壤中重金属离子的浓度降低或毒性减小。包括:①微生物富集,指重金属被微生物吸收到细胞内而富集的过程。重金属可与金属结合蛋白、肽及特异性大分子结合而进入微生物细胞;其还可通过区域化作用分布在细胞内的不同部位,微生物可将有毒金属离子封闭或转变成低毒的形式。②生物吸附,是利用土壤微生物及其产物或细胞壁表面的一些如胞外聚合物(多糖、糖蛋白、多肽或生物多聚体)等高亲和性基团,通过离子交换、静电吸附、共价吸附、胞外络合与细胞壁螯合等作用中的一种或几种与重金属相结合的过程。一般分为胞内吸附、胞外吸附和细胞表面吸附。③生物沉淀,利用微生物产生的某些代谢产物与重金属结合形成沉淀的过程。某些微生物产草酸可与重金属形成不溶性草酸盐沉淀;厌氧产硫化氢可与 Hg^{2+} 形成 HgS 沉淀,抑制 Hg^{2+} 活性。

(2)微生物转化:是指微生物利用生物溶解、氧化还原、甲基化与去甲基化等作用,使重金属形态或价态发生改变而降低其生态毒性或清除土壤中的重金属。包括:①生物溶解,微生物通过分泌生物表面活性剂、有机酸和酶等来降低土壤 pH 值,提高土壤重金属的生物有效性。②生物氧化-还原,某些细菌通过产特殊的酶可将高价离子化合物还原成低价,改变金属的溶解度和迁移性。如自养细菌硫-铁杆菌类(thiobacillus ferrobacillus)能氧化 As^{3+}。硫还原细菌通过同化作用利用硫酸盐合成氨基酸,再通过脱硫作用使 S^{2-} 分泌于体外后和重金属形成沉淀。③生物甲基化和脱甲基化,利用微生物将土壤重金属甲基化(如 Se)或脱甲基化(如 Hg),从而降低重金属的毒性并通过挥发途径来修复污染土壤。

假单胞菌属能够使许多金属或类金属离子发生甲基化反应,从而使金属离子的活性或毒性改变。其中,土壤微生物利用有效的营养和能源,分泌低分子量的有机酸如乙二酸、琥珀酸、柠檬酸等以金属-有机酸络合物形式将金属溶解活化,已成为研究的热点。

(3)微生物强化:即通过筛选培育、基因工程构建或微生物表面展示等技术获得高效菌株,向重金属污染土壤中加入一种高效修复菌株或由几种菌株组成的高效微生物组群来增强土壤修复能力的技术。①高效菌株筛选培育,即从重金属污染土壤中筛选分离出土著微生物,将其富集培养后再投入到原污染的土壤的技术,由于筛选、富集的土著微生物更能适应原土壤的生态条件,进而更好地发挥其修复功能。②基因工程,把重金属抗性基因或编码重金属结合肽的基因转移到对污染土壤适应性强的微生物体内而构建高效菌株。

(4)土壤重金属常见修复微生物:不同种属微生物对重金属污染的耐受性不同,其修复机理也不同。原核微生物主要通过减少对重金属离子摄取,增加细胞内重金属的排放来控制胞内重金属的浓度,细菌主要改变重金属的形态改变其毒性,真核微生物可螯合金属离子降低离子活性。研究较多的土壤重金属修复微生物的种类如表 4.13 和表 4.14 所示。

表 4.13 修复土壤重金属常见微生物种类

种类	微生物
细菌	假单胞菌属、芽孢杆菌属、根瘤菌属和工程菌等
真菌	假丝酵母、酿酒酵母、木霉、黑曲霉、白腐菌、青霉菌、菌根真菌等
放线菌	链霉菌属、弗兰克氏菌属、小单孢菌等
藻类	绿藻、褐藻、红藻、小球藻、鱼腥藻属等

表 4.14 土壤重金属常见微生物修复原理

修复原理	重金属	微生物
微生物固定	Cd、Hg	木霉、小刺青霉和深黄被包霉生物富集 Cd、Hg
	Cd、Pb、Cr	铜绿假单胞菌可吸附土壤中 47% 的 Cd、40% 的 Pb,荧光假单胞菌对 Cr 的去除率可达 89.70%
	Cd、Cu	枯草杆菌、酵母菌、大肠杆菌等对 Cd、Cu 去除(固结)率达 25%~60%
	Cd、Pb、Cu、Zn	淡紫拟青霉菌、白腐菌、固氮梭菌等能分泌酸性物质,可活化土壤重金属
微生物转化	Hg、Cr、Fe	铜绿假单胞菌、假单胞菌、变形杆菌可将 Hg^{2+} 还原为 Hg,青霉菌、荧光假单胞菌等可将 Cr^{6+} 还原为 Cr^{3+},脱弧杆菌可将 Fe^{3+} 还原为 Fe^{2+}
	Hg 等	假单胞菌属、硫酸盐还原菌、铁还原菌可对多种重金属发生甲基化反应,降低金属活性
	Cd	从土壤分离的荧光假单胞菌对 Cd 的富集为环境中的 100 倍以上
微生物强化	Cd、Cu、Zn、As	丛植菌根真菌可增加植物生物量,把重金属滞留固定在根系,抑制其向植物地上部分传输
	Cd、Cr、Cu、Pb	将目的肽的基因片段构建到大肠杆菌菌毛蛋白等上,重组后对重金属的吸附能力大大提高

微生物修复土壤重金属的优缺点:土壤重金属微生物修复技术具有独特的优势。优点主要有:①土壤中微生物资源丰富,分布广,可快速处理重金属污染问题;②修复能力强,不易产生二次污染;③微生物繁殖快,代谢能力强,修复费用少。主要缺点有:①微生物遗传稳定性差、易变化,某些微生物只能对特定的重金属起作用,难以去除所有重金属;②微生物对重金属离子的吸附和富集能力是一定的,且与土著微生物存在竞争关系,可能被淘汰导致修复效果不理想;③微生物修复易受温度、水分、盐分及 pH 等外界环境因素的影响,从而影响

修复效果,极大地限制了微生物修复技术的应用;④吸附在微生物体内的重金属可随微生物代谢或死亡等原因又释放到土壤中;⑤与物理/化学技术相比较,微生物治理土壤重金属污染事件的时间相对较长。

4.4.2.3 微生物-植物联合修复技术

微生物-植物联合修复的一般原理:微生物植物联合修复是在植物修复的基础上,利用其与微生物形成互惠互利的联合体,促进彼此之间的能量流动、物质交换、信息传递,以强化植物对重金属的固定、积累、转化等作用,提高土壤重金属污染修复效率。微生物不仅通过其自身的组成成分如菌根外菌丝、几丁质、色素类等吸附重金属,而且通过分泌各种有机酸或特殊物质来活化重金属,增加重金属在植物根部浓度,主要强化途径有:①促进植物营养吸收,增强植物抗逆性,增加植物生物量;②通过活化或降低土壤重金属的生物有效性,增加或降低植物根部重金属浓度,促进重金属的吸收或固定作用。用于土壤重金属修复主要的微生物是根际促生菌(plant growth promoting rhizobacteria,PGPR),这是一类存在于植物根系周围或植物根细胞内,能显著影响土壤理化性质,促进植物的生长发育和新陈代谢,减缓外界胁迫以及防止植物病虫害的细菌的总称,一般包括促生细菌、真菌、放线菌三大类。

PGPR 通过分泌铁载体(siderophore)、有机酸(organic acid)、固氮酶、1-氨基环丙烷-1-羧酸脱氨酶(1-aminacyclopropane-1 carboxylate deaminase,ACC 脱氨酶)、生物表面活性剂(biosurfactant)、植物生长激素(plant growth hormones)、抗生素(antibiotic)等促生物质,促进根系对矿质养分和水分的吸收,直接或间接促进宿主植物的生长,增强重金属胁迫下的植物生物量,提高植物修复效率。另外,PGPR 通过诱导植物抗性系统、改变土壤重金属离子的迁移率和毒性等增强植物的重金属抗性,间接提高植物对土壤重金属的抗性,其相关强化机制如表 4.15 所示。

表 4.15 根际促生菌强化植物修复重金属的作用机理

作用方式		作用机理
促生菌的强化机理	菌分泌铁载体	分泌铁载体提高植物对重金属的吸收:铁载体是小分子有机物,对 Fe^{3+} 具有高亲和力,也可与铝、铜、镉、锌等重金属络合或螯合形成复合物,可降低重金属对植物的毒害作用;也可通过复杂化学反应,溶解出矿物中的重金属,提高植物对重金属的吸收效率
	菌分泌有机酸	主要包含一个或多个羧基官能团的有机物。PGPR 可分泌甲酸、乙酸、酒石酸、琥珀酸、草酸等,使土壤 pH 值下降,重金属的生物效性提高,并活化根际周围常见矿物营养元素而促进植物生长,促进重金属离子的吸收和转运,从而提高了植物的修复效率
	菌分泌表面活性剂	主要包括糖脂类物质、中性类脂衍生物、脂蛋白等。表面活性剂浓度达到或超过临界胶束浓度时,会导致溶液内部胶束的形成。当重金属与这些胶束结合,使得重金属进入土壤液相,增加了土壤重金属的溶解性和生物可利用率
	根瘤菌固氮	PGPR 能分泌含有铁或铁和钼的固氮酶,即铁蛋白(ferritin)或铁钼蛋白(iron-molybdenum protein),其均可作为电子载体,将氮气还原成植物可利用的氨根离子(NH_4^+),以提供充足氮源,促进根系生长

续表

作用方式		作用机理
促生菌的强化机理	分泌胞外多聚物	胞外多聚物主要有根际细菌分泌的糖类、蛋白质、氨基酸、脂质等生物大分子。主要作用有：①富集根土界面及植物根系周围的水分、无机盐、有机物等营养物质；②络合土壤中的重金属离子，降低其迁移性、可利用率及植物毒害；③与重金属结合，阻碍其进入细胞，避免其对根际细菌的危害
	分泌植物生长素	主要包括吲哚乙酸（indole-3-acetic acid，IAA）、赤霉素（gibberellinsacid，GA）、细胞分裂素（cytokinins，CTK）、脱落酸（abscisic acid，ABA）等，常由某些菌分泌。其可促进植物细胞分裂、种子萌发、根系生长和根吸收面积增加等，从而能有效促进植物生长和对重金属的吸收和累积量
	分泌 ACC - 脱氨酶	重金属胁迫使植物产过量乙烯，间接毒害植物。而菌分泌 ACC - 脱氨酶（ACC deaminase）可将合成乙烯的前体物 ACC 分解成 α - 丁酮酸（α - ketobutyrate）和氨，降低植物内乙烯水平；同时释放的氨还可作为植物氮源，这样既减缓重金属对植物生长的胁迫，又提高植物修复效能
促生菌的间接作用	诱导植物抗性系统	PGPR 主要通过增强如超氧化物歧化酶（peroxide dismutase，SOD）、过氧化物酶（roxidase，POD）等活性酶及脯氨酸、谷胱甘肽等抗性物质的含量，维持细胞膜结构及渗透压平衡，降低重金属对植物细胞的毒害。本质上是 PGPR 能诱导植物抗性基因表达，缓解重金属胁迫对植物的伤害
	改变重金属的迁移能力	PGPR 通过其细胞壁上的活性基团静电吸附、离子交换及螯合等作用，有效结合根系周围重金属离子，使其迁移能力减弱，进而减少植物对重金属的吸收量，间接地降低了重金属对植物的毒害效应

　　其中，丛枝菌根真菌（arbuscular mycorrhiza fungi，AMF）在自然界广泛存在，可以与超过 80% 的陆生高等植物形成共生体。重金属污染条件下，AMF 与植物形成共生体，通过根外菌丝的直接作用（螯合重金属离子、过滤保护根系、固持作用）及间接作用（促进植物对营养元素的吸收、改变根际环境和土壤重金属生物有效性），改善植物生理代谢和生长状况等，增强宿主植物对重金属的耐受性，影响植物对重金属的吸收、转运和累积。表 4.16 所示为 AMF 强化植物修复土壤重金属污染作用机理。

表 4.16　AMF 强化重金属污染土壤植物修复的作用机理

作用方式		作用机理
直接作用	螯合作用	AMF 根外菌丝和孢子可通过提供重金属结合位点、分泌球囊霉素相关土壤蛋白、低分子量有机酸等化合物，改变根际土壤生物有效态重金属含量变化，进而影响植物对重金属的吸收富集
	过滤机制	AMF 根外菌丝内的聚磷酸盐可结合重金属，降低重金属的生物有效性，减少其向植物体内运输，避免其伤害植物组织，对重金属起"过滤"作用
	固持作用	AMF 定殖在植物根系，通过菌丝磷酸盐、巯基等的络合作用，可将重金属贮存在菌丝液泡和孢子中，并促进其转化为草酸提取态和残渣态等生物活性弱的形态，使重金属固持在根系中，减少其向地上部迁移

作用方式		作用机理
间接作用	促进矿质元素吸收	AMF 根外菌丝可生长到根外土壤,扩大根系吸收土壤养分的范围,再通过菌丝转运蛋白吸收土壤中可溶性矿质元素运输给宿主植物。还通过侵染宿主植物根系,改变根系的构型,增加根长、根面积等指标,增强根系对土壤矿质养分的吸收能力,间接增强宿主植物耐受重金属的能力
	改善植物生理代谢	通过增强植物光合作用,提高植物叶片蒸腾速率和气孔导度,促进植物水通道蛋白基因表达,使根系水分吸收和水分运输增加,间接增强植物的抗旱性;通过强化植物体内多种抗氧化酶活性,降低重金属胁迫引起的氧化损伤
	改变根际环境及金属生物有效性	通过菌丝分泌物或改变植物根系分泌物组成,间接改变根际土壤 pH 值及重金属存在形态和生物有效性。但这种影响因植物和重金属种类不同而存在差异,一是通过分泌有机物质来螯合、固定重金属,提高根际土壤 pH 值,降低重金属的生物有效性;二是通过分泌有机酸等,降低土壤 pH 值,促进金属溶解和被根系吸收
	影响宿主植物对重金属富集和分配	菌根真菌细胞含几丁质、色素类物质能与重金属结合固定;菌根植物大多数通过菌丝与金属结合,降低根系吸收金属离子,或将其固定在根部,减少金属向地上部的转运。也有部分菌根真菌可增加金属向植物地上部转移,强化植物提取效果

表 4.17 列出不同微生物对特定植物修复土壤重金属的强化机理。

表 4.17 典型微生物强化植物修复土壤重金属的机理

微生物	植物	重金属	菌修复原理
Klebsiella oxytoca JCM1665	向日葵	Zn	固氮作用,菌产 IAA
Azotobacter sp. , *Pseudomonas* sp. , *Paenibacillus* sp.	珍珠狼尾草、高粱	Fe	菌产铁载体
Streptomyces pactum Act12	籽粒苋、黑麦草	Pb、Cd	菌产铁载体、IAA、溶磷作用
Arthrobacter sp. SrN1,*B. altitudinis* SrN9,*B. megatherium* SaN1	欧洲油菜、东南景天	Cd	菌产铁载体、IAA、产 ACC 脱氨酶
Enterobacter N9,*Serratia* K120, *Klebsiella* Mc173,*Escherichia* N16	向日葵	Cu,Ni, Zn,Pb	菌产铁载体、IAA、产 ACC 脱氨酶、溶磷作用
Pseudomonas sp. 228,*Serratia* sp. 246, *Pseudomonas* sp. 262	菊芋(VR 和 D19)	Cd,Zn	菌产 IAA、产 ACC 脱氨酶、溶磷作用、固氮作用
K. flav AB402,*B. vietnamensis* AB403	水稻	Cu,Cr,Ni, Zn,Co,Cd	菌产铁载体、IAA、脂多糖

微生物-植物联合修复利用土壤-微生物-植物的共存关系,充分发挥植物与微生物修复技术各自优势,弥补不足。优点主要有:①适于土壤原位修复;②修复效率提高,修复能力增强;③对生态环境友好,环保不易产生二次污染;④修复成本低。缺点主要有:①微生物对植

物具有选择性,需筛选出特定的微生物对不同植物进行试验;②不同的土壤环境需选择适应性和修复效果好的微生物和植物组合,周期较长。

4.4.3　土壤重金属污染联合强化修复技术

物理、化学及工程修复技术往往会破坏污染土壤的理化性质,且对环境造成二次污染,难以应用到污染程度较轻且面积大的土壤。生物修复也有一定限制,一是周期长且受土壤类型、气候、水分、营养等环境条件限制;二是修复过程局限在生物所能生长的范围内;三是生物修复对单一重金属污染修复较好,对复合污染的土壤修复效果不佳。通过植物、微生物和化学药剂之间的相互作用和相互配合,综合应用多种技术进行土壤修复,往往可取得较好的效果。

在 4.4.2.3 节中已经讲述了微生物-植物联合修复土壤重金属的一般原理、典型修复组合、优缺点,本节主要讲述化学诱导、生物炭质材料及农艺措施强化植物修复技术。

4.4.3.1　化学诱导强化植物修复技术

化学诱导强化植物修复技术的一般原理:化学诱导强化植物修复是指通过向土壤中施加化学物质,来改变土壤重金属的形态和生物可利用性,强化植物对重金属的修复效果。主要包括两个方面:一是,添加化学固定剂降低重金属活性,可强化植物生长稳定性;二是,添加化学螯合剂提高重金属活性,强化植物提取吸收修复效果。在化学诱导植物修复技术中,使用最多的化学物质是螯合剂,其次为酸碱类物质、植物营养物质、共存离子物质以及近年来新出现的植物激素、腐殖酸、表面活性剂等。

螯合剂强化植物修复指施用螯合剂或配位基诱导强化植物对金属的超富集作用。这是因为螯合剂可打破重金属在土壤液相和固相间的平衡,减弱金属土壤键合常数,使平衡关系有利于重金属解吸,使大量的重金属进入土壤溶液,同时以金属螯合物的形式抑制金属不被土壤重新吸附,既增加土壤溶液中金属含量,又促进植物吸收和从根系向地上部运输金属,有效地提高了植物吸收和富集效率。此技术已应用于植物修复或植物采矿中,在植物生物量高时加入螯合剂或配位剂,可减少植物对高浓度重金属的适应时间,能快速吸收较多重金属离子,提高对重金属的去除效果。目前,常用的在植物修复过程中的螯合剂可以分为三大类,人工合成有机螯合剂、天然有机螯合剂及无机络合剂,详见表 4.18。

表 4.18　常见的强化植物修复的螯合剂

种类	常见化合物
人工合成螯合剂	乙二胺四乙酸(EDTA)
	二乙基三胺五乙酸(DTPA)
	羟乙基乙二胺三乙酸(HEDTA)
	乙二醇双四乙酸(EGTA)
	乙二胺二琥珀酸(EDDS)
	氨基三乙酸(NTA)
天然有机螯合剂	主要是小分子酸:柠檬酸、苹果酸、丙二酸、乙酸、组氨酸、草酸、酒石酸等
无机络合剂	硫氰化物、氯化物

螯合剂种类、用量是影响螯合强化修复效率的重要因素。不同螯合剂对重金属有一定的选择性,根据土壤重金属污染状况,选择合适的"重金属-螯合剂"组合将会显著提高螯合强化修复的效率。尽管添加螯合剂能强化植物修复的能力,但其应用也存在潜在的环境风险和不利因素。当施用浓度过高时,会对土壤微生物和植物产生毒性,抑制植物的生长,并引起重金属淋溶下渗,导致地下水污染。同时螯合剂价格比较昂贵,增加了修复成本。

表面活性剂强化植物修复是指利用亲水亲脂性的表面活性剂强化植物对重金属的吸收作用。这是因为表面活性剂能与植物细胞膜中的亲水和亲脂基团相互作用,从而改变膜的结构和增加膜透性,促使植物对重金属的吸收。但表面活性剂对植物生长发育会有一定毒害,且自身也容易给环境带来影响,因此在选择表面活性剂时应遵循下列原则:对被去除的重金属等有较强的增溶吸附能力;可形成大胶团,形成大孔径膜,提高处理能力;较低浓度即能起作用,以减少表面活性剂的浪费;离子型表面活性剂有较低的 Krafft 点(溶解度急剧增大时的温度),非离子型表面活性剂有较高的浊点;低发泡性;环境友好性,即无毒、生物降解好,不易产生二次污染。因此,常采用易降解、无毒性的糖脂、脂肽、多糖蛋白质络合物、磷脂、脂肪酸、中性脂等生物表面活性剂。这是因为生物表面活性剂有很多优势:较低的表面张力和界面压力,不改变土壤结构和物理化学性质;可生物降解性;环境友好性;生产原料价廉,来源广泛,成本低;生产工艺简单,可原位合成。

酸碱调节剂强化植物修复是根据土壤的酸度和靶重金属性质,投加酸性或碱性物质调节土壤 pH 值,改变重金属的生物有效性,强化植物吸收或固定重金属。降低土壤 pH 值的方法有直接加酸法和施肥法,加酸是向土壤中添加如 H_2SO_4、磷酸、石膏等酸性化学剂,施肥是施入如固态铵肥、过磷酸钙等化学酸性肥料。对于 Pb、Zn、Cd 等重金属而言,降低土壤 pH 值能促使部分结合态重金属溶解而进入土壤溶液,成为植物可吸收态重金属。如果土壤酸性过大,则植物正常生长会受到影响;同时有些超富集植物适宜在中性或偏碱性土壤条件下生长,这时需要通过添加碱性调节剂来促进植物生长与对重金属的富集。As 在土壤中常以 AsO_4^{3-} 或 AsO_3^{3-} 形态存在,pH 值升高时可促进 As 的溶解。提高土壤 pH 值的方法是向土壤中加入生石灰、草木灰、硝酸钠、硝酸钾、硝基复合肥等碱性调节剂,降低土壤中金属生物有效性。在调节土壤 pH 值前,应先对当地土壤理化性质进行分析,再根据污染土壤中重金属种类、含量及植物生长习性,针对性地采取对应的 pH 值调节方案。

化学诱导强化植物修复土壤重金属效率往往与所加入螯合剂、表面活性剂、酸碱度调节剂的种类及用量关系密切,同时受植物种类和重金属种类影响。表 4.19 列出典型的化学强化植物修复土壤重金属的效果。

表 4.19 土壤重金属典型的化学强化植物修复

化学物质	植物	重金属	修复效果
谷氨酸 N,N-二乙酸 (GLDA)	东南景天	Cd、Zn	GLDA 用量为 2.5 mmol·kg^{-1} 时,东南景天对 Cd 和 Zn 的提取量最高,分别是对照的 2.5 倍和 2.6 倍
DTPA 与 GLDA	玉米、印度芥菜	Cd、Pb	促进 Cd 提取效果较弱,Pb 提取较强,其中 GLDA 促进印度芥菜对 Pb 提取是对照的 17.07 倍

续表

化学物质	植物	重金属	修复效果
皂角苷	黑麦草	Pb	黑麦草根系和茎叶中 Pb 浓度分别达到 1135.4 mg/kg 和 231.4 mg/kg,较对照增加了 1.1 倍和 11.8 倍
鼠李糖脂与 EDDS	黑麦草	Cu、Zn、Pb、Cd	施加 $1\ g\cdot kg^{-1}$ 的鼠李糖脂和 $0.4\ g\cdot kg^{-1}$ 的 EDDS 大幅增加了土壤溶液中的浓度,显著增加黑麦草地上部重金属含量
磷灰石和石灰	巨菌草	Cu、Cd	石灰和磷灰石显著提高土壤 pH 值,降低巨菌草对重金属的吸收
硫酸	东南景天	Cd	利用 H_2SO_4 降低土壤 pH 值,显著提高土壤有效态 Cd、Zn 含量,提高东南景天吸收和积累 Cd、Zn 的效率
沸石、鸡粪、泥炭	白菜、萝卜	Cr	提高土壤 pH 值、有机质含量,降低土壤铬的有效性,进而降低了白菜和萝卜中铬含量

化学诱导剂可有效地提高植物修复土壤重金属效率,修复潜力巨大。但现阶段仍存在一些问题:①植物提取修复技术很难修复污染程度高的重金属污染土壤,当重金属浓度高于超富集植物的耐受范围,会降低植物提取的修复效果;②伴随着化学诱导剂的使用,不可避免地影响土壤生态环境,且化学诱导剂使用量较大,其强化植物提取的成本也较高;③目前研究主要停留于盆栽、模拟以及温室试验阶段,大面积推广应用效果还不完全清楚。

4.4.3.2　生物炭质材料强化植物修复土壤重金属

生物炭质材料强化植物修复土壤重金属的一般原理:生物炭是由生物残体(如植物秸秆和动物粪便等)在完全或部分缺氧情况下,经高温慢热(通常低于 700 ℃)产生的一类难溶、稳定、富含碳素、高度芳香化的固态物质。根据制备生物炭的生物质材料来源,生物炭可以分为植物源生物炭和动物源生物炭两大类,其中包括木炭、秸秆炭、谷壳炭、家禽、家畜粪便炭等多种类型。生物炭是一种环境友好的新型材料,其可以改良土壤,调节温室气体的减排,在修复受污染场地方面也具有较强的应用潜力。

生物炭可从以下四个方面对土壤肥力产生影响。

(1)提高土壤有机肥力:生物炭可吸附土壤有机质分子,通过表面催化作用促进小分子有机质聚合形成土壤有机质;此外,生物炭自身的分解速度非常缓慢,有助于形成腐殖质,对提高土壤肥力起长效作用。

(2)提高矿质元素吸附:生物炭表面特性使其对土壤溶液中 N、P、K 等矿质营养元素吸附强,对土壤元素起到了缓释效果;此外,生物炭可以促进微生物的硝化作用,抑制反硝化作用,增加土壤硝态氮的含量,避免土壤氮素流失。

(3)生物炭微观结构具有多孔性特征,为土壤微生物的生存提供了大量的附着点位和空间,通过调控土壤微生物的生长繁殖进而改善土壤肥力。

(4)生物炭可以改变重金属污染物的形态,降低其生物有效性,减轻有毒物质对植物的毒害作用;为植物的生长提供必需的营养元素,改善土壤肥力,促进植物生长。

生物炭可从以下四方面对土壤微生物产生影响。

(1)生物炭能够为微生物生长提供养分。生物炭表面带有大量的负电荷,其阳离子交换能力较强,添加到土壤中可提高土壤对养分固持水平;此外,生物炭内部含多种微生物生长必需的微量元素,促进微生物生长繁殖;而生物炭本身所含的不稳定炭部分和其表面吸附的土壤溶解性有机质均能够被微生物分解而利用。

(2)生物炭可改变土壤 pH 值。不同种类的微生物生长所需的环境条件不同,一般细菌倾向于偏碱性的环境,真菌生长在偏酸性环境中,不同原料、不同温度制备的生物炭 pH 值对土壤酸碱性的改变不同,间接影响土壤微生物的活性、物种丰度和群落结构组成。

(3)生物炭是微生物载体。微生物可通过静电引力作用将微生物固定在生物炭表面,通过多孔结构吸附微生物,为微生物生长繁殖提供生存场所及环境。

(4)生物炭可吸附土壤中的无机及有机污染物,缓解了土壤污染物对微生物的毒害作用,有利于土壤微生物存活生长。

生物炭对土壤重金属也有影响作用:生物炭表面具有较高的比表面积,可固定土壤中的重金属。主要机理:

(1)碱性作用,施加生物炭提高了土壤 pH 值,从而影响重金属的形态和活性。

(2)吸附作用,重金属离子通过 d 轨道与生物炭表面 x 电子间相互作用而吸附于生物炭表面;重金属离子也可与生物炭发生专性吸附作用。生物炭对重金属的吸附机制主要包括:生物炭中可溶性无机盐(如 PO_4^{3-}、CO_3^{2-} 等)与重金属离子之间发生沉淀反应;阳离子交换机制;生物炭表面含氧官能团与重金属离子络合作用;生物炭表面负电荷与重金属离子之间的静电吸附。而生物炭可促进土壤 As 的释放,这是因为 As 与 P 在生物炭外表面存在竞争吸附作用,碱性条件下 P 的竞争能力比 As 要强,从而导致 As 的解吸。

生物炭对植物修复土壤重金属的影响是通过其对重金属的吸附固定作用,可有效降低土壤中重金属的有效性,减小对植物的毒害作用,降低农产品中重金属的浓度,同时可提高作物产量,主要阻控植物吸收重金属,因此对作物生产及粮食安全有重要的利好意义。

生物炭强化植物修复土壤重金属的典型技术:生物炭主要影响土壤重金属形态、改变其迁移行为及生物有效性,但因生物炭的原料来源多样且制备条件不同,其比表面积、孔径分布、表面官能团等物理化学及微观结构均有差异,从而对不同植物和不同重金属的吸附、固化、稳定化效果不同。表 4.20 列出了一些典型修复例子。

表 4.20　生物炭强化植物修复土壤重金属典型例子

生物炭来源	修复用植物	重金属	修复效果
玉米、水稻、小麦秸秆	油菜	Cd	可降低土壤有效 Cd 含量,配施羟基磷灰石,种植油菜配施 Cd 吸收降低 20.4%～29.6%,可食部分可达安全质量标准
松木	萝卜	Cd	添加生物炭可使受镉污染土壤中生长的萝卜地下部分、青菜地上部分镉含量分别减少 81.21%,83.04%
鸡粪	小白菜	Cu、Zn	随着时间延长,鸡粪生物炭既可促进小白菜的生长,减少 Zn 的释放,又能固定 Cu 和 Zn,从而减少植物对 Cu 和 Zn 的吸收
水稻秸秆	油菜	Pb、As、Cd	生物炭处理可降低污染土壤种植油菜可食部分 Pb、Cd、As 含量

续表

生物炭来源	修复用植物	重金属	修复效果
木条、竹竿、稻秆和山核桃壳	毛竹	Cu、Zn、Cd、Pb	都能显著降低土壤中的 Cu、Zn、Cd、Pb 溶解度,同时还能明显降低毛竹根系吸收土壤重金属的量,Cd 的吸收量降幅可达 77%

目前,生物炭强化植物修复还存在一些问题:

(1)因生物炭制备来源多样,没有统一的制备和检验标准,使得实验数据处理难以形成统一规范。

(2)单一的生物炭对某些重金属污染物的吸附能力有限,对复合重金属污染的修复效果还不能达到预期效果,在环境应用中受到了一定的局限性。

(3)生物炭对土壤重金属钝化作用,没有将重金属从土壤中分离开来,可能有重金属重新释放的危险。

4.4.3.3 农艺措施强化植物修复

农艺措施强化植物修复土壤重金属的一般原理:通过水肥、植物栽培、田间管理、间作套作等一系列土壤调控及植物优良栽培农业措施,改善土壤理化性状,提高土壤肥力,缓解重金属污染对植物的毒性,促进植物生长,提高植物对重金属的吸收和固定。

可通过水、肥提高植物修复土壤重金属的能力。水肥条件如水肥需求量和施用时间是促进植物生长的主要因素。在苗期、花期植物对水肥特别敏感,对水分需求量大,对氮、磷等营养物质的需求也达到顶峰,此时施加营养,植物生长更旺盛,可促进根系发育和提高生物量,从而提高植物重金属迁移总量。肥料主要通过和重金属的相互作用影响土壤对重金属的吸附解析,改变土壤重金属的形态,进而改变重金属在土壤中的活性,影响植物对其吸收、富集。但过量施用化肥可能会减少植物对重金属的累积量,降低植物修复效率。此外,选择合适的肥料类型才可最大限度地提高植物生物量及其对重金属的吸收能力。生理酸性肥料如硫酸铵、过磷酸钙、氯化钾,可明显增加植物提取重金属;碱性肥料如草木灰、硝酸钾等的作用相反。从植物修复角度考虑,掌握修复植物对水、肥的需求规律,借助农艺施肥措施进行合理水肥供应,不仅可以促进修复植物最大限度地提高生物量,而且可提高植物对污染土壤的修复效果,对强化超富集植物吸收、富集重金属的能力具有重要的应用价值。

可通过植物栽培及田间管理强化植物修复效力。植物栽培包括种子处理、播种方式、种植密度、杂草控制、收获方法、授粉控制等农艺措施,找出最优的植物种植参数,则植物生长快速且生物量大,可获取更大的重金属植物携出量。田间管理措施主要有翻耕、刈割及轮作、移栽育苗、塑料大棚、防止病虫害等。翻耕污染土壤可将深层重金属翻到根系分布较密集土壤表层,或适当地中耕松土,既可促进根系生长发育又能改变重金属的空间位移,促进植物与重金属的接触,从而提高植物修复效果。刈割可促进多年生草本植物如黑麦草等对重金属吸收,提高总吸收量;通过双季栽培或在花序阶段之后收割可增加龙葵生物产量,提高龙葵修复镉污染土壤的植物修复效率;移栽育苗可缩短植物的生育期。塑料大棚可以提高棚内温度、湿度,加快植物生长速率,并可以在室外温度较低的情况下继续生长。为了确保植物的正常生长,还必须做好病虫害的防治工作。上述措施对提高植物对重金属的耐性,可最大化提高植物产量和植物修复效果。

也可通过间作套作强化植物修复效力。间作套作主要是通过改变植物根系分泌物、土壤酶活性、土壤微生物、土壤 pH 值等,间接地改变土壤重金属的有效性,从而最终影响到植物对重金属的吸收。主要方面有:

(1)减少普通作物对重金属的吸收。间作小麦水稻发现,间作交互作用降低了两作物地上部 Cd 的吸收富集,也降低了小麦籽粒的 Cd 浓度,但水稻籽粒的 Cd 浓度有所升高。杉木和茶树间作,发现间作杉木可降低茶园土壤 Pb、Ni、Mn、Zn 元素含量,间作茶树叶片中 Pb、Mn、Cu、Zn 含量均显著低于单作茶园,说明间作杉木可以减少茶叶中重金属含量,改善茶叶品质。玉米和不同蔬菜间套模式是抑制作物可食部分吸收累积重金属 Cu、Cd 含量的有效措施。

(2)提高植物对土壤重金属的提取,可替代化学螯合诱导植物修复。将重金属超富集植物与低累积作物玉米套种,超富集植物提取重金属的效率比单种超富集植物明显提高,同时能够生产出符合卫生标准的食品或动物饲料或生物能源,是一条不需要间断农业生产、较经济合理的治理方法。

豆科与禾本科植物间作是常见的方式,其优点有:

(1)植物可充分利用光、热、水、气等资源。

(2)豆科通过固氮作用可向禾本科植物转移氮素。

(3)促进禾本科植物对有机磷的吸收。

(4)改善作物的铁营养状况。

(5)提高作物的生物量和粮食产量。

农艺措施强化植物修复土壤重金属的典型技术:农艺措施从土壤环境(水肥调控、农药及化学药剂等)和植物(育种、栽培技术,田间管理等)两个方面来提高植物修复土壤重金属的效率。对不同的生态条件、重金属污染程度、作物类型所采取的措施不同,修复效果也不同。表 4.21 列出了一些典型例子。

表 4.21　农艺措施强化植物修复土壤重金属的典型例子

农艺措施	植物	重金属	修复效果
水肥调控	生菜	Cd	在 Cd 污染土壤灌溉水量减少为正常的 80% 时,满足作物生长的同时可最大抑制对 Cd 的吸收;加大硫酸亚铁肥的施用,可以在一定程度上减少作物对重金属元素的富集。深翻处理以 $30\sim40$ cm 为宜,可显著阻控作物对重金属元素的富集
水肥耦合	油菜	Cd	土壤水分含量为 100% 时,施用 0.5% 或 2.0% 蚯蚓粪肥,水肥耦合能够强化海泡石的钝化效应,进一步降低油菜对 Cd 的吸收和累积
种植密度	伴矿景天	Cd、Zn	密度由 11 万株/hm² 上升到 44 万株/hm² 时,伴矿景天地上部 Cd、Zn 吸取量显著上升

续表

农艺措施	植物	重金属	修复效果
种植模式	M1：玉米＋生姜-小白菜；M2：玉米-芥菜；M3：水稻-休耕；M4：生姜-葱-莴笋	Cd、Pb、Zn	M1 模式降低土壤 Cd 含量效果显著；M2 模式可显著降低土壤可溶态 Cd 和 Zn 含量；M3 模式在农田土壤 Cd 含量较高时降低 Cd 含量效果显著；M4 模式对于降低土壤 Cd、Pb、Zn 复合污染较显著
间作套作	柳树与东南景天混种	Cd	降低土壤 pH 值，提高土壤有机质、有效态 Cd 含量，混种柳树地上部、地下部镉积累量较单种柳树分别显著提高了 2.10%、41.07%，更利于柳树生长及对土壤镉的净化
间作轮作	麦季间作伴矿景天、后茬水稻	Zn、Cd	麦季间作伴矿景天，土壤硝酸钠提取态 Zn、Cd 浓度较小麦单作处理显著提高，小麦地上部重金属浓度是单作处理的 1.1～1.9 倍，后茬水稻糙米重金属与前季单作小麦处理相比呈下降趋势，降低后茬水稻的食物链风险

　　农艺强化植物修复措施一般边生产，边修复，边收益。相对其他化学和工程强化措施，具有技术成熟、成本较低、效果好、对土壤扰动小等优点，且易于被公众所接受。然而，农艺调控多适用于中轻度污染农田土壤的修复。而当前与农艺措施相关的试验很多局限于室内盆栽，试验结果可能与大田试验相差很多，试验结果不具有很强的代表性和准确性，不利于成套技术的形成。植物间作修复技术需要选择合适的超积累植物与之间作，保证修复效果的同时也要保证作物的重金属不超标。

4.4.4　土壤重金属污染修复典型案例分析

4.4.4.1　案例一　植物提取修复示范工程

　　植物修复技术由于经济有效和环境友好，虽然有一些缺点，但也不失为一种环境污染治理中可供选择的技术。

　　示范工程修复区概况：湖南郴州蜈蚣草植物提取修复示范工程是在国家高技术发展计划(863 项目)、973 前期专项和国家自然科学基金重点项目的支持下，由中国科学院地理科学与资源研究所陈同斌研究员建立的世界上第一个砷污染土壤植物修复工程示范基地。试验基地位于湖南郴州，土壤修复前被用于种植水稻。1999 年冬，发生了一起严重的砷污染事件，导致 2 人死亡、将近 400 人住院，此后 600 亩稻田弃耕。该稻田土壤砷含量在 24～192 mg/kg，是用一个砷冶炼厂排放的含砷废水灌溉后，造成土壤砷含量增加的，砷主要聚集在土壤表层 0～20 cm，40～80 cm 土壤中砷含量并未受明显影响。在 1 hm 污染土壤上种植蜈蚣草，以检验在亚热带气候条件下修复砷污染土壤的可行性。植物修复田间试验于2001 年开始进行。

　　修复效果：在种植蜈蚣草(见图 4.4)1 年之后土壤砷含量下降了 10%，而收割的蜈蚣草叶片砷含量高达 0.8%；3 年后，土壤砷含量下降了约 30%；5 年后，土壤砷平均含量达到《土壤环境质量标准》(GB 15618—1995)的要求，修复后农田可以安全种植普通农作物。

图 4.4　修复植物蜈蚣草

另外,广西环江县人民政府和中科院地理资源所联合桂林理工大学等单位在广西环江开展成套技术示范,修复重金属污染农田 1280 亩,培育蜈蚣草苗 40 万株。每年利用蜈蚣草和东南景天修复土壤中砷、镉的效率均达到 10% 以上,修复 4 年后即可达到农田环境质量标准。利用间作修复、钝化修复和植物阻隔等修复技术使得农产品重金属含量的合格率达到 95% 以上,间作修复使作物增产 8.8%~12.9%。

4.4.4.2　案例二 尾矿库重金属污染土壤原位钝化十植物修复技术

有色金属矿区的尾矿库是重金属污染风险最大的区域,有效控制尾矿库的环境风险,修复矿区重金属污染土壤具有重要意义。云南农业大学张乃明教授课题组承担云南省社会发展科技计划项目。成功开发出复合型土壤钝化剂,并在高海拔铜矿尾矿库区实施修复技术示范工程,取得良好效果。

尾矿库区概况:示范区位于迪庆藏族自治州香格里拉市洪鑫铜矿尾矿区,海拔为 3338 m,属高山亚寒带气候类型,最冷月平均气温为 −2.3 ℃,最暖月平均气温为 14.0 ℃,年平均降雨量为 649.4 mm。地貌以山地为主,分布的地带性土壤类型以暗棕壤为主。铜矿开采选矿排出的尾矿砂富含铜、锌、镉等重金属元素,修复前土壤重金属含量调查结果见表 4.22。

表 4.22　尾矿库土壤重金属含量调查表($n=10$)

项目	Cu/(mg/kg)	Zn/(mg/kg)	Pb/(mg/kg)	Cd/(mg/kg)
最大值	789.18	294.30	233.84	1.81
最小值	487.59	110.05	140.22	1.01
平均值	656.00	215.75	179.51	1.53
背景值	30.92	97.65	50.81	0.12
土壤环境二级标准(pH<6.5)	50	200	250	0.3

修复效果:施用复合钝化剂后对土壤中 Cu 的钝化效率高达 49%,施用钝化剂土壤浸提液 Cu、Zn 含量显著降低,达到地表水标准。针对轻污染农田土壤,再采用重金属低吸收作物种植安全利用技术,修复试验区土壤重金属可交换态(指可被水冲走或植物吸收的形态)显著下降,所种植的耐性植物黑麦草长到了 1 米多高,既修复了污染土壤,又较好地保持了水土,体现出钝化效率高、成本低的优势。

4.4.4.3　案例三　农田土壤重金属综合修复技术

修复区概况:江西省贵溪市某工业园区有亚洲最大的闪铜冶炼厂及高效磷复肥厂等百家化工企业,冶炼厂和化肥厂周围许多农田受重金属污染,大部分农田在修复前处于抛荒状态,经济损失严重。中国科学院周静研究员团队在贵溪市贵冶土壤重金属污染调查,详见表 4.23。调查显示稻米中 Cd 含量为 0.38~6.8 mg/kg,超标率 100%;Pb 含量为 0.1~0.6 mg/kg,超标率 37%(按《无公害食品　大米》NY 5115—2002 标准)。

表 4.23　贵冶周边地区土壤重金属调查

项目	Cd	Cu	As	Pb	Zn
土壤/(mg/kg)	0.4~88.1	76~3260	5~658	16~1740	17~3130
土壤环境 GB 15618—1995/(mg/kg)	0.3	50	40	80	200
超标率	99	100	28	23	16

修复效果:在九牛岗区(多为重度污染),通过对修复剂筛选,从竹碳、纳米羟基磷石灰、木炭、磷灰石、猪粪、石灰 6 种固化剂筛选出了纳米羟基磷灰石、石灰、木炭作为修复剂,并进一步开展田间试验。再建立巨菌草、香根草、伴矿景天、海州香薷、黑麦草、水稻等修复植物试验(见图 4.5)。项目区修复后土壤重金属离子交换态 Cu、Cd 均显著下降,土壤能够生长纤维、能源等植物,植被逐步恢复,并建立了生态河岸工程(见图 4.6),具有一定的经济效益和显著的生态效益。

图 4.5　九牛岗核心示范区修复植物长势

图 4.6　九牛岗生态河岸工程

在李家-蒋家区（多为中轻度污染），选用土壤改良剂及选种耐性景观植物、能源植物、纤维植物开展丰产栽培技术及优化配方肥施肥等农艺技术，建立小面积重金属 Cu、Cd 轻度污染土壤修复种植粮食作物安全技术，配套建设清洁灌溉与排水工程，生产稻米符合国家"粮食卫生标准（GB 2715—2005）"。

思考题

1. 土壤中重金属的主要反应有哪些？
2. 重金属在土壤中有哪些赋存形态？
3. 土壤重金属污染来源有哪些？简述其危害。
4. 简述土壤重金属常用物理化学修复技术的原理、注意事项、优缺点。
5. 重金属超富集植物的主要耐受机制有哪些？简述土壤重金属植物修复技术的优缺点。
6. 简述根际促生菌强化植物修复重金属的作用机理。
7. 论述化学诱导强化植物修复土壤重金属技术的一般原理。
8. 论述投加生物炭对土壤重金属修复有哪些影响。
9. 论述农艺措施强化植物修复的一般原理。

土壤有机物污染与修复

第5章

5.1 土壤典型有机污染物及其危害

5.1.1 土壤中石油烃污染物来源与危害

1. 土壤中石油烃污染物的来源

在采油、炼油、石油运输和使用过程中,均会对环境产生污染。土壤中石油烃污染物的来源主要分为以下几类:

(1)开采过程原油对土壤的污染。当在陆地上进行采油时,生产过程中涉及的设施,如油井、集输站、转输站、联合站等,会因各种原因使部分原油直接或间接地泄漏于油区地面,造成土壤污染。这种污染方式与生产过程密切相关,引起污染源包括落地原油、含油固体废物和含油废水。

(2)贮运过程石油烃对土壤的污染。在石油运输过程中,输油管线破裂、油轮沉没、油罐车侧翻等突发性石油泄漏会造成浓度高、危害大的局部污染事故。在石油贮存过程中,贮罐区跑、冒、滴、漏等现象也会造成土壤的局部石油烃污染。

(3)炼油与使用过程对土壤的污染。炼油与使用过程中,石油烃对土壤的污染途径主要是由漏油或者"三废"未达标排放引起的。随着环保政策的收紧与汽车尾气排放标准的提高,该途径引起的土壤污染正在逐步减少。

2. 土壤中石油烃污染的危害

本节将从石油烃污染对土壤理化性质、土壤生物效应和引起的环境风险等三方面进行阐述。

(1)石油烃污染对土壤理化性质的影响。由于石油烃为疏水性物质,当石油烃进入土壤后,吸附在土壤颗粒上,阻碍土壤水通过土壤颗粒形成导水通路,使土壤渗透系数降低,土壤持水力降低;其次,因石油烃中含有的酸性物质以及土壤微生物降解石油烃过程中产生的酸性物质的积累,会导致土壤 pH 值下降。

(2)石油烃污染对土壤生物效应的影响。土壤生物效应主要包括土壤酶活性、土壤微生物和土壤种植植物生长三个方面。石油烃是一类有机污染物,较高浓度的石油烃显著抑制土壤酶活性,其原因可能是石油烃的结构与各种酶的天然底物相似,从而成为竞争或非竞争性抑制剂。对于土壤微生物而言,低浓度的石油烃污染会造成具有降油功能微生物的大量繁殖,改变土壤微生物种群结构,高浓度石油烃污染不但会改变土壤微生物种群结构,而且会杀死部分土壤中的微生物,降低土壤微生物的多样性。对植物生长的影响程度与石油烃浓度、土壤类型、植物种类、接触时间长短等因素密切相关,结果主要表现为发芽率降低,各生育期限推迟,结实率下降,抗倒伏、抗病虫害的能力降低等。

(3)石油烃污染土壤的环境风险。石油烃进入土壤后主要以挥发气(气态)、游离油(液态)、溶于土壤孔隙水(溶解态)以及存在于土壤多孔介质(残留态)等形式存在。其引起的环境风险主要包括环境空气污染、地下水污染和危害人体健康等。石油烃组分中含碳较少的组分(如 C6~C14)可以通过挥发作用自土壤进入大气环境,对环境空气造成影响;液态、溶解态和土壤吸附石油烃,可通过重力作用下渗或淋滤作用下渗,从而对地下水造成污染;无论是进入地下水、空气,还是存留于土壤中的石油烃,都对人体的健康存在危害。

5.1.2 土壤中农药污染物来源与危害

1.农药的种类与来源

农药是各种杀虫剂、杀菌剂、杀螨剂、除草剂和植物生长调节剂等农用化学制剂的总称。广义地说,除化肥以外,凡是可以用来提高和保护农业、林业、畜牧业、渔业生产及环境卫生的化学药品,都叫作农药。按农药的物理状态可分为粉末状、可溶性液体和挥发性液体农药等;按其作用方式可分为胃毒、触杀和熏蒸等,按照化学成分可分为有机氯、有机磷、重金属、氨基甲酸酯类等;按照用途可分为杀虫剂、杀螨剂、杀菌剂、除草剂、植物生长调节剂、杀线虫剂和杀鼠剂。

农药对土壤的污染主要来源于其生产过程和使用过程,尤其是其使用过程,会造成大面积的土壤面源污染。一般情况下,农药施入田间后,真正对作物进行保护的数量仅占施用量的 10%~30%,而 20%~30%进入大气和水体,50%~60%残留于土壤。因此,农药成为环境中一种最典型的有机污染物。

2.农药污染的危害

农药造成的危害主要包括对人体健康的危害、对其他生物的危害和对生态平衡的破坏。

(1)农药对人体健康的危害。农药对人体的危害主要表现为急性中毒、慢性危害和"三致"危害。急性中毒是指农药经口、呼吸道或皮肤接触而大量进入人体,在短时间内表现出的急性病理反应。慢性危害是指长期接触或食用含有农药残留的食品,使农药在体内不断蓄积,对人体健康构成潜在威胁。致癌、致畸、致突变危害是指国际癌症研究机构根据动物实验确认具有明显致癌性或潜在致癌的危险性。

比如有机磷类农药作为神经毒物,会引起神经功能紊乱、震颤、精神错乱、语言失常等表现;拟除虫菊脂类农药一般毒性较大,有蓄积性,中毒表现症状为神经系统症状和皮肤刺激症状;六六六、滴滴涕等有机氯农药随食物进入人体后,主要蓄积于脂肪中,其次为肝、肾、脾、脑中,亦可通过人乳传给胎儿引发下一代病变;滴滴涕能干扰人体内激素的平衡,影响男性生育力。

(2)农药对其他生物的影响。大量使用农药,在杀死害虫的同时,也会杀死其他食害虫的益鸟、益兽,从而破坏了生态平衡。农药随排水或雨水进入水体的农药,威胁水中生物的繁殖和生长,使淡水渔业水域和海洋近岸水域的水质受到损坏,影响鱼卵胚胎发育,使孵化后的鱼苗生长缓慢或死亡,在成鱼体内积累,使之不能食用和导致繁殖衰退。

其次,农药使用还会对土壤微生物、土壤动物产生影响。比如有些种类的微生物对农药非常敏感,其主要代谢过程易受农药干扰,进而影响其繁殖。

(3)农药对生态平衡的破坏。农田环境中有多种害虫和天敌,在自然环境条件下相互制约,处于相对平衡状态。农药大量使用,杀死大量害虫天敌,严重破坏了农田生态平衡,并导致害虫抗药性增强。其次,带有挥发性的农药,在喷撒时可随风飘散,进而影响更大范围的生态平衡。

5.1.3　土壤中多环芳烃污染物的来源与危害

1.土壤中多环芳烃的来源与污染水平

土壤中多环芳烃(PAHs)的来源可分为自然源和人为源两种。自然源是指由自然界中森林、草原的天然火灾、火山爆发以及某些微生物产生或释放出的 PAHs 进入土壤环境。土壤环境中的 PAHs 主要来自人类的生产和生活活动,按其进入土壤环境的方式可分为如下 3 种类型:

(1)直接将含有多环芳烃化合物的石化产品、橡胶、塑胶、废油、含油废渣、废弃生活化学品等排放到土壤环境,造成土壤污染。

(2)各种矿物燃料、木材以及其他烃类化合物的不完全燃烧烟气或在热解过程中形成的PAHs 废气,经干、湿沉降进入土壤环境。

(3)含多环芳烃的工业废水、渗滤液、经道路地表径流或作灌溉用水,使得多环芳烃直接进入土壤环境。

2.多环芳烃污染土壤的危害

土壤中的多环芳烃一般是微量的,因此,其对土壤理化性质的影响不显著,但因为PAHs 能在土壤中不断迁移、转化和降解,对土壤生物和人体健康有着不容忽视的影响。土壤中的 PAHs 因为其母体污染物或转化中间产物的毒性,会对土壤微生物种群结构、丰度等产生影响,也会影响植物的发芽率等;当 PAHs 通过呼吸道、皮肤、消化道进入人体,就会威胁人类健康。土壤受多环芳烃污染问题已受到人们的广泛关注。

5.1.4　土壤中其他典型污染物及其危害

除上述污染物外,污染土壤的典型有机物还包括邻苯二甲酸酯和三氯乙烯。

1.邻苯二甲酸酯的来源与危害

邻苯二甲酸酯(PAEs)广泛用于塑料、橡胶和涂料等的合成工艺中,以及农药载体、驱虫剂、化妆品、香味品、润滑剂和去泡剂的生产原料。由于其对环境产生的不良影响,包括邻苯二甲酸二甲酯(DMP)、邻苯二甲酸二乙酯(DEP)、邻苯二甲酸二丁酯(DBP)、邻苯二甲酸丁基苄基酯(BBP)、邻苯二甲酸二(2-乙基己基)酯(DEHP)和邻苯二甲酸二辛酯(DOP)在内的 6 种 PAEs 被美国环保署(USEPA)列入 129 种重点控制的污染物名单。

土壤中的 PAEs 主要来源于污水灌溉、大气沉降、含 PAEs 农资品(农膜、污泥、肥料、农药)使用等,由于长年的累积作用,导致局部土壤严重污染。

作为一种环境内分泌干扰物,大量 PAEs 进入土壤后,土壤微生物群落的数量、结构和多样性都会受到影响,对微生物生物量碳、土壤基础呼吸以及过氧化氢酶活性具有抑制作用,最终使土壤生态系统的功能受到损害;其次 PAEs 对作物生长和作物品质也会产生影响,主要表现为作物生物量下降、作物减产和累积效应;最终,被作物吸收、累积的 PAEs 通过食物链,影响动物和人群的健康。

2. 土壤三氯乙烯污染物来源与危害

三氯乙烯(TCE)一般作为有机溶剂、中间体及医疗上的麻醉剂等。作为有机溶剂,其广泛应用于电镀或涂料喷涂前五金工件的去污、不锈钢制品的清洗、印刷电路板清洗;皮革、衣物干洗,斑点去污;配制地毡除垢剂、杀虫剂、冰箱制冷剂和书写用的改正液的有机溶剂等。作为中间体,其可作为在五氯乙烷和聚氯乙烯的生产中的中间体和链终止剂。

土壤中三氯乙烯的来源途径包括挥发、容器泄漏、废水排放、农药使用及含氯有机物成品的燃烧等。

由于 TCE 密度比水大且难溶于水,在地下迁移能力强,甚至能够穿透土壤细微孔隙,到达更深层的地下环境,最后缓慢释放到周围环境中,严重污染大气、土壤、地下水和地表水。由于 TCE 的难生物降解,一旦进入生物体内,便会随食物链的转移而形成累积效应,且三氯乙烯及其主要代谢物可引起癌变、突变、畸变及免疫毒性作用等。因此,美国环保局(USEPA)对其在饮用水中的最大污染水平(MCLs)设置得很低($5\mu g/L$),并且将其列为优先治理污染物。中国环境优先监测和控制污染物、欧盟公布的"黑名单"中都包括 TCE。

5.2 土壤中有机污染物的迁移与转化

5.2.1 有机污染物在土壤中的迁移转化过程

由于有机污染物具有的疏水性大、污染物中平面电子云结构较丰富多样、饱和蒸汽压低等物质特性,因此其与土壤颗粒结合的方式也多种多样。土壤中有机污染物的存在形态主要有挥发态、自由态、溶解态和固态等 4 种,其在土壤中的迁移转化途径主要包括:① 挥发进入大气;② 随地表径流流动迁移污染附近的地表水;③ 吸附于土壤固相表面或有机质中;④ 随降雨或灌溉水向下迁移,通过土壤剖面形成垂直分布,直至渗滤到地下水,造成其污染;⑤ 生物、非生物降解;⑥ 作物吸收与转化。

这些过程往往同时发生、互相作用,有时难以区分,并受到多种因素的影响,构成了土壤—水—大气复合环境体系中有机污染物的迁移与转化动态过程,同时与土壤体系中有机污染物的去除和有机污染土壤的修复关系密切。图 5.1 给出了土壤中有机污染物的迁移与转化行为及其主要的影响因素。

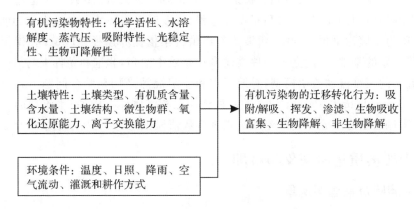

图 5.1　土壤中有机污染物的迁移转化过程及其影响因素

5.2.2　土壤有机污染物对地下水的污染过程及预测模型

　　有机污染物在土壤–地下水系统中的迁移与持续污染,使土壤成为地下水系统的长期二次污染源。有机污染物进入土壤及地下水系统的迁移转化问题实质是水动力弥散问题。可经 3 个阶段:①通过包气带的渗漏;②由包气带向饱水带扩散;③进入饱水带污染地下水。其中土壤中包气带和饱水带的结构如图 5.2 所示。

　　当有机污染物进入土壤并在其包气带中达到饱和后,会因重力作用而向下面的潜水面垂直运移,部分可滞留在土壤孔隙里,对土壤环境体系构成了污染;随后进入由包气带向饱水带的扩散阶段,当遇到低渗透率地层则易发生侧向扩散,而在渗透率较高的地层中向毛细带顶部运动,到达毛细带的有机污染物在毛细力、重力作用下发生侧向及垂向运移,在毛细带区形成一个污染界面;最后,部分有机污染物进入饱水带污染地下水,而部分污染物则仍滞留在毛细带附近,但随降雨的淋溶作用,造成对土壤及地下水的持续污染。

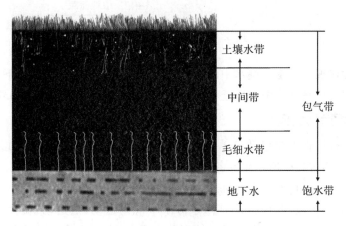

图 5.2　土壤中包气带和饱水带的结构图

有机污染物在包气带的入渗和迁移是一个非常复杂的过程,用数学模型的方法来模拟污染物在土壤环境中的迁移、扩散和累积等过程,可以对土壤环境质量做出更为明确的科学评价,同时还为土壤污染预测预报、污染防治提供科学依据和途径。Faust 在模拟二维有机污染物运移问题的基础上,建立了一种描述多孔介质中饱和、非饱和条件下与另一种非溶混流体同时流动的三维流动数学模型,对地下水和非溶混污染物相结合问题上具有有效性和实用性。Kaluarachchi 和 Parker 建立了一种预测三相流体体系中油-水流动的二维有限元模型,并采用伽辽金有限元和迎风差分格式进行数值模拟,大大提高了数学模型的精度。

5.2.3 土壤溶质运移现象与机理

1. 土壤溶质及其运移现象

一般土壤溶质的组成可分为有机溶质和无机溶质两大类。有机溶质包括可溶性有机物如氨基酸、腐殖酸、糖类和有机-金属离子的络合物;无机溶质包括 Ca^{2+}、Mg^{2+}、Na^+、K^+、Cl^-、SO_4^{2-}、HCO_3^- 和 CO_3^{2-} 等,还包括少量的其他离子,如铁、锰、锌、铜等的盐类化合物。当人类活动将各种营养物、重金属及有机物等典型污染物大量输入土壤系统时,造成土壤溶质大量增加,与土壤体系中自然形成的溶质共同构成土壤现有的溶液体系,而人类活动输入溶质对土壤中溶质的运移和各种污染现象的产生、污染物质的迁移与转化等具有深远的影响。土壤溶质主要来源如图 5.3 所示。

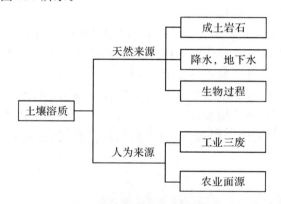

图 5.3　土壤溶质的主要来源

土壤溶质运移现象是指土壤水中的溶质在对流和扩散等的共同作用下形成的物质运动现象。土壤溶质运移是土壤中物质迁移的重要方式,也是土壤中污染物的环境行为的基础。

2. 土壤溶质运移机理

土壤溶质运移过程主要包括分子扩散、质体流动、对流弥散和水动力弥散 4 个物理过程,以及溶质在运移过程中所发生的各种物理、化学和生物学过程等的综合作用。下面将分别阐述土壤溶质运移中物理过程的机理。

(1)分子扩散。扩散(diffusion)是由于分子不规则运动(热运动)而使物质分子发生转移的过程。分子扩散是指流体在通过土壤多孔介质时,由于溶质浓度不均匀,存在一定的浓度梯度,使得高浓度处物质向低浓度处运动,以求浓度趋于均一的现象。分子扩散由土壤溶液体系中溶质的浓度梯度引起,只要浓度梯度存在,即使土壤溶液本身不发生流动,扩散现

象仍然存在。扩散作用常以 Fick 定律表示

$$J_s = -D_s \frac{dC}{dx} \tag{5.1}$$

式中，J_s——溶质扩散通量；

　　D_s——溶质的有效扩散系数；

　　dC/dx——浓度梯度。

D_s 一般小于该溶质在纯水中的扩散系数 D_0，原因是在土壤中，扩散系数同时还受到孔隙弯曲度和带电荷颗粒对水的黏滞度以及阴离子排斥作用对带负电荷颗粒附近水流的阻滞作用等的影响。

Olsen 和 Kemper(1965)将土壤溶质的扩散系数以下式表示：

$$D_s = \theta \left(\frac{L}{L_e}\right)^2 \alpha \gamma D_0 \tag{5.2}$$

式中，L——扩散的宏观平均途径；

　　L_e——实际的弯曲途径。

L/L_e、α、γ 均小于 1，因此 D_s 小于 D_0。

由于式(5.2)比较复杂且在实际测定时有许多困难，如弯曲途径等不易测量和计算，故实际应用中常使用如下经验公式：

$$D_s(\theta) = D_0 a e^{b\theta} \tag{5.3}$$

式中，a, b——参数，一般取 $a = 0.001 \sim 0.005$（黏土～砂壤土），$b = 10$，适用土壤水吸力为 $0.03 \sim 1.5$ MPa。

20 世纪 80 年代以后，对土壤溶质扩散过程的描述多采用下式

$$J_s = -\theta D_s' \frac{dC}{dx} \tag{5.4}$$

式中，D_s'——扩散系数，$D_s' = D_0 \tau$，其中 τ 为弯曲因子，无量纲，变化范围为 $0.3 \sim 0.7$。

在降水、灌溉、入渗或饱和水流动等情况下，溶质扩散作用的强度较小，可以忽略。但在流速较慢的情况下，扩散作用很重要。造成某些溶质的穿透曲线末端的拖延现象原因之一就是分子扩散。

(2)质体流动。质体流动又称对流，是指溶质体伴随土壤水运动而迁移的过程，也称为质流，是农药等土壤非水相污染物在土壤体系中常见的运移方式。对流引起的溶质通量与土壤水通量和水的浓度之间的关系如下式所示：

$$J_c = qC \tag{5.5}$$

式中，J_c——溶质对流通量，mol/(m² · s)；

　　q——水通量，m/s；

　　C——浓度，mol/m³。

溶质对流通量是指单位时间、单位面积土壤上由于对流作用所通过的溶质的质量或物质的量。由于 $q = v\theta$，上式可变形为：

$$J_c = v\theta C \tag{5.6}$$

式中，v——含水孔隙中水的平均流速，是单位时间内水流通过土壤的直线长度，不考虑由孔隙弯曲而带来所增加的长度，也称平均表观速度，m/s；

　　θ——在饱和流状态下的土壤的有效孔隙度。

溶质对流运移可以在饱和土壤中发生,也可以在非饱和土壤中发生。可在稳态水流(如均匀流速的土柱实验)下,也可在非稳态水流(自然情况)下发生。溶质运移的过程中不可能仅仅发生对流运移。特别是在非饱和流的情况下。对流运移也不一定是运移的主要过程,在某些特定流态如饱和流、运动速度较快时可把溶质运移视为单一的对流运动。

(3)对流弥散。对流弥散是指当流体在土壤多孔介质中流动时,由于孔隙系统的存在,使得流速在孔隙中的分布无论其大小和方向都不均一,这种微观速度不均一所造成的特有物质运动。土壤环境体系中,对流弥散主要包括以下几个方面:①由于流体的黏滞性使得孔隙通道轴处的流速大,而靠近通道壁处的流速小;②由于通道口径大小不均一而引起通道轴的最大流速之间的差异;③由于固体颗粒的切割阻挡,流线相对平均流动方向产生起伏,使流体质点的实际运动发生弯曲,而孔隙的弯曲程度不同和封闭孔隙或团粒内部孔隙水流基本不流动,导致的微观流速产生差异。

由于对流弥散的复杂性,用具有明确物理意义的数学表达式较为困难。但统计方法可以证明,对流弥散虽然在机制上与分子扩散不同,但可用相似的表达式来表示:

$$J_h = -\theta D_h \frac{dC}{dx} \tag{5.7}$$

式中,J_h——溶质的对流弥散通量;

D_h——对流弥散系数,可按与平均孔隙流速成正比估算。

(4)水动力弥散。水动力弥散(hydrodynamic dispersion)为对流弥散(机械弥散)和分子扩散之和,是由质点的热动力作用和因流体对溶质分子造成的机械混合作用共同产生的,是综合反映溶质、土壤特性的参数,它既与多孔介质的状况及溶质的性质有关,又受含水量及孔隙水流速度的影响,对于土壤环境中物质包括污染物的迁移和对土壤生态系统的影响有重要作用。

对于研究化肥、农药及重金属等在农田的运移规律、盐碱地水盐运动监测和地下水资源保护,水动力弥散通量为不可缺少的参数。将式(5.1)和式(5.7)合并可得

$$J_{sh} = -D_{sh}(\theta, v) \frac{dC}{dx} \tag{5.8}$$

将土壤溶质扩散过程的通用公式(5.4)与式(5.7)合并,则可得

$$J_{sh} = -\theta D \frac{dC}{dx} \tag{5.9}$$

式中,J_{sh}——溶质的水动力弥散通量;

$D_{sh}(\theta, v)$——有效水动力弥散系数;

D——水动力弥散系数,为含水量和平均孔隙流速的函数。

在实际土壤体系溶质运移过程中,当因对流速度较大,导致机械弥散作用大大超过分子扩散作用时,溶质在土壤体系中的扩散可忽略不计,此时只需考虑机械弥散作用;反之,当土壤溶液静止或近似静止时,则机械弥散作用完全不起作用或可忽略,此时水动力弥散就与溶质在土壤体系中的分子扩散基本相当了。

5.2.4 典型土壤有机污染物的迁移转化

1. 农药在土壤中的迁移转化

土壤中的农药,既可被土壤固相吸附,还可通过气体挥发和水的淋溶在土体中扩散迁

移,从而导致大气,水和生物的污染。

农药(如有机氯)可以通过土壤、水及植物表面挥发。对于低水溶性和持久性的化学农药来说,挥发是农药进入大气中的重要途径。农药在土壤中的挥发作用大小,主要决定于农药本身的溶解度和蒸气压,也与土壤的温度、湿度等有关。

农药还能以水为介质进行迁移,其主要方式有两种:一是直接溶于水;二是被吸附于土壤固体细粒表面上随水分移动而进行机械迁移。一般来说,农药在吸附性能小的砂性土壤中容易移动,而在黏粒含量高或有机质含量多的土壤中则不易移动,大多积累于土壤表层30 cm 范围内。此时,农药对地下水的污染并不严重,主要是由于土壤侵蚀,通过地表径流流入地面水体造成地表水体的污染。

农药等非水相液体类污染物在土壤开挖、施工、修复工程运行等过程一旦暴露于环境中,会造成其二次挥发、迁移,成为许多农药类地下水污染场地中重要的污染方式。

农药在土壤中的降解包括光化学降解、化学降解和微生物降解等过程。

光化学降解是指土壤表面接受太阳辐射能和紫外线光谱等能流而引起农药的分解作用。由紫外线产生的能量足以使农药分子结构中碳-碳键和碳-氢键发生断裂,引起农药分子结构的转化,这可能是农药转化或消失的一个重要途径。但紫外光很难穿透土壤,因此光化学降解对落到土壤表面与土壤结合的农药的作用是相当重要的,而对土表以下农药的作用较小。

化学降解以水解和氧化最为重要,水解是最重要的反应过程之一。如在有机磷农药的水解反应过程中,土壤 pH 值和吸附是影响反应的重要因素。

土壤微生物(包括细菌、霉菌、放线菌等各种微生物)对有机农药的降解起着重要的作用。由于微生物的菌属不同,破坏化学物质的机理和速度也不同,土壤中微生物对有机农药的生物化学作用主要有脱氯作用、氧化还原作用、脱烷基作用、水解作用、环裂解作用等。土壤中微生物降解作用也受到土壤的 pH 值、有机物、温度、湿度、通气状况、交换吸附能力等因素影响。

农药在土壤中经生物降解和非生物降解作用,使其化学结构发生明显地改变,有些剧毒农药,一经降解就失去了毒性;而另一些农药,虽然自身的毒性不大,但它的分解产物可能增加毒性;还有些农药,其本身和代谢产物都有较大的毒性。所以,在评价一种农药是否对环境有污染作用时,不仅要看药剂本身的毒性,而且还要注意降解产物是否有潜在危害性。

2. 多环芳烃在土壤中的迁移转化

PAHs 在土壤中可以被土壤吸附、发生迁移,并可以被生物降解和利用,包括微生物的降解和植物的富集和消除。

PAHs 进入土壤后,PAHs 可被土壤中由矿物质和有机物复合体形成的团粒结构混合物有效地吸附,总吸附能力取决于土壤中有机物的性质、矿物质含量、土壤含水率和土壤中其他溶剂的存在和浓度等性质;也可由液态迁移形成下层土壤污染和进入地下水系统。土壤中的 PAHs 在矿物质的作用下会发生化学反应产生转化,由于土壤中含有过渡金属如 Fe^{3+}、Mn^{4+} 自由基阳离子,所以电子可由芳烃传递到矿物表面的电子受体(过渡金属)。这种不完全的电子转移导致生成由有机物和矿物共享的带电络合物,而完成电子转移将生成自由基阳离子,其可进行链反应产生高分子量的聚合物。

PAHs 水溶性低,在土壤中有较高的稳定性,其苯环数与其生物可降解性明显呈负相关关系。由于 PAHs 的种类和相互关系复杂,被污染土壤内往往含有多种 PAHs,同时,

PAHs 之间存在着共代谢降解作用,因此,可利用此关系筛选出具有共代谢降解能力的微生物,在不另外投加其他共代谢底物的条件下实现土壤中 PAHs 的共代谢降解。这种方法的优点是不需投加诱导物,可避免二次污染,同时提高 PAHs 的降解效率。

3. 石油烃在土壤中的迁移转化

石油污染物进入土壤后,其中熔点高难挥发的大分子量油类吸附到土壤中,而低分子量油类以液相和气相存在,由于挥发性高,会不断溢出到大气中。

微生物对石油烃不同组分的降解速度不同,其降解速度由大到小为:正构烷烃、异构烷烃、低分子量的芳香烃、环烷烃。

在石油烃生物降解过程中,随着碳链中碳原子数的增加,可生物降解性降低。当碳链中碳原子数大于 18 时,石油烃的溶解度低于 0.006 mg/L,它们的生物降解速度很慢;碳原子小于 10 的石油烃容易被生物降解。

石油烃结构中的支链在空间上阻止了降解酶与烃分子的接触,进而阻碍了其生物降解。支链可以降低烃类的降解速率,一个碳原子上同时连接两个、三个或四个碳原子会降低降解速率,甚至完全阻碍降解。石油烃中的多环芳烃(PAHs)较难生物降解,其降解程度与PAHs 的溶解度、环的数目、取代基种类及位置、取代基数目和杂环原子的性质有关。

石油烃物质的憎水性是阻碍微生物降解的主要问题。由于烃降解酶嵌于细胞膜中,所以石油烃必须通过细胞外层的亲水细胞壁后进入细胞内,才能被烃降解酶利用,石油烃物质的憎水性限制了烃降解酶对烃的摄取。石油烃的疏水性不仅导致低溶解度,而且有利于其向土壤表面的吸附。因此,石油污染土壤后,其在土相中的量远远大于在水相中的量。

5.3 土壤有机污染修复技术

5.3.1 土壤有机污染的原位修复技术

5.3.1.1 原位物理修复技术

1. 原位固化/稳定化

固化/稳定化(solidification/stabilization,S/S)指将污染土壤与黏结剂或稳定剂混合,使污染物实现物理封存或发生化学反应形成沉淀物,从而防止或者降低污染土壤释放有害化学物质的一种修复技术。不同于其他的修复技术,S/S 是将污染物在其存在的介质中固定,而不是通过物理或化学处理将它们转移。污染物的移动性通过土壤胶黏剂如硅酸盐水泥降低。其可移动性可通过典型的可浸出性试验来衡量。原位 S/S(in situ solidification/stabilization)技术使用钻孔/沉箱系统和注射头系统将 S/S 固定剂投入到原位土壤中。其工艺流程如图 5.4 所示。

原位固稳技术可用于除挥发性有机污染物以外的多种污染物的处理,例如,农药/除草剂,石油及石化类产品,难挥发的稳定有机物,如多氯联苯、多环芳烃类以及二噁英等。S/S 的处理周期一般为 3~6 个月,具体视工程大小、待处理土壤体积、污染物化学性质及其浓度分布情况及地下土壤特性等因素而定。

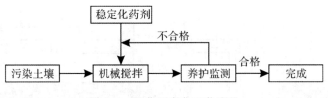

图 5.4　原位固定化工艺流程

S/S 的优点是处理时间短、适用范围广,装置及材料简单易得,不需要对污染土壤进行搬运,节省了运费,减小了有机污染物挥发的可能性,避免了二次污染。S/S 也存在一些局限性,如虽然降低了污染物的可溶性和移动性,但并没有减少土壤中污染物的总含量,反而增加了污染土壤的总体积;固定化后的土壤难以进行再利用;土壤的 pH 值会影响修复材料的耐久性和污染物的溶解性;修复后的残留物需要进行后续处理等。

2. 原位玻璃化

原位玻璃化(in situ vitrification,ISV)是指通过向污染土壤插入电极,对污染土壤固体组分给予 1600～2000 ℃的高温处理,使有机污染物和一部分无机化合物如硝酸盐、硫酸盐和碳酸盐等得以挥发或热解,然后由气体收集系统进行进一步处理;熔化无机污染组分与土壤冷却后形成具有化学惰性的、非扩散的整块坚硬玻璃体,有害无机离子得到固定化。原位玻璃化处理流程如图 5.5 所示。

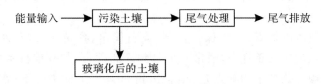

图 5.5　原位玻璃化流程图

ISV 的修复周期是 6～24 个月,可以去除的污染物有非卤代的挥发性有机污染物、卤代的挥发性有机污染物、非卤代的半挥发性有机污染物、卤代的半挥发性有机污染物和持久性有机污染物,污染物去除率＞90％。

ISV 技术的特点:适用于修复含水量较低、污染物深度不超过 6 m 的土壤;不适用于处理可燃有机物含量超过 5％～10％的土壤;该技术处理费用较高,且土壤含水量会增加处理成本。有很多因素会对这一技术的应用效果产生影响,如碎石重量超过 20％;低于地下水位的污染修复需要采取措施防止地下水反灌,加热土壤可能导致污染物在地下向清洁区域移动;固化的物质可能会妨碍到未来土地的使用;需要处理修复过程中排放的气体。

3. 原位土壤气提

原位土壤气提(in situ soil vapor extraction,SVE)是利用真空泵产生负压驱使空气流过污染的土壤孔隙,进而解吸并夹带有机组分流向抽取井(extraction well),并最终于地上进行处理的方法(见图 5.6)。为增加压力梯度和空气流速,很多情况下在污染土壤中也安装若干空气注射井(air injection well)。通过真空泵引入可调空气气流,将挥发性和一些半挥发性的污染物从土壤中转移。离开土壤的气体可能需要进行处理或回收,这取决于相应的空气排放法规。

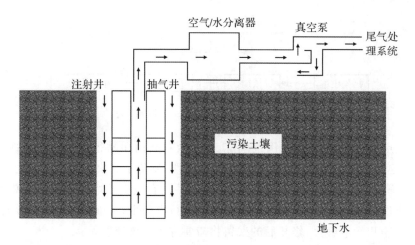

图 5.6　SVE 操作系统

SVE 适用于高挥发性化学污染土壤的修复,如汽油、苯和四氯乙烯等污染的土壤。SVE 技术应用的一般要求有:① 所治理的污染物必须是挥发性的或者是半挥发性有机物,蒸气压不能低于 0.5 Torr(1 Torr＝1 mmHg＝133 Pa);② 污染物必须具有较低的水溶性,并且土壤湿度不可过高;③ 污染物必须在地下水位以上;④ 被修复的污染土壤应具有较高的渗透性,而对于容重大、土壤含水量大、孔隙度低或渗透速率小的土壤,土壤蒸气迁移会受到很大限制。

原位土壤抽提技术的优点是:可操作性强、设备简单、容易安装;对处理地点的破坏很小;处理时间较短,在理想的条件下,通常 6 个月到 2 年即可;与其他技术联用,可处理固定建筑物下的污染土壤。该技术的缺点是:很难达到 90％以上的去除率;在低渗透土壤和有层理土壤上的有效性不确定;只能处理不饱和带的土壤(非饱和带又称"包气带"。指地面以下潜水面以上的地带),要处理饱和带土壤和地下水,还需要其他技术。

4. 原位空气喷射

空气喷射(air sparging,AS)是去除饱和区有机污染物的土壤原位修复技术。在 AS 作用下,压缩空气喷入地下水位以下的污染带,通过气、液两相间的传质过程,污染物从土壤或地下水中挥发到空气中,含有污染物的空气在浮力的作用下不断上升,到达地下水位以上的非饱和区域,在抽提的作用下,这些含污染物的空气被抽出地下,并于地上处理,从而达到修复的目的。另外,喷入的空气还能为饱和土壤中的好氧生物提供了足够的氧气,促进了污染物的生物降解。AS 过程如图 5.7 所示。

原位空气喷射技术对于饱和土壤和地下水的修复具有很大的优势。但其应用也受到以下因素的影响:土壤类型和粒径的影响,喷入的空气并不能通过渗透率很低的土壤层,例如黏土层,对于高渗透率的土壤,如砂砾层,由于其渗透率太高,从而使喷射空气的影响区域太小,以至于不适合用空气喷射技术来处理;土壤的非均匀性和各向异性的影响,在低渗透率的土壤中,AS 过程中喷射空气可能会沿阻力较小的路径通过饱和土壤到达地下水位,结果造成喷射空气根本就不经过渗透率较低的土壤区域,从而影响污染物的去除;空气喷射的压力和流量的影响,一般来说,空气喷射压力越大,所形成的空气通道就越密,AS 的影响半径越大,但为了避免在喷射点附近造成不必要的土壤迁移,空气喷射压力必须不能超过原位有

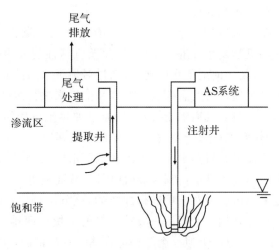

图 5.7　AS 过程示意图

效压力,包括垂直方向上的有效压力和水平方向上的有效压力。空气喷射流量的影响主要有两方面。①空气流量的大小将直接影响土壤中水和空气的饱和度,改变气、液传质界面的面积,影响气、液两相间的传质,从而影响土壤中有机污染物的去除。②空气流量的大小决定了可向土壤提供的氧含量,决定了有机物的好氧生物降解过程;地下水流动的影响,在渗透率较高的土壤中,地下水的流率一般也较高。如果溶解的有机污染物滞留在这样的土壤中,那么地下水的流动将使污染物突破原来的污染区,扩大了污染的范围。在 AS 过程中,空气喷入这些土壤不仅造成有机污染物挥发到气相,而且影响地下水的流动。

5. 原位热脱附

原位热脱附技术(in situ thermal desorption,ISTD)是将污染土壤加热至目标污染物的沸点以上,通过控制系统温度和物料停留时间有选择地促使污染物气化挥发,使目标污染物与土壤颗粒分离、去除。其作用原理是通过控制加热温度和物料停留时间,有选择地促使污染物气化挥发或裂解,使目标污染物与土壤颗粒分离或去除,挥发出来的气态产物通过收集和捕获后进行净化处理。

根据加热方式不同,原位热脱附技术可分为电阻热脱附技术(electrical resistive heating,ERH)、热传导热脱附技术(thermal conduction heating,TCH)、蒸汽热脱附技术(steam enhanced extraction,SEE)、热空气热脱附技术(hot air heating,HAT)、热水热脱附技术(hot water heating,HWT)和高频热脱附技术(high frequency heating,HFT)。

电阻热脱附技术(ERH)是以一个核心电极为中心,在其周围建立一组电极阵,这样所有电极与核心电极形成电流。由于土壤是天然的导体,可以靠土壤电阻产生的热量进行热脱附处理。电阻热脱附技术一般可使土壤温度高于 100 ℃,然后通过地面的抽提设备将挥发出来的气态污染物导出。电阻热脱附技术是一个非常有效的、快速的土壤和地下水污染修复技术,一般修复时间少于 40 天。

热传导热脱附技术(TCH)在土壤中安装不锈钢加热井或者用电加热布覆盖在土壤表面,通过加热使得土壤中的污染物发生挥发或裂解反应。不锈钢加热井一般用于土壤深层污染修复,而电加热布用于表层污染治理。通常情况下,都会配有载气或者通过气相抽提对挥发的水分和污染物进行收集和处理。

蒸汽热脱附技术(SEE)可以使土壤和地下水中有机物黏度降低,加速其挥发、释放,而且热蒸汽还可以使一些污染物发生分解。实施时,热蒸汽从注射井中喷出,呈放射状扩展,在土壤饱和区中,蒸汽使污染物向地下水中转移,通过对地下水的抽提可以达到污染物回收的目的;而在通气区域,则是通过对气态挥发物的气相抽提来进行污染物的回收处理。

热空气热脱附技术是将热空气通入土壤水中,通过加热土壤使污染物挥发。在深层土壤修复阶段,往往采用的热空气压力较高,存在一定的技术风险。

热水热脱附技术采用注射井将热水注入土壤和地下水中,加强其中有机污染的汽化,降低非水相和高浓度的有机污染物黏度,使其流动性更好,从而能更方便地进行污染物回收。

高频热脱附技术是采用电磁能对土壤进行加热的,该方法可以通过嵌入不同的垂直电极对分散的土壤区域进行分别加热处理。一般被加热的土壤由两排电极包围,能量由中间第三排电极来提供,整个三排电极类似一个三相电容体。一旦供能,整个电极由上向下开始对土壤介质进行加热,一般情况下土壤温度可达到 300 ℃以上。

ISTD 的设备主要有热传导加热系统、气相抽提系统和废水/废气处理系统组成。其中热传导加热系统的作用是产生热气,并通过打井管道通入污染土层中,与污染土进行热量交换,热气控制温度在 800 ℃以下,防止土壤陶化;气相抽提系统一般布设在热传导系统周边,设置抽提管道和真空泵,使周边达到沸点温度以上的污染物收集到地面上进行处理;废水/废气处理系统的作用是将废气中的有机物彻底清除,废水经过相应的废水处理系统处理后达标排放。具体土壤原位热脱附工艺如图 5.8 所示。

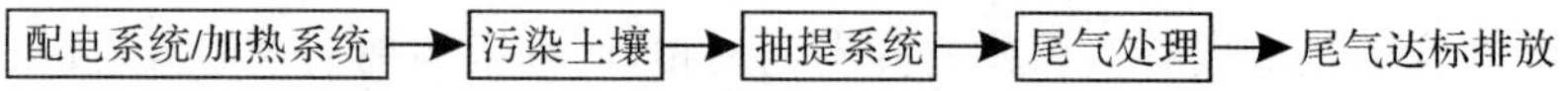

配电系统/加热系统 → 污染土壤 → 抽提系统 → 尾气处理 → 尾气达标排放

图 5.8　原位热脱附工艺流程图

原位热脱附技术可以相对快速地修复大部分有机化合物,尤其是对油相(非水相的液体)的污染物处理效果非常好,并且还可以在一些其他技术无法适应的恶劣的土壤环境(淤泥和粘性土)进行环境修复。目前,ISTD 已在石化工厂、地下油库、木料加工厂和农药库房等区域以及在一些污染物源头修复治理工作中广泛应用。其在石油污染土壤修复中具有很大的应用前景。

不同的热脱附技术对不同的污染物具有选择性,例如,蒸汽热脱附(SEE)对 PAHs 相比于其他热脱附技术有比较好的处理效果。虽然大部分 PAHs 沸点高于 100℃,但是热蒸汽可以处理这种混合废物的大部分组分。然而,对于高分子量的含氯以及高沸点的有机化合物,采用热传导热脱附技术(TCH)比较有优势。不同的土壤地质环境相应的热脱附处理技术也不同,一般情况下,土壤环境渗透性较高的区域采用蒸汽热脱附(SEE)方式,相比较低的地区采用电阻热脱附(ERH)和热传导热脱附(TCH)技术。

根据不同热脱附技术的优缺点,针对很多区域地质条件以及污染物的复杂性,往往采用几种技术联合处理的方式。目前应用更多的是 SEE 技术与 ERH 或者 RCH 联用,例如,在田纳西州的一个地方,采用 TCH 来处理低渗透性的区域,采用 SEE 来处理渗透性较高和地下水流较快的区域。

5.3.1.2 原位覆盖化学修复技术

原位覆盖技术(in situ capping,ISC)是以带有清洁剂的化学修复剂来覆盖污染土壤的一种修复技术。其施工方式一般是通过灌溉将化学修复剂浇灌或喷洒在污染土壤的表层,或通过注入井把液态化学修复剂注入土壤亚表层中。如果试剂会产生不良的环境效应,或者所用化学试剂需要回收再利用,可通过水泵从土壤中抽提化学试剂;对于非水溶性的改良剂或抑制剂可通过人工撒施、注入、填埋等方法施入污染土壤。如果土壤湿度较大,并且污染物质主要分布在土壤表层,则适合使用人工撒施的方法。为保证化学稳定剂能与污染物充分接触,人工撒施之后还需要采取普通农业技术(例如耕作)把固态化学修复剂充分混入污染土壤的表层,有时甚至需要深耕。如果非水溶性的化学修复剂颗粒比较细,可以用水泥枪(缓冲液或是弱酸配制成悬浊液)或者近距离探针注入污染土壤。

对于需要封锁地表污染物和显著地减少地底垃圾移动的情况,覆盖是一种可信赖的技术。如果地面没有被冻结或没有饱和,覆盖可以在任何实际地点被建造并且相对迅速地完成。大部分有效的单层覆盖物是由混凝土或沥青组成的,覆盖物的厚度由估算居民数量、本地气候条件、污染物的类型和土壤条件决定。定期为沥青和混凝土线路提供地表保养,可以提高它们的寿命和效力。单层的覆盖只可以在一个较窄的地点条件和运用范围下适用。例如,由黏土或自然界土壤混合制造的沥青覆盖物是否被使用取决于最终修复完成的时间长度;另一种使用单层覆盖的可能存在于这样的地区:土壤水分蒸发蒸腾损失总量大幅度超过降雨量的地区,或者被污染和近期可使用的地下水水源距离较远的地区。在这些情况下,可以考虑使用极低渗透性的土壤或者将覆盖物混合在冻结可达深度以下的自然土壤中,这样上层的土壤可以保护覆盖层不干裂。最初的 6 个月必须经常检测,因为问题常在这期间出现。使用几年后,应该进行定期检查。

5.3.1.3 原位生物修复技术

原位生物处理技术就是向污染区域投放氮、磷营养物质或提供氧,促进土壤中依靠有机物作为碳源的微生物的生长繁殖;或接种经驯化培养的高效微生物等,利用其代谢作用达到消耗有机物的目的。原位生物修复是主要的原位处理技术,其修复原理是利用生物产生的酶,对有机污染物进行代谢、降解或转化,从而达到有机污染土壤修复的目的。

1.原位生物通风技术

原位生物通风技术(in situ bioventing,ISB)是指通过向土壤中通入空气或氧气,依靠微生物的好氧活动,促进污染物降解;同时利用土壤中的压力梯度促使挥发性有机物及降解产物流向抽气井,气体被抽出后进行后续处理或直接排入大气中。在操作过程中,可通过注入热空气、营养液、外源高效降解菌剂的方法对污染物去除效果进行强化。

该技术是一种强迫氧化的原位生物降解方法。常用于非饱和带污染土壤,可处理挥发性和半挥发性有机物,不适合重金属、难降解有机物污染土壤的修复,不宜用于黏土等渗透系数较小的污染土壤修复。

原位生物通风技术主要由抽气系统、抽提井、输气系统、营养水分调配系统、注射井、尾气处理系统、在线监测系统及配套控制系统等组成。涉及的主要设备包括:输气系统(鼓风机、输气管网等)、抽气系统(真空泵、抽气管网、气水分离罐、压力表、流量计、抽气风机)、营养水分调配系统(包括营养水分添加管网、添加泵、营养水分存储罐等)、在线监测系统及配套控制系统、尾气处理系统(除尘器、活性炭吸附塔)等。工艺流程图如图 5.9 所示。

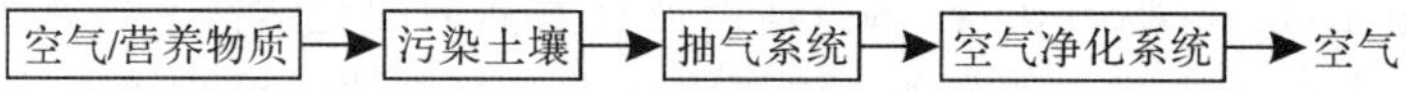

$$\boxed{空气/营养物质} \rightarrow \boxed{污染土壤} \rightarrow \boxed{抽气系统} \rightarrow \boxed{空气净化系统} \rightarrow 空气$$

图 5.9 ISB 工艺流程图

影响 ISB 修复效果的因素包括:土壤理化性质、污染物特性和土壤微生物三大类。因此,原位生物通风技术应用中这三大类技术参数如下:

(1)土壤理化性质因素

①土壤的气体渗透率:土壤的渗透率一般应该大于 0.1 达西。

②土壤含水率:一般认为含水率达到 15%~20% 时,生物修复的效果最好。

③土壤温度和 pH 值:大多数生物修复是在中温条件(20~40 ℃)下进行的。大多数微生物生存的 pH 值范围为 5~9,通常酸碱中性条件下微生物对污染物降解效果较好。

④营养物的含量:一般认为,利用微生物进行修复时,土壤中 C∶N∶P 的比例应维持在 100∶(5~10)∶1,以满足好氧微生物的生长繁殖以及污染物的降解,并为缓慢释放形式时,效果最佳。一般添加的 N 源为 NH_4^+,P 源为 PO_4^{3-}。

⑤土壤氧气/电子受体:氧气作为电子受体,其含量是生物通风最重要的环境影响因素之一。在生物通风修复中,除了用空气提供氧气外,还可采用 H_2O_2、Fe^{3+}、NO_3^- 或纯氧作为电子受体。

(2)污染物特性因素

①污染物的可生物降解性:生物降解性与污染物的分子结构有关,通常结构越简单,分子量越小的组分越容易被降解。此外,污染物的疏水性与土壤颗粒的吸附以及微孔排斥都会影响污染物的可生物降解性。

②污染物的浓度:土壤中污染物浓度水平应适中。污染物浓度过高会对微生物产生毒害作用,降低微生物的活性,影响处理效果;污染物浓度过低,会降低污染物和微生物相互作用的概率,也会影响微生物的降解率。

③污染物的挥发性:一般来说挥发性强的污染物通过通风处理易从土壤中脱离。

(3)土壤中土著微生物因素。一般认为采用生物降解技术对土壤进行修复时土壤中土著微生物的数量应不低于 10^5 数量级;但是土著微生物存在着生长速度慢,代谢活性低的弱点。当土壤污染物不适合土著微生物降解,或是土壤环境条件不适于土著降解菌大量生长时,需考虑接种高效菌。

2. 其他原位生物修复技术

(1)投菌法。投菌法(bio-augmentation)是直接向受到污染的土壤中接入外源污染物降解菌,同时投加微生物生长所需要的营养物质,通过微生物对污染物的降解和代谢达到去除污染物的目的。营养物质包括常量营养元素和微量营养元素。常量营养元素包括氮、磷、硫、钾、钙、镁、铁、锰等,其中氮和磷是土壤生物治理系统中最主要的营养元素,微生物生长所需要的碳、氮、磷质量比大约为 120∶10∶1。

(2)土地利用。土地利用(land application)技术是将含低浓度有机污染物的废物散布于大面积地区,使其与该区域的土壤与大气相互作用,以废物、土壤、气候和生物菌剂作为一个动力系统,达到废物的降解、转移及固定的目的。

任何土地利用场必须正确管理,防止出现场上和异位处理的问题发生,造成地下水、地表水、空气和食物链的污染。土地利用技术实施的必要条件是具有足够的监测与环境保障。

(3)土壤耕作。土壤耕作(land tilling)是通过农用具的机械力量作用于土壤,调节耕层和地面的关系,为农作物的播种、出苗和生长发育提供适宜的土壤环境。土壤耕作是一项全方位的生物修复技术,对于浅层污染土壤、沉积物或是淤积,都可以周期性地进行翻耕,使得污染物质与空气接触,进而得到降解。

土壤耕作的目的是将土壤环境控制在污染物生物降解的最佳条件,测定指标包括湿度、氧水平、营养物、pH 值和土壤体积等。其中湿度常通过灌溉与喷雾来调节;氧水平可利用翻耕或是通气方式控制;营养物主要是通过施肥调节氮和磷含量、添加石灰可稍微提高 pH 值。该方法结合农业措施,经济易行,对于土壤通透性差、土壤污染较轻、污染物较易降解等情况可选用此法进行修复。

(4)植物修复。植物修复(phytoremediation)技术即利用植物能忍耐和超量积累环境中污染物的能力,来清除环境中污染物的方法。植物对土壤中农药污染的修复技术有三种机制,包括植物直接吸收并在植物组织中积累非植物毒性的代谢物;植物释放酶到土壤中,促进土壤的生物化学反应;根际-微生物的联合代谢作用。

对于有机污染物,植物修复包括以下两种途径:

①直接吸收,然后积累在植物体内。有机物被植物吸收的程度与污染物的憎水性相关,也与植物的类型和土壤等有关。有机物被植物吸收以后,既可储存在体内,也可通过各种途径进行不同水平的代谢,最后变成矿化产物,例如二氧化碳和水等。

②根部生物降解。植物的根部共生大量的细菌和真菌等微生物,这类微生物能够很好地利用根部分泌的各种营养物质,如聚多糖、氨基酸、碳水化合物和一些微生物等,从而使其具有独特的性状和比较高的活性。因此,根部生物能够比较高速地降解土壤和地下水中的有机污染物。

植物修复的优点是投资和运行费用少,且植物根部能够渗透至一般技术难以达到的位置,污染物泄露少,修复后土壤得到改良;缺点是处于植物根部深层的污染物得不到去除,而且污染物的毒性可能影响到植物的生长,修复过程比较缓慢。现有一种新的术语,把绿色植物看成是一个"太阳能驱动的、抽吸和过滤系统",说明这个系统具有适度的负荷、降解和纳污能力。

(5)动物修复技术。土壤动物修复技术是指在人工控制或自然条件下,利用土壤动物及其肠道微生物在污染土壤中生长、繁殖、穿插等活动过程中对污染物进行破碎、分解、消化和富集作用,使污染物降低或消除的一种生物修复技术。

土壤动物在土壤生态系统中占有重要的生态位,维持着土壤生态结构的稳定,在土壤物质循环和能量流动中起着直接或间接的作用。土壤中的一些大型土生动物如蚯蚓和某些鼠类,能吸收或富集土壤中的残留农药,并通过其自身的代谢作用,把部分农药分解为低毒或无毒产物。动物对某种毒物的积累及代谢符合一级动力学,有一定的半衰期,一般经过 5～6 个半衰期后,动物积累农药达到极限值,意味着动物对土壤中污染农药的去除作用已完成。同时,土壤中还生存着丰富的小型动物种群,如线虫纲、弹尾类、蜱螨属、蜈蚣目、蜘蛛目、土蜂科等,均对土壤中的污染农药有一定的吸收和富集作用,可以从土壤中带走部分农药。

(6)生物培养法。生物培养法是指定期向受污染土壤中加入营养和氧或 H_2O_2，以满足污染环境中土著菌的降解需要，将污染物彻底地矿化为 CO_2 和 H_2O。一般认为，通过提高受污染土壤中土著微生物的活力比采用外源微生物的方法更可取，因为土著微生物已经适应了污染物的存在，外源微生物不能有效地与土著微生物竞争。无论选用何种微生物，均应添有利于污染物降解菌生长的营养元素。

(7)原位微生物-植物联合修复。在污染土壤上栽种对污染物吸收力高、耐受性强的植物，利用植物的生长吸收以及根区的微生物特殊修复作用，从土壤中去除污染物，这就是根际-微生物的联合代谢作用。根际是植物根系直接影响土壤的范围，在植物生长过程中，死亡的根系和根的脱落物(根毛、表皮细胞和根冠等)是微生物的营养来源，同时根系旺盛的代谢作用可以释放一些物质进入到土壤中，包括土壤酶、糖类、醇类和酸类物质。由于根系的穿插，使根际的通气条件、水分状况和温度均比根际外的土壤更有利于微生物的生长;另一方面，植物又可将大气中的氧气经叶、茎传输到根中，扩散到根际周围缺氧的底质中，形成了氧化的微环境，刺激好氧微生物的生长和活性。植物根区微生物明显比空白土壤中的微生物数量和种类多，其中假单胞菌属、黄杆菌属、产碱菌属和土壤杆菌属的根际效应非常明显。这些增加的微生物可以增加环境中的农药等有机物的降解。

3.原位生物修复的优点与局限

原位生物治理技术具有以下优点:

(1)费用省。原位生物治理技术是所有处理技术中最便宜的，约为焚烧处理费用的 1/3 ~ 1/2。

(2)环境影响小。原位生物处理只是一个自然过程的强化，其最终产物是二氧化碳、水和脂肪酸等，不会形成二次污染或导致污染的转移，可以达到将污染物永久去除的目的。

(3)最大限度地降低污染物浓度。原位生物治理技术可以将污染物的残留浓度降得很低，如经处理后，BTX(苯、甲苯和二甲苯)总浓度为 $0.05 \sim 0.10$ mg/L，低于检测限。

原位生物修复技术有其自身的局限性，主要表现如下:

(1)生物不能降解所有进入环境的污染物，污染物的难降解性、不溶性以及污染物与土壤腐殖质或与泥土结合在一起会增加生物修复的难度。

(2)要对污染地点和存在的污染物进行详细考察，如在一些低渗透的土壤中可能不宜使用生物修复，因为这类土壤或在这类土壤中的注水井会由于细菌生长过多而阻塞。

(3)特定的微生物只降解特定类型的化合物，状态稍有变化的化合物就可能不会被同一微生物酶所降解。

(4)受各种环境因素的影响较大，因为微生物活性受温度、氧气、水分、pH 值等环境条件的变化影响。

(5)与物理法、化学法相比，治理污染土壤的时间相对较长。

(6)有些情况下，生物修复不能将污染物全部去除，当污染物浓度太低，不足以维持降解细菌的群落生长时，残余的污染物就会留在土壤中。

5.3.2　有机物污染土壤的异位修复理论与技术

5.3.2.1　土壤异位热处理修复技术

1.焚烧法

焚烧法是将污染土壤在 800～2500 ℃高温的焚烧炉中焚烧,使高分子量、挥发性和半挥发性的有害物质分解成低分子的烟气,经过除尘、冷却和净化处理使烟气达到排放标准。焚烧技术适于处理挥发性和半挥发性有机污染物,卤化或非卤化有机污染物,多环芳烃,多氯联苯、二噁英、除草剂、农药、氰化物、炸药、石棉和腐蚀性物质等污染土壤,不适用于处理非金属和重金属污染土壤。一般来说,所有土壤类型都可以适用焚烧法。其处理流程如图5.10所示。

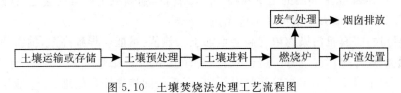

图 5.10　土壤焚烧法处理工艺流程图

2.热解吸技术

热解吸处理技术是通过直接或间接加热,将土壤中的有机污染物加热到足够的温度(150～540 ℃),使有机污染物与土壤颗粒分离、从而达到去除的过程。

根据加热温度不同,常将热解吸技术分为两大类:一类是将土壤加热为 150～315 ℃的低温热解吸技术;另外一类是将土壤加热为 315～540 ℃的高温热解吸技术。根据加热方式不同,常将热解吸处理技术分为直接热解吸和间接热解吸。热解处理技术可广泛应用在挥发及半挥发性有机污染物,如石油烃(TPH)、挥发性有机物(VOC)、半挥发性有机物(SVOC)、农药甚至高沸点氯代化合物如多氯联苯、二噁英和汞的处理;对无机物污染土壤(汞除外),腐蚀性有机物、活性氧化剂和还原剂含量较高的土壤不能用此法处理。

异位热解吸工艺一般包括进料系统、热解吸系统和尾气处理系统。其中进料系统主要通过筛分、脱水、破碎、磁选等预处理工艺,将污染土壤从前处理车间运送到脱附系统中,所用设备主要包括筛分机、破碎机、振动筛、链板输送机、传送带、除铁器等;热解吸系统的作用是当污染土壤进入热转窑后,与热转窑燃烧器产生的火焰直接接触,被均匀加热至目标污染物气化的温度以上,达到污染物与土壤分离的目的,所用设备包括回转干燥设备或热螺旋推进设备;尾气处理系统是将富集气化的污染物的尾气通过旋风除尘、焚烧、冷却降温、布袋除尘、碱液淋洗等环节去除尾气中的污染物。所用设备主要有旋风除尘器、二燃室、冷却塔、冷凝器、布袋除尘器、淋洗塔、超滤设备等。一般异位热解吸的处理工艺流程如图 5.11 所示。

图 5.11　异位热解吸处理工艺流程图

异位热解吸技术的影响因素主要包括土壤质地、含水率、粒径分布、污染物特性、温度以及催化剂等。

土壤质地:土壤质地一般划分为砂土、壤土、黏土。砂土的土质疏松,对液体物质的吸附力及保水能力弱,受热均匀,故易于热脱附;黏土的颗粒细,性质与砂土正好相反,不易热脱附。土壤中的晶间水层对污染物的脱附有明显的抑制作用,粒子内及粒子间的传质显著影响污染物的去除速率。

含水率:水分受热挥发会消耗大量的热量,土壤的含水率将直接影响处理运行成本,高粘土含量或湿度大会增加处理费用,因此对污染土壤的含水率有着严格的要求,国外相关工程运行统计数据显示,土壤含水率在 5%~35% 时,所需热量 117~286 kcal/kg(1 kcal=4.186 kJ),为保证热脱附的效能,进料土壤的含水率低于 20% 为宜。

粒径分布:如果超过 50% 的土壤粒径小于 200 目,细颗粒土壤可能会随气流排出,导致气体处理系统超载。最大土壤粒径不应超过 5 cm。

污染物特性:①有机污染物浓度高会增加土壤热值,可能会导致高温,损害热脱附设备,甚至发生燃烧、爆炸等情况,因此尾气中有机物浓度要低于爆炸下限 25%。有机物含量高于 1%~3% 的土壤不适用于直接热脱附系统,可采用间接热脱附处理;②一般情况下,直接热脱附处理土壤的温度范围为 150~650 ℃,间接热脱附处理土壤温度为 120~530 ℃。污染物的沸点直接决定热解吸的方式;③多氯联苯及其他含氯化合物在受到低温热破坏时或者高温热破坏后低温过程易产生二噁英。因此在废气燃烧破坏时还需要特别的急冷装置,使高温气体的温度迅速降低至 200 ℃,防止二噁英的生成。

温度:温度是影响热脱附过程最主要的因素,随着温度的升高,污染物的脱附效率和降解效率会显著提高,但温度较高时可能会伴随着其他副产物的生成,如热脱附后多氯联苯降解效率可达 48%~70%,但是由于 PCDFs 的生成,毒性当量反而是原始土壤毒性当量的 2.8~6.3 倍(固相)以及 8.0~10.5 倍(气相)。

催化剂:恰当催化剂的引入可以促进有机污染物的脱附以及降解过程,土壤中本身的矿物质对污染物的去除也有一定的催化作用,土壤中的二氧化硅以及其他矿物质会促进土壤中有机物分解产物间的反应,飞灰中的碳和铜显著影响二噁英残余浓度。

土壤异位热解吸处理技术的工期由污染土壤的体积、污染土壤质地及污染物特性与热解吸技术的相宜性、热解吸设备的处理能力有关。一般单台热脱附处理设备的能力在 3~200 t/h,直接热脱附设备相对间接热脱附设备的处理能力较大。

5.3.2.2 土壤异位物理化学修复技术

1. 异位化学氧化还原技术

异位化学氧化/还原技术指向污染土壤投加氧化剂或还原剂,通过药剂的氧化或还原作用,使土壤中的污染物转化为无毒或毒性相对较小的物质。化学氧化一般可用来处理石油烃、BTEX(苯、甲苯、乙苯、二甲苯)、酚类、MTBE(甲基叔丁基醚)、含氯有机溶剂、多环芳烃、农药等大部分有机物污染土壤;化学还原可用来处理重金属类(如六价铬)和氯代有机物等污染土壤。异位化学氧化技术不适用于重金属污染土壤的修复,异位化学还原技术不适用于石油烃污染土壤的修复。对吸附性强、水溶性差的有机污染物,还应考虑必要的增溶、脱附工艺。

异位化学氧化/还原技术包括预处理系统、药剂混合系统、防渗系统。其中预处理系统用于对开挖出的污染土壤进行破碎、筛分或添加土壤改良剂等,常用设备包括挖掘机、推土机、破碎筛分铲斗等;药剂混合系统用于将污染土壤与药剂进行充分混合搅拌。常用设备按照搅拌混合方式,可分为内搅拌设备和外搅拌设备。内搅拌设备指带有搅拌混合腔体,使污染土壤和药剂在设备内部混合均匀。外搅拌设备,即设备搅拌头外置,需要设置反应池或反应场,污染土壤和药剂在反应池或反应场内通过搅拌设备混合均匀。防渗系统常指反应池或具有抗渗能力的反应场,能够防止液体外渗,并且要防止搅拌设备对其造成损坏,通常采用抗渗混凝土结构或防渗膜结构加保护层。常用的异位化学氧化还原处理流程如图 5.12所示。

图 5.12　异位化学氧化还原技术工艺流程图

影响异位化学氧化/还原技术修复效果的关键参数包括:污染物的性质、浓度、药剂投加比、土壤渗透性、土壤活性还原性物质总量或土壤氧化剂耗量、氧化还原电位、pH 值、含水率和其他土壤地质化学条件。

根据修复药剂与目标污染物反应的化学反应方程式,计算理论药剂投加比,并根据实验结果予以校正。比如对于化学氧化技术,还应兼顾土壤活性还原性物质引起的本底值。

一般将土壤 pH 值控制在 4.0～9.0 的范围。可根据污染物与和药剂反应特性,有针对性地调节土壤 pH 值。常用的土壤 pH 值调节剂主要有硫酸亚铁、硫磺粉、熟石灰、草木灰及缓冲盐类等。除此之外,为了使反应易于进行,应使土壤含水率控制在土壤饱和持水能力的 90% 以上。

鉴于此种情况,在污染场地修复中,应先进行小试实验测试,判断修复效果是否能达到修复目标要求,并探索药剂投加比、反应时间、氧化还原电位变化、pH 值变化、含水率控制等,作为技术应用可行性判断的依据。根据试验现象确定大规模实施的可行性,并记录工程参数,指导工程实施。

修复过程中,还应对修复系统进行检测与维护。首先是对污染物浓度的监测,可用来判断反应效果。其次,通过监测残余药剂含量、中间产物、氧化还原电位、pH 值及含水率等参数的变化,判断反应条件并及时加以调节,保证反应效果。异位化学氧化/还原技术需要的工程维护较少,常用的如采用碱激活过硫酸盐氧化时,需要监测并维持一定的 pH 值;采用厌氧生物化学还原技术时,要注意维持一定的含水率以保证系统的厌氧状态;使用氧化剂时要根据氧化剂的性质,按照规定进行存储和使用,避免出现危险。

2.溶剂萃取技术

溶剂萃取技术是利用相似相溶的原理,使有土壤中的有机污染物溶于有机溶剂,从而达到使其与污染土壤分离的一种修复技术。溶剂萃取技术常用于去除污泥、沉积物、土壤中危险性有机污染物,包括多氯联苯(PCBs)、多环芳烃(PAHs)、二噁英、石油产品、润滑油等。溶剂萃取技术中常用的萃取溶剂有三乙胺、丙酮、甲醇、乙醇、正己烷等。目前已报道的有机污染物与萃取溶剂如表 5.1 所示。

表 5.1 溶剂萃取技术中常用溶剂与对应污染物

污染物类型	萃取溶剂	污染物类型	萃取溶剂
除草剂(环丙氟等)	乙腈-水	烃类污染物	丙酮-乙酸乙酯-水
除草剂(丙酸等)	甲醇、异丙醇	石油烃污染物	三氯乙烯,正庚烷
五氯苯酚	乙醇-水	含氯化合物	丙酮-乙酸乙酯-水
PCBs,PAHs	丙酮、乙酸乙酯	PAHs	环糊精
2,4-二硝基甲苯	丙酮	五氯苯酚	乳酸
PCBs	烷烃	PAHs 石油烃	超临界乙烷
PCBs(Aroclor 1016)	丙酮、正己烷	二噁英	乙醇
PAHs	植物油	燃料油(柴油等)	甲基乙基酮

溶剂萃取过程可分为预处理(土壤、沉积物和污泥)、萃取、污染物与溶剂的分离、土壤中残余溶剂的去除、污染物的进一步处理等 5 个过程。基于此,溶剂萃取技术的修复系统包括污染土壤收集与杂物分离系统、溶剂萃取系统、油水分离系统、污染物收集系统、萃取剂回用系统、废水处理系统等。常见的溶剂萃取技术工艺流程如图 5.13 所示。

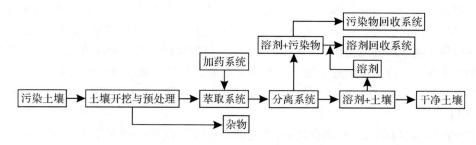

图 5.13 溶剂萃取技术工艺流程图

溶剂萃取技术是一种可持续的修复技术。溶剂萃取技术在运行过程中不破坏污染物的结构,提取或浓缩后的污染物,具有一定经济价值的部分可以进行回收利用,从物质循环的角度讲,污染物的资源化和价值化达到最大值;同时,萃取过程中所使用的溶剂也可以再生和重复利用。

3.水泥窑协同处置技术

水泥窑协同处置技术是指在生产水泥熟料的同时,利用回转窑内高温、气体长时间停留、热容量大、热稳定性好、碱性环境、无废渣排放等优势,焚烧固化处理有机物污染土壤。水泥回转窑内气相温度最高达 1800 ℃,物料温度约为 1450 ℃,在高温条件下,污染土壤中的有机污染物转化为无机化合物;同时,高温气流与高浓度均匀分布的高吸附性碱性物料(CaO、CaCO$_3$ 等)微粉充分接触,有效地抑制酸性物质排放,使得硫和氯等转化成无机盐类固定下来。

水泥窑协同处置技术主要应用于有机污染土壤。值得注意的是,水泥窑协同处置技术不宜用于汞、砷、铅等重金属污染较重的土壤;同时,由于水泥生产对进料中氯、硫等元素的含量有限值要求,在使用该技术时需慎重确定污染土的添加量。

水泥窑协同处置技术主要由土壤预处理系统、上料系统、水泥回转窑及配套系统、监测系统组成。土壤预处理系统在密闭环境内进行,主要包括密闭储存设施(如充气大棚),筛分设施(筛分机),尾气处理系统(如活性炭吸附系统等),预处理系统产生的尾气经过尾气处理系统处理后达标排放。上料系统主要包括存料斗、板式喂料机、皮带计量秤、提升机。整个上料过程处于密闭环境中,避免上料过程中污染物和粉尘散发到空气中,造成二次污染。水泥回转窑及配套系统主要包括预热器、回转式水泥窑、窑尾高温风机、三次风管、回转窑燃烧器、篦式冷却机、窑头袋收尘器、螺旋输送机、槽式输送机。监测系统主要包括氧气、粉尘、氮氧化物、二氧化碳、水分、温度在线监测以及水泥窑尾气和水泥熟料的定期监测,保证污染土壤处理的效果和生产安全。常见的水泥窑协同处置工艺流程如图 5.14 所示。

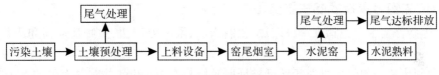

图 5.14　水泥窑协同处置工艺流程图

水泥窑是处理危险废物的重要设施,在土壤污染中亦得到了广泛应用。但在国外,由于其他土壤修复技术较成熟,综合社会、环境与经济考虑,在污染土壤处理方面的应用相对较少。

4.其他异位物理化学修复技术

(1)土壤淋洗技术。土壤淋洗技术是利用能够促进土壤中污染物溶解或迁移作用的溶剂与污染物发生解吸、螯合、溶解或络合等物理化学反应,最终形成迁移态的化合物,再利用抽提井或其他手段把包含有污染物的液体从土层中抽提出来,进行处理的技术。异位土壤淋洗指把污染土壤挖掘出来,通过筛分去除超大的组分并把土壤分为粗料和细料,然后用淋洗剂来清洗、去除污染物,再处理含有污染物的淋出液,并将洁净的土壤回填或运到其他地点。

通常将异位土壤淋洗技术用于降低受污染土壤量的预处理,主要与其他修复技术联合使用。当污染土壤中砂粒与砾石含量超过 50% 时,异位土壤淋洗技术就会十分有效。而对于黏粒、粉粒含量超过 30%～50%,或者腐殖质含量较高的污染土壤,异位土壤淋洗技术分离去除效果较差。

在有机污染土壤中,常见的淋洗剂为表面活性剂和有机溶剂。因土壤淋洗技术在重金属污染中已作详细说明,因此不再赘述。

(2)电动力学修复技术。电动力学修复技术的基本原理是在土壤/液相系统中插入电极,在两端加上低压直流电场,土壤孔隙水和带电离子在直流电的作用下,发生的迁移,水溶的或者吸附在土壤颗粒表层的污染物根据各自所带电荷的不同而向不同的电极方向运动,使污染物富集在电极区得到集中处理或分离,定期将电极抽出处理去除污染物。电动力学修复技术可以用于抽提地下水和土壤中的重金属离子,也可对土壤中的有机物进行去除。

5.3.2.3 土壤异位生物修复的概念与特点

污染土壤异位生物修复(ex-site bioremediation)是指利用微生物及其他生物,将存在于土壤、地下水和海洋中有毒有害的有机污染物降解成二氧化碳和水或转化成为无害物质的工程技术系统。

异位生物修复技术一般可保证生物降解处在较理想的条件下,因而处理效果好,还可防止二次污染,是一项具有广阔应用前景的处理技术。异位生物修复的特点:环境影响小,生物修复只是一个自然过程的强化,其最终产物是二氧化碳、水等,不会形成二次污染或导致污染的转移,可以永久性地消除污染物的长期隐患;最大限度地降低污染物的浓度,异位生物修复技术可将污染物的残留浓度降到最低。

1. 异位生物修复技术的主要类型

异位生物修复主要包括现场处理法、预制床法、堆制处理法、生物反应器和厌氧生物处理法。

(1)预制床法。预制床堆腐工艺已被证明是修复石油污染土壤最为有效的方法之一,其原理是在被污染土壤中加入膨松剂后于预制床上堆成条状或圆柱状,通过人工补充营养、空气,并加以适度搅拌,保证其好氧修复条件而实现有机污染物的降解。微生物在预制床堆腐工艺中占有重要地位。为了更有效地去除石油污染土壤中难以利用的组分,如多环芳烃、沥青和胶质等,对优势降解菌的筛选和工艺条件的优化已成为这一技术研究的重点工作之一。

预制床修复处理是农耕法的延续,但它可以使污染物的迁移量减至最低。预制床法需要很大的工程和一定的容器,污染土壤被移入一个特殊的预制床上,在不泄漏的平台上,铺上石子与沙子,将遭受污染的土壤以 15~30 cm 的厚度平铺其上,并加入营养液和水,必要时加入表面活性剂,定期翻动充氧,以满足土壤中微生物生长的需要。处理过程中流出的渗滤液,回灌于该土层上,以便彻底清除污染物。预制床通常建在异地处理点或污染物被清走的地点。

预制床修复的优点是可以在土壤受污染之初限制污染物的扩散和迁移,减少污染范围。但用在挖土方和运输方面的费用显著高于原位修复方法,另外在运输过程中可能会造成进一步的污染物暴露,还会由于挖掘而破坏原地的土壤生态结构。

(2)堆制式修复。堆制式修复是利用传统的积肥方法,将污染土壤与有机废物(木屑、秸秆、树叶等)、粪便等混合起来,依靠堆肥过程中微生物的作用来降解土壤中难降解的有机污染物。堆制式修复最早用于污水污泥的处理,近年来国内外都有一些学者研究堆制式修复的原理、工艺、条件、影响因素、降解效果等,并已将此工艺应用到污染土壤的修复中。

大多数堆制式修复使用疏松剂,以增加介质的孔隙度和降低水分。疏松剂有木片、树皮块、锯末、树叶、秸秆、橡胶轮胎块等。除轮胎以外,这些疏松剂还可充当额外的碳源和能源。堆制式修复中常要用振动床、旋转筛或筛网等筛分回收疏松剂,但筛分时会产生尘埃和气溶胶悬浮物,因此需要将筛分系统包围起来,并用空气过滤器处理。当然,如果回收疏松剂的成本太高,就没有必要回收疏松剂。

堆制式修复过程包括调整降解和低速降解两个连续阶段。在第一阶段,微生物活动很强烈,耗氧和降解的速率均很高,要非常注意供氧,可以通过强制通风或频繁混合供氧。但也需要注意高温和气味的产生。第二阶段一般不需要强制通风或混合,通常可以通过自然对流供氧。由于微生物活动大量减少、供能减少,所以温度不高,气味不重。在第二阶段通常易地进行,以通过某种程度的混合使完全降解的部分再进行降解,但对有毒化合物而言,增加了物料泄露的可能和操作接触的危险,所以一般尽量不作移动。

堆制式修复通常分为条形堆制、静态堆制和反应器堆制三种方式(见表 5.2)。条形堆制操作简单,投资最少,但占地较多,不可能控制挥发气体。反应器堆制可以最佳控制气体,占最小的空间,但欠灵活。

表 5.2 堆制式修复方式及其特点

项目	条形堆	静态堆	反应堆	项目	条形堆	静态堆	反应堆
操作水平	低	中	高	径流控制	中	中	高
处理灵活性	高	中	低	占地面积	高	中	低
处理负荷	高	中	中	灭菌程度	中	高	高
过程控制	低	中	高	气候依赖性	高	中	低
水分控制	低	中	高	建设费用	低	中	高
气体挥发控制	低	中	高	维护费用	低	中	高

(3)生物反应器修复。生物反应器是用于处理土壤的特殊反应器,通常有卧式、旋转鼓状、气提式,分批或连续培养,可建在污染现场或异地处理。其基本原理就是利用微生物将土壤中有害有机污染物降解为无害的无机物质,降解过程由改变土壤的理化条件(包括土壤 pH 值、湿度、温度、通气及营养盐添加)来完成,也可接种特殊驯化与构建的工程微生物提高降解效率。

在微生物相互作用和污染物降解途径方面,生物反应器法和其他生物法是相同的,它的主要特征是:以水相为处理介质,污染物、微生物、溶解氧和营养物均一分布、传递速度快,处理效果好。可以最大限度满足微生物降解所需要的最适宜条件,避免复杂、不利的自然环境变化,可以设计不同构造以满足不同目标处理物的需要,提供最大限度的控制,避免有害气体排入环境。其主要缺点是工程复杂,要求严格的前、后处理工序,处理费用高。同时还要注意防止污染物由土壤转移到地下水体中。该技术的典型工艺流程如图 5.15 所示。

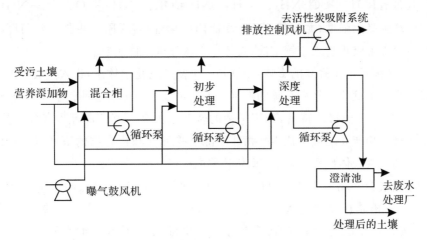

图 5.15 生物修复反应器处理方式示意图

生物反应器处理污染土壤是将受污染的土壤挖掘起来,与水混合后在接种了微生物的反应器内进行处理,其工艺类似于污水生物处理法。处理后的土壤与水分离后,经脱水处理再运回原地。反应装置不仅包括各种可拖动的各种小型反应器,也有类似稳定塘和污水处理厂的大型设施。反应器类型主要有泥浆生物反应器、生物过滤反应器、固定化膜与固定化细胞反应器、好氧-厌氧反应器与转鼓式反应器。

2. 土壤异位生物修复的影响因素

(1)土壤特性对异位生物修复的影响。土壤孔性对异位生物修复的影响:土壤孔性(soil porosity)除了调节水、肥、气、热外,还决定生物的活动范围。孔隙度影响微生物的活力和养分转化,土壤酶的活性与孔隙度呈正相关。土壤通气孔隙大,好气性微生物活动强烈,可以加速污染物的分解,但另一方面也使土壤下渗强度增大,渗透量加大,促使土壤层的污染物被淋湿而进入地下水。

土壤质地对异位生物修复的影响:土壤质地(soil texture)差异形成不同的土壤结构和通透性状,因而对环境污染物的截留、迁移、转化产生不同的效应。黏质土类:细小,比表面面积大,大孔隙少,通气透水性差,能阻留悬浮物于表层。由于黏质土类富含黏粒,土壤物理性吸附、化学性吸附及离子交换作用强,具有较强保肥、保水性能,同时也把进入土壤中有机、无机物质吸附到土粒表面保存起来,增加了污染物转移的难度。在黏土中加入沙粒,减少黏粒相对含量,增加土壤通气孔隙,可以减少对污染物的吸附,提高淋溶强度,促进污染物的转移,但因此可能引起地下水污染。砂质土类中沙粒含量占优势,通气性、透水性强,分子吸附、化学吸附及交换作用弱,对进入土壤中的污染物吸附能力弱,同时由于通气孔隙大,污染物容易随水淋溶、迁移。因此,砂质土类中,污染物容易从土壤表层淋溶至下层,减轻表土层危害,但有可能进一步污染地下水。

土壤胶体物质对异位生物修复的影响:土壤胶体(soil colloid)愈多,表面积愈大,对农药吸收愈多,有机质胡敏素、胡敏酸愈多,对农药吸收愈多。同时,农药性质也影响自身被吸附的程度,凡带有R_3H^+、—$CONH_2$、—OH、—NH_2COR、—NH_2、—$OCOR$、—NHR功能团的农药,都能增强吸附强度,尤其带—NH_2功能团的化合物,吸附力更强。农药可以被土壤胶体吸附,也可以解吸再进入土壤溶液,具体由土壤环境条件决定。

土壤化学平衡对生物修复的影响:土壤是一个复杂的化学体系,进入土壤中的污染物质的行为,直接受到土壤化学平衡系统的控制。人们可以利用土壤各种化学物平衡条件、平衡条件变化后的化学平衡移动特征,利用平衡的转变来提高土壤营养元素释放的数量、有效性,强化植物修复功能。土壤中化学平衡体系除了受元素和化合物的浓度、环境温度、压力影响外,还受到土壤胶体性质、pH值、氧化还原电位(Eh)值的控制。

土壤配合-螯合平衡对生物修复的影响:土壤配合-螯合物的稳定性在土壤环境中具有重要意义。有机质在分解过程中产生的中间有机产物可与金属离子能形成稳定的螯合物。其中尤以胡敏酸与金属离子形成的稳定性高,溶解度小;而富里酸与金属离子形成的螯合物稳定性较低,溶解度较大。稳定的土壤配合-螯合物可使土壤结构、物理化学性质稳定。

某些合成化学物质进入土壤后,成为配位体,与金属离子形成配合-螯合物。这一配合-螯合作用有利于污染物的转化、迁移,从而减轻或缓解污染物的危害。重金属离子可以和有机配位体形成配合-螯合物,成为被有机配位体包裹的阴离子,从而改变性质,减轻或暂时解除了危害,并增加了它们在土壤中移动和淋洗的机会。

土壤氧化还原平衡对生物修复的影响:土壤氧化还原反应能改变离子的价态,还可影响有机物质的分解速度和强度,进而影响土壤污染物质转化、迁移,对改变土壤性质、促进污染物质的转化有重要作用。

氧化还原反应通过影响土壤养分的形态和状况,进而影响植物修复。植物所需要的氮素和矿物养分,多数在氧化态时才容易被吸收利用,因此应保持土壤较高的 Eh 值。一般旱地土壤 Eh 值在 $200 \sim 700$ mV 时,土壤养分供应较为正常;Eh 值大于 700 mV 时,土壤氧化强烈,有机质含量降低,Eh 小于 200 mV 时,土壤处于强烈还原状态,NO_3^- 和 Mn^{2+} 出现;在渍水状态下,Eh 值小于 200 mV 时会产生有毒物质,H_2S、Fe^{2+} 增多,植物对钾、氮的吸收受到阻碍。

土壤酸碱平衡对生物修复的影响:土壤酸碱度对植物生长、土壤修复有重大影响。土壤 pH 值控制了土壤胶体上的交换性离子组成和土壤溶液的离子组成,影响养分的有效度和微生物的活度,因此影响了土壤的生物修复。

(2)有机污染物结构对异位生物修复的影响。一般地,结构简单的有机物先降解,结构复杂的后降解,相对分子质量小的有机物比相对分子质量大的有机物易降解;聚合物和高分子化合物难以通过微生物细胞膜进入微生物细胞内,微生物的胞内酶不能对其发生作用,同时,因其分子较大,微生物的胞外酶也不能靠近并破坏化合物分子内部敏感的反应键,因此难以生物降解。有机物结构影响生物降解性能的原因主要有空间阻碍、毒性抑制、增加反应步数和使有机物的生物可得性下降等。

(3)环境条件对异位生物修复的影响。非生物因子:非生物因子包括温度、湿度、pH 值、溶解氧、营养物质、共存物质(盐分、毒物、其他基质)等。

温度影响主要有两方面:一是改变微生物的代谢速率;二是影响有机污染物的物理状态与溶解度。这一点对石油烃类污染物的生物降解特别重要,因为大多数石油烃类化合物至多也只是微溶的。pH 值对于硝基苯类化合物的毒性影响明显,这是因为有些硝基苯类化合物在不同 pH 值条件下呈现不同的状态。大量基质的降解需要有电子受体充分供应,例如烃类等几类化合物的降解,氧气是仅有的或优先的电子受体,即只有在好氧条件下才能发生转化作用或只有专性好氧菌才能进行最迅速的转化作用。当氧气扩散受到限制时,原油和其他烃类的降解速率就受到影响。有时有机物的生物降解不需要分子氧,在厌氧条件下可由有机物、硝酸盐、硫酸盐或二氧化碳作为电子受体,如果环境中的硝酸或硫酸盐耗尽,降解反应就会停止,需要重新补充电子受体。营养物质主要包括碳源、氮源和磷源,在最佳比例下,污染物的生物修复速率最快。尽管环境中氮磷的供应量很低时生物降解速率也很低,但降解仍然可以继续,这可能与营养物的再生有关,即无机营养物被微生物同化为细胞后,再经过细胞或原生动物消化后又转化为无机物。

生物因子：影响异位生物修复的生物因子包括降解的协同作用、微生物的活性与捕食作用。

微生物的协同作用有不同类型，一种情况是单一菌种不能降解，混合以后可以降解；另一种情况是单一菌种都可以降解，但是混合以后降解的速率超过单个菌种的降解速率之和。在许多生物修复中都需要多种微生物的合作。协同作用机制包括提供生长因子、分解不完全降解物、分解有毒产物和分解共代谢产物。

微生物的捕食作用是指环境中存在有大量的捕食、寄生、裂解微生物，它们常促进或抑制细菌和真菌的生物降解作用。在土壤、沉积物、地表水和地下水中发现的捕食和寄生微生物有原生动物、噬菌体、真菌病毒、蛭弧菌属和能分泌分解细菌、真菌细胞壁酶的微生物。

5.4　土壤有机污染修复案例

5.4.1　石油污染土壤异位淋洗修复案例

1.场地污染概况

某小型炼油厂，场地受到严重污染，土壤外观呈褐色，为块状固体，有较重的石油气味。监测结果表明，该场地面积约 $100\ m^3$，土壤有机质 13.6%，阳离子交换量 7.14 mol/kg，全氮 0.28%，全磷 0.31%，全钾 1.81%，水解性氮 89 mg/kg，有效磷 64.0 mg/kg，速效钾 208 mg/kg，总石油烃浓度超过 1000 mg/kg。

2.修复目标与采用的处理技术

修复目标：修复后，土壤石油烃污染物的去除率大于 90%，使之低于我国土壤石油烃污染物限值[1000 mg/kg(干重)]，修复后土壤满足建设用地或绿化用地功能要求。

处理技术：使含有淋洗剂的淋洗液由注水井（或注水管）扩散或下渗进入污染土壤，通过物理、化学作用将石油烃从土壤颗粒表面解脱由固相进入液相中。滤液汇集于排水井（沟），并收集处理淋洗废水，处理达标后排放或将处理达标的废水配成新鲜淋洗剂流回注水井（注水管），循环再用。其工艺过程如图 5.16 所示。

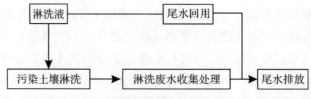

图 5.16　石油烃污染土壤异位淋洗修复工艺

3.处理效果

经过 3 个月的化学淋洗，石油烃的平均除油率大于 96%，土壤中石油烃量均值低于 1000 mg/kg。地下水水质测定结果表明工程运行前后，地下水质主要指标值没有显著性差异。对土壤理化性质监测表明,淋洗会改变土壤的基本理化性质,导致土壤养分流失,肥力下降。

5.4.2　多环芳烃(PAHs)污染土壤的生物修复案例

1.场地污染概况

某小型废轮胎炼油厂,场地受多环芳烃污染。据调查,土壤中的多环芳烃含量比较高,个别点位 16 种 PAHs 的含量可达 344 mg/kg。

2.修复目标与处理技术

修复目标:修复后,土壤多环芳烃污染物的去除率大于 50%,使土壤总 PAHs 含量低于 20 mg/kg(干重)。

处理技术:采用静态堆生物技术修复污染土壤中的 PAHs,首先对受污染土壤进行挖掘,并将挖出的土壤转移至不透水的地面上;然后将堆放在不透水地面上的污染土壤与疏松剂(锯末或木片)按一定比例混合均匀,添加营养元素调节 C/N 比,调节土壤水分;向混合均匀的土壤中添加化学或生物表面活性剂、菌剂,并混合均匀;将上述混匀后的土壤进行堆置,并在堆体底部设置防渗漏措施,布设通风系统,通风管连接鼓风机,管上覆盖疏松剂以利于空气均匀分布,其上堆置混合均匀的污染土壤,最后,当处理单元建立后,强化管理工作,如洒水和翻堆等。其工艺流程如图 5.17 所示。

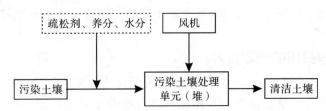

图 5.17　PAHs 污染土壤静态堆生物修复工艺

3.处理效果

经过 210 天的修复,不同处理土壤中 16 种多环芳烃总污染指数值均有较大的下降,修复工程中多环芳烃的降解量为 328.45 g,处理后,16 种多环芳烃的单项污染指数均小于 1,表明其在土壤中的含量达到了标准值的要求。

5.4.3　多环芳烃(PAHs)污染土壤的化学氧化修复案例

1.场地污染概况

该场地为特殊钢生产基地,场地南侧为焦化厂,场地污染区块主要靠近焦化厂附近,主要污染物为多环芳烃类。

2.修复目标与采用的处理技术

修复目标:施工工期 100 天,苯并[a]芘、萘、二苯并[a,h]蒽的修复目标值为 1.56 mg/kg、2.93 mg/kg、1.56 mg/kg。

处理技术:选用原地异位化学氧化搅拌工艺,可实现药剂与污染物的充分混合及反应。药剂采用某 K 药剂(主要成分为过硫酸盐及专利活化剂)。主要工序为:定位放线→土方清挖→筛分预处理→土壤倒运至反应池→药剂投加→机械搅拌 7~8 天(pH 值监测)→倒运至待检区反应(氧化剂残留)→验收合格→土壤干化→土壤回填→工程竣工。

3.处理效果

处理后,各项指数达到修复目标,项目修复费用为 1100 元/m³,其中药剂费用占总修复费用的 40%~50%。

5.4.4 农药污染场地的生物化学还原＋好氧生物降解联合修复案例

1.场地污染概况

该场地原为农药厂,污染土壤体积约为 29.68 万立方米,主要污染物为六六六和滴滴涕污染,两者最高浓度分别达 4000 mg/kg、20000 mg/kg 以上。土壤质地类型主要为建筑杂填土和粉质黏土,建筑杂填土集中在 0~2 m 土层,污染粉质黏土最深达 9 m。

20 世纪 60 年代开始生产有机氯农药六六六和滴滴涕,后来也生产其他农药。农药厂关闭后经过场地污染调查与健康风险评价,六六六和滴滴涕修复目标值分别是 2.1 mg/kg 和 37.8 mg/kg。该场地大部分污染土壤外运到水泥厂进行水泥窑焚烧处理,部分低浓度(六六六和滴滴涕浓度均低于 50 mg/kg)污染土壤采用生物化学还原＋好氧生物降解联合修复技术。施工工期 2 年。

该场地工程规模 29.68 万立方米,其中采用生物化学还原＋好氧生物降解联合修复的土壤。

2.修复目标与采用的处理技术

修复目标:施工工期 2 年,六六六和滴滴涕修复目标值分别是 2.1 mg/kg 和 37.8 mg/kg。

处理技术:大部分污染土壤外运到水泥厂进行水泥窑焚烧处理,约 8 万立方米低浓度(六六六和滴滴涕浓度均低于 50 mg/kg)污染土壤采用生物化学还原＋好氧生物降解联合修复技术。处理工艺流程如下:

(1)治理的污染土壤范围进行测量放线,建设药剂修复污染土壤车间;

(2)污染土壤进行开挖与破碎筛分,去除大块建筑垃圾等杂物;

(3)筛分后的污染土壤运输到车间堆置;

(4)车间内污染土壤添加药剂与旋耕搅拌、加水厌氧处理 5 天,再旋耕好氧处理 3 天,如此循环处理 3 个周期;

(5)收采样检测合格待监理确认后出土到待检场堆放,如果检测不合格则继续加药周期处理,直到检测合格为止;

(6)污染土壤全部处理后进行竣工验收。

3.处理效果

修复 3 个周期后有机氯农药浓度降低到修复目标值以下,少数污染浓度稍高的土壤药剂处理 5 个周期后达标,污染土壤的处理成本为 700 元/m³。

思考题

1.简述土壤中典型的有机污染物及其污染途径。

2.有机污染物在土壤中的迁移转化途径有哪些?

3.简述土壤中有机污染物对地下水的污染过程。

4.土壤溶质运移过程包括哪些物理过程?并简述各物理过程的概念。

5.简述土壤原位修复技术与异位修复技术的概念及其优缺点。

6.简述有机污染土壤原位气提修复技术的原理、修复对象及工艺流程。

7.简述有机污染土壤原位固化/稳定化修复技术的原理及其优缺点。

8.简述有机污染土壤原位热脱附技术的原理和分类。

9.简述有机污染土壤异位热解吸技术的原理、分类及其影响因素。

10.比较有机污染土壤原位生物修复技术与异位生物修复技术的优缺点。

城市污泥土地利用

第6章

6.1 城市污泥性质及土地利用的意义

随着我国社会经济的发展,城市污水处理量逐年增加,污泥作为污水生物处理的副产物也大幅增加。城市污泥中含有大量有机物,且体积大,输送困难,若处理不当极易造成严重的环境污染。污泥中除含有大量有机质外,还包含有氮、磷、钾、钙、硫、铁、镁等植物生长所必需的矿质元素,如果这些资源能够得到合理利用,不仅能消除环境污染问题,而且能变废为宝,带来较大的环境效益和经济效益。城市污泥来源广泛,既可作为植物或农作物生长的养分,又能改良土壤结构,增加土壤肥力,促进作物生长,具有土地利用价值与改善生态环境的良好作用,污泥土地资源化利用将有利于城市可持续发展。

6.1.1 城市污泥基本性质

城市污泥即城市生活污水处理的残余物。由于污水来源和成分复杂,因此,城市污泥具有不稳定性、含水率高、易腐败、易产生恶臭等特点。污泥聚集了处理过程中难以消解的物质,包括重金属、有毒有害物质、致癌物质、难降解有机物、寄生虫卵、病原微生物、细菌及其他一些无法预见的污染物。若不进行妥善处理,将会直接导致大气环境和水资源的二次污染,对生态环境和人类的日常生活构成严重威胁。

同时,城市污泥中也含有大量可以利用的物质,如污泥中的有机质、氮、磷、钾可为农作物生长提供不可缺少的营养物;污泥本身可作为一种低热值的燃料;污泥中易腐化发臭的有机物可分解产生腐殖质,起到改良土壤、避免板结的作用。我国城市污水处理厂污泥中 N、P 及有机物成分含量见表 6.1。随着我国城市化进程的推进,城市污泥的处置问题已成为人们关注的焦点,只有对城市污泥进行综合利用,才能将污泥的处置与其资源化相结合,变害为利,实现城市污泥的最终处理。

表 6.1 城市污水处理厂污泥成分含量(%)

组 分	初沉污泥		剩余污泥		消化污泥	
	范围	典型值	范围	典型值	范围	典型值
总固体	5～9	6	0.8～1.2	1.0	2～5	4
挥发性固体	60～80	65	59～88	70	30～60	40

组　分	初沉污泥		剩余污泥		消化污泥	
	范围	典型值	范围	典型值	范围	典型值
油脂	6～30	—	—	—	5～20	18
蛋白质	20～30	25	32～41	35	15～20	18
纤维素	8～15	10	—	—	8～15	10
氮(以 N 计)	1.5～4.0	2.5	2.4～5.0	3.0	1.6～3.0	3.0
磷(以 P_2O_5 计)	0.8～2.8	1.6	2.8～11.0	5.5	1.5～4.0	2.5
钾(以 K_2O 计)	0～1.0	0.4	0.5～0.7	0.6	0～3.0	1.0
有机物	50～60	54	60～70	63.5	20～30	21.9

　　城市污水厂处理污水的过程实际上就是将污水中各种污染物质,包括以各种形式存在的氮、磷、钾等各种营养元素,以及钙、镁、铜、锌、铁等微量元素,通过一系列的处理过程以不同的方式转移到大气中或污泥中,从而达到净化水质的目的。《城镇污水处理厂污泥泥质》中对污水处理厂排放污泥的控制指标进行了规定,其基本控制指标及限值见表 6.2,选择性控制指标及限值见表 6.3。此标准明确了污泥处理处置的技术路线,规定在安全、环保和经济的前提下实现污泥的处理处置和综合利用,同时也规定了污泥处理处置的保障措施。

表 6.2　污泥泥质基本控制指标及限值

序号	基本控制指标	限值
1	pH 值	5～10
2	含水率(%)	<80
3	粪大肠菌群菌值	>0.01
4	细菌总数(MPN/kg 干污泥)	$<10^8$

表 6.3　污泥泥质选择性控制指标及限值

序号	选择性控制指标	限值	序号	选择性控制指标	限值
1	总镉	<20	7	总锌	<4000
2	总汞	<25	8	总镍	<200
3	总铬	<1000	9	矿物油	<3000
4	总铅	<1000	10	挥发酚	<40
5	总砷	<75	11	总氰化物	<10
6	总铜	<1500			

注:单位 mg/kg 干污泥。

6.1.2　城市污泥土地利用的意义

　　土地利用是一种具有广阔发展前景的城市污泥处置方式。污泥土地利用是指将污泥经稳定化和无害化处理后作为营养土、基质的辅助原料或土壤改良材料,用于《土地利用现状分类标准》中规定的林地和苗木园地、其他草地,也可用于园林绿化和道路边坡修复及垃圾填埋场封场、矿山封场、矿山覆盖土等土壤改良的一种污泥处置方式。污泥土地利用的优势包括:一是能降低土壤容重,增加土壤孔隙度,改善土壤物理特性;二是能提高土壤微生物的活性,促进土壤物质循环,加快植物营养元素矿化过程。但是,由于污泥中含有各种各样的重金属及有毒有害物质,限制了污泥的土地利用,建议通过制定严格的污水及废水相关排放标准和采用先进的污水处理技术,减少城市污泥中重金属含量,推动污泥土地利用进程。

　　世界各国的污泥土地利用的比例差别较大,其应用在很大程度上受国家相关政策、法规标准、污泥处理处置技术以及公众接受程度的影响。在我国,一方面,大量污泥任意抛弃,造成环境二次污染;另一方面,土壤中需要大量有机肥源,大面积贫瘠的土地急需有效的治理和修复。与污泥填埋、焚烧处理等其他技术相比,我国城市污泥的土地利用具有极大的优势,污泥土地利用在我国是一种有效消纳污泥的方式,是污泥处理处置的发展趋势。

6.1.3　污泥土地利用相关标准

　　污泥土地利用主要包括农田利用、园林绿化、土地改良等方面,不同的用途有不同的要求。因此,污泥产物在不同利用用途下要满足不同的标准。随着我国对污泥的处理与处置工作的重视,陆续规定了相应的标准。

1. 农田利用方面

　　城市污泥在农田利用上的应用有很长的使用历史,可显著改良土壤,提高土壤肥力,促进土壤中的生物化学过程;但在使用过程中也存在一定问题。由于污泥中含有重金属与多环芳烃等有机有害物质,施用于耕地时,会增加土壤中这些有害物质的含量,并进入作物中,危害人类健康。因此,国家生态环境部已明文禁止处理处置不达标的污泥进入耕地,且对污泥的农用有严格的监测和控制。目前我国现行污泥农田利用相关标准主要有:国家市场监督管理总局中国国家标准化管理委员会 2018 年发布的《农用污泥污染物控制标准》(GB 4284—2018)和中华人民共和国住房和城乡建设部 2009 年发布的《城镇污水处理厂污泥处置 农用泥质》(CJ/T 309—2009)等。

2. 园林绿化方面

　　将污泥应用在园林绿化与生态恢复上,能避免食物链污染风险,增加植被覆盖度、密度和生物量,对提高草坪草的成坪性与观赏价值极为有利,是极有前景的污泥土地利用途径。因此,城市污泥在草坪、草业生产和草地方面的应用受到重视。目前我国现行污泥园林绿化利用相关标准主要有:《城镇污水处理厂污泥处置 园林绿化用泥质》(GB/T 23486—2009)、《城镇污水处理厂污泥处置 林地用泥质》(CJ/T 362—2011)。

3. 土地改良方面

　　将污泥应用在土地改良方面,可以改善土壤物理化学性质。土地改良主要用于以下场合:因化学作用使土壤退化的土地、粉煤灰堆积场、森林采伐地、森林火灾毁坏地、滑坡及其他自然灾害需要恢复植被的土地,还包括高速公路的隔离带和护坡,机场草地,基建扰动后用作绿化的土地等。将污泥应用到上述这些严重扰动的土壤中,一方面利用污泥改善了土壤结构,另一方面也可以缓解污泥带来的环境污染。污泥土地改良的主要参考标准包括:《城镇污水处理厂污泥处置 园林绿化用泥质》(GB/T 23486—2009)、《城镇污水处理厂污泥处置 土地改良用泥质》(CJ/T 291—2008)。

4.各类标准限值

这些标准为实现污泥有效处理处置提供了有力的支撑,对污泥土地利用原则、目标、技术和不同污泥土地利用方式的泥质标准等进行了详细介绍,并提出了污泥土地利用的风险管理与控制。这些标准中的指标主要包括污染物指标、卫生学指标、理化指标、营养学指标及其他指标。这些指标因为用途不同所以限值不同。具体见表 6.4 至表 6.7。

不同用途污泥产物的污染物指标限值见表 6.4。当污泥产物农用时,根据其污染物的浓度将其分为 A 级和 B 级污泥产物,其中 A 级允许使用的农用地类型为耕地、园地、牧草地;B 级允许使用的农用地类型为园地、牧草地、不种植食用农作物的耕地。当污泥产物园林利用和土地改良用地时,根据土壤酸碱度分为酸性土壤(pH<6.5)和碱性土壤(pH≥6.5)。

表 6.4　不同用途污泥产物的污染物指标限值

序号	控制项目	农用泥质		园林绿化用泥质		土地改良用泥质	
		A 级污泥产物	B 级污泥产物	酸性土壤(pH<6.5)	中性和碱性土壤(pH≥6.5)	酸性土壤(pH<6.5)	中性和碱性土壤(pH≥6.5)
1	总镉	<3	<15	<5	<20	5	20
2	总汞	<3	<15	<5	<15	5	15
3	总铅	<300	<1000	<300	<1000	300	1000
4	总铬	<500	<1000	<600	<1000	600	1000
5	总砷	<30	<75	<75	<75	75	75
6	总镍	<100	<200	<100	<200	100	200
7	总锌	<1500	<3000	<2000	<4000	2000	4000
8	总铜	<500	<1500	<150	<150	800	1500
9	总硼	—	—	<150	<150	100	150
10	矿物油	<500	<3000	<3000	<3000	3000	3000
11	苯并芘	<2	<3	—	—	—	—
12	多环芳烃(PAHs)	<5	<6	—	—	—	—
13	氯联苯	—	—	—	—	0.2	0.2
14	总氰化物	—	—	—	—	10	10
15	可吸附有机卤化物(AOX(以 Cl 记))	—	—	<500	<500	500	500

注:表中除 pH 值外,单位为 mg/kg 干污泥。

不同用途污泥产物的卫生学指标限制见表 6.5。污泥土地利用中,卫生学的指标较为严格,除表中所列指标限值外,同时不得检测出传染性病原菌。

表 6.5 不同用途污泥产物的卫生学指标限值

序号	控制项目	农用泥质		园林绿化用泥质		土地改良用泥质	
		A 级污泥产物	B 级污泥产物	酸性土壤（pH<6.5）	中性和碱性土壤（pH≥6.5）	酸性土壤（pH<6.5）	中性和碱性土壤（pH≥6.5）
1	蛔虫卵死亡率/%	≥95		—		>95	
2	粪大肠菌群菌值	≥0.01		>0.01		>0.01	
3	细菌总数/(MPN/kg 干污泥)	—		—		<10^8	

不同用途污泥产物的理化指标限值见表 6.6。不同用途污泥理化指标中,污泥含水率数值最低,而在土地改良中要求较为宽松。

表 6.6 不同用途污泥产物的理化指标限值

序号	控制项目	农用泥质		园林绿化用泥质		土地改良用泥质	
		A 级污泥产物	B 级污泥产物	酸性土壤（pH<6.5）	中性和碱性土壤（pH≥6.5）	酸性土壤（pH<6.5）	中性和碱性土壤（pH≥6.5）
1	含水率/%	≤60		≤40		≤65	
2	pH 值	5.5~9		6.5~8.5	5.5~7.8	5.5~10	

不同用途污泥产物的营养学指标限值见表 6.7。不同用途污泥营养学指标中,相比于园林绿化以及土地改良,农用在氮、磷、钾以及有机物含量要求要高很多。

表 6.7 不同用途污泥产物的营养学指标限值

序号	控制项目	农用泥质		园林绿化用泥质		土地改良用泥质	
		A 级污泥产物	B 级污泥产物	酸性土壤（pH<6.5）	中性和碱性土壤（pH≥6.5）	酸性土壤（pH<6.5）	中性和碱性土壤（pH≥6.5）
1	总养分*/%	≥30		≥1		≥3	
2	有机物含量/%	≥200		≥10		≥25	

注:总养分*:包含总氮(以 N 计)+总磷(以 P_2O_5 计)+总钾(以 K_2O 计)。

污泥土地利用其他相关要求如下:

(1)污泥农用时,种子发芽指数应大于 60%。

(2)农田年施用污泥量累积不应超过 7.5 t/hm^2,农田连续施用不应超过 10 年。

(3)饮用水源地污泥年施用量根据农用类型减半施用。

(4)湖泊周围 1000 m 范围内和洪水泛滥区禁止施用污泥。

(5)污泥园林绿化利用时,种子发芽指数应大于 70%。

(6)污泥园林绿化时,宜根据污泥使用地点的面积,土壤污染物本底值和植物的需氮量,确定合理的污泥使用量。

(7)污泥使用后,有关部门应进行跟踪监测。污泥使用地的地下水土壤的相关指标需满足 GB/T 14848 和 GB 15618 的规定。

(8)为防止对地表水和地下水的污染,在坡度较大或地下水水位较高的地点不应使用污泥,在饮用水水源保护地带严禁使用污泥。

6.2　城市污泥土地利用的预处理技术

早期的污泥土地利用一般都是将污泥浓缩或脱水后直接施用于土地。但是,为防范污泥中含有的重金属、有机有毒有害物质和病原体、寄生虫卵等对土壤水环境、地下水造成二次污染,以及污泥施用过程中和施用后的恶臭影响,这种方式已越来越少使用。目前,各国对污泥施用于土地前都要求进行相应的前处理,使其稳定化及无害化,达到一定的质量标准后再直接施用于土地。污泥土地利用前的稳定化、无害化处理的主要目的在于抑制腐化、消除恶臭、杀灭污泥中的病原体寄生虫卵等致病微生物、钝化或去除污泥中的重金属、去除有机有毒有害物质等。污泥土地利用的预处理技术大致可分为物理预处理、化学预处理、生物稳定处理以及这三者的联合应用等。

6.2.1　物理预处理技术

物理预处理指通过外加能量或通过机械的方式破坏污泥细胞结构,包括热水解、超声波、微波、冻融、机械处理等方法。

1. 热水解

热水解是通过高温高压破坏污泥中微生物的细胞结构,释放细胞内部的大分子有机物的结合水,并将有机物快速水解,以改善脱水及厌氧消化性能的方法。污泥经过热水解处理后,水解液体积增大,水解后泥渣颗粒变小,含水率低且易于脱水。热水解使污泥大部分有机物菌体细胞破碎,胞外聚合物和胞内大分子有机物水解为小分子有机物,降低了黏度。同时热水解改变了污泥中水的分布,不可机械分离的间隙水、毛细水、细胞内部水减少,可通过机械分离的自由水分增多,从而改善了脱水性能,进而满足污泥土地利用的含水率要求。污泥水解液和水解泥渣具有高氮、高磷的特点,适宜用作农业种植的肥料。污泥水解泥渣中的氮磷比例与复合肥中的氮磷比例接近,水解液中的氮磷元素含量与复合肥相比,氮的含量略高于复合肥,并且其中有一部分属于迟效氮源,这对于植物的生长也是有利的。

热水解作为厌氧消化的预处理时,水解温度一般控制在 40～180 ℃,反应速率、处理效果和温度成正比,但温度超过 200 ℃后易发生美拉德反应(含游离氨基的化合物和还原糖或羰基化合物在常温或加热时发生的聚合、缩合等反应,经过复杂的过程,最终生成棕色甚至是棕黑色的大分子物质类黑精或称拟黑素,所以又被称为羰胺反应),导致后续厌氧消化效率下降,污泥中有机物得不到较好的降解效果,难以满足污泥土地利用稳定化的原则。

2. 超声波

超声波是指频率超过 20 kHz 的机械波,当其作用于污泥中的水分时,会产生"空穴效应",液体将瞬间经历大量微小气泡的产生与破裂,在此过程中形成高强度剪切力,导致气液相界面产生约 4726 ℃的超高温及上百个大气压的超高压,从而破坏污泥中的细胞结构,释放有机物及结合水。超声波作用于污泥,将提高污泥的脱水性和生物降解性,从而易于实现污泥土地利用减量化原则。例如,英国阿芬默思的一座污水厂,经过超声波预处理后剩余污泥的量是未经超声波处理的 1/3。另一方面超声波主要是针对污泥土地利用稳定化过程当中微生物细胞壁对水解速度的遏制作用做出突破。

3. 微波

微波是一种频率为 300 MHz～300 GHz 的电磁波,可转化为热能对污泥加热,相对于传统加热方式,微波加热更加均匀,且内部温度高于外部。微波对污泥的作用包括热效应和非热效应,其中热效应为界面极化损耗及偶极极化损耗等机制,主要通过辐射加热污泥,使污泥中的细胞解体,而非热效应的原理尚无定论。在微波作用过程中,剩余污泥的絮体解体,微生物细胞壁或细胞膜被破坏,污泥中的固相有机物溶出或者水解,使微生物中大分子的有机物质由污泥进入水相,导致液相中的 COD 和总氮的含量增加及磷酸盐的释放,然后溶解性有机物不断被水解。

污泥微波破解过程大致可分为三个过程,即污泥絮体分解和污泥细胞破碎、胞内有机物的释放、有机物的水解。与传统热处理相比,微波热处理具有加热时间短、速度快、能促进污泥水解等特点。微波预处理与超声波预处理两者都是破坏污泥当中微生物细胞壁的技术,作为厌氧消化的预处理来提高水解速率。

4. 污泥碳化

污泥碳化是近年来新兴的污泥热处理技术,是指污泥在缺氧条件下被加热,由于水分的蒸发和其他挥发组分的分解,在污泥表面形成了众多的小孔,进一步升温后,有机成分持续减少,碳化缓慢进行,并最终形成了富含固定碳的碳化产物。

污泥碳化分为高温碳化(碳化时不加压,温度为 649～982 ℃)、中温碳化(碳化时不加压,温度为 426～537 ℃)和低温碳化(碳化前无需干化,碳化时加压至 6～8 MPa,碳化温度为 315 ℃)三种。其中,高温碳化和中温碳化目前使用较少,而低温碳化技术通过加温加压使得污泥中的生物质全部裂解,保证了污泥的彻底稳定;通过机械方法可将污泥中 75% 的水分脱除,极大节省了运行中的能源消耗。国外成熟的碳化技术可以在较短的时间内大幅度减少污泥的体积和质量,且碳化后的产物被证明是安全无污染的有用原料,甚至还可以作为普通肥料用于农业。

6.2.2 化学预处理技术

化学预处理是指通过投加化学药剂氧化或溶解污泥中微生物细胞壁,破坏胞外聚合物等方式,提高污泥厌氧消化效果及脱水性能,主要包括氧化预处理、酸碱预处理及碱性稳定化预处理等。

1. 氧化法及酸碱法

氧化法是指加入臭氧或芬顿(Fenton)等强氧化物质或采用电化学氧化等方式,氧化溶解细胞壁,释放细胞内部有机物及结合水,同时将大分子有机物氧化成小分子有机物,进而改善污泥消化及脱水性能。有研究表明采用 Fenton 试剂预处理污泥时,投加适量 Fenton 可大幅度降低 CST(毛细吸水时间)及污泥滤饼含水率,但过量会导致含水率升高。因此,采用氧化法处理污泥时,需要控制投加量,投加量过大,不仅会使成本增加,还导致有机物完全氧化,不利于污泥厌氧消化。

酸/碱法是指通过加入酸或碱调节污泥 pH 值,破坏污泥中的细胞结构。碱处理对改善污泥厌氧消化性能效果较好,不同种类的碱,效果有所不同,一般情况下,氢氧化钠＞氢氧化钾＞氢氧化镁＞氢氧化钙,由于 Na^+ 或 K^+ 浓度过高会抑制污泥厌氧消化,因此碱盐投加量不宜过高。

氧化法及酸碱法预处理技术都直接影响到污泥的脱水性能以及后续的厌氧消化效率,脱水性能降低,则不能满足污泥土地利用的减量化;厌氧消化效率下降,病原体消灭不彻底,增加污泥土地利用的风险,进而不满足污泥土地利用无害化原则。

2. 碱性稳定化

污泥碱性稳定化是指将生石灰(CaO)与脱水污泥进行混合,在环境温度下,利用生石灰和污泥中的水进行反应所放出的热,通过蒸发水分达到降低含水率的目的。污泥碱性稳定化的优点有:①石灰提高 pH 值及其与水反应产生的热量,对污泥进行消毒杀菌;②生石灰与水反应生成的氢氧化钙,还会继续与空气中 CO_2 以及污泥中的其他物质如重金属离子、无机离子、有机酸、脂肪等发生反应,消除污泥的臭味;③因石灰投加产生碱性环境,可杀死大量微生物,且 NH_4^+ 可转化成 NH_3 被释放,处理后的污泥可直接施用于农田。

污泥碱性稳定化技术在美国、欧洲都有大量的应用,而我国污泥加钙碱性稳定化技术还处于起步阶段,工程应用较少。由于其技术运行成本太高,从污泥中释放的 NH_3 需要进行处理,实际上并没有直接降解有机物,而且还增加了固体物,进而增大了污泥体积。这些缺点对其在我国全面推广污泥土地利用造成了巨大的障碍。

6.2.3　生物稳定处理技术

城市污水处理中产生的污泥含有大量有机物,如不加任何处理投放到环境中,这些有机物在微生物的作用下,会继续腐化分解,对环境造成各种危害,所以需采用措施降低其有机物含量或使其暂时不产生分解,通常这一过程称为污泥稳定。污泥生物稳定就是在人工条件下加速微生物对污泥中有机物的分解,使之变成稳定的无机物或不易被生物降解的有机物的过程。

1. 污泥消化

污泥消化是借助微生物的代谢作用,使污泥中有机物质分解成稳定的物质,去除臭味,杀死寄生虫卵,减少污泥体积。污泥消化有助于使污泥转化到较稳定的状态,不易腐化。按微生物对氧的需求量,可分为污泥厌氧生物稳定(也称厌氧消化)和污泥好氧生物稳定(也称好氧消化)。

污泥厌氧消化是在无氧条件下依靠兼氧微生物和厌氧微生物使有机物分解并消除稳定物质的一种生物处理方法,通过水解、产酸、产甲烷三个阶段完成有机物分解的目的,同时大部分致病菌或蛔虫卵被杀灭或作为有机物被分解。按厌氧消化温度可划分为高温消化

(55±2)℃和中温消化(35±2)℃。相对于污泥好氧消化过程,污泥厌氧消化可以达到很好的污泥稳定效果,能最大限度地降解污泥中的有机物。污泥经厌氧消化处理后具有稳定化、无害化的特点,产生的生物质沼渣具备作为林业、农业肥料或种植土壤的潜力。

污泥好氧消化实质是污泥中的微生物有机体的内源代谢过程。通过曝气充氧,活性污泥中的微生物有机体自身氧化分解,转化为二氧化碳、水和氮气等,使污泥得到稳定。在不投加底物的条件下,对污泥进行较长时间的曝气,使污泥中微生物进行自身氧化,可生物降解的有机质被氧化去除。好氧消化主要有两个阶段:一是可生物降解的物质直接氧化阶段;二是微生物的内源呼吸阶段。好氧消化将污泥中有机物分解为稳定的无机物,并作为自身生命活动繁殖及合成所需,同时起到杀菌作用。好氧消化虽然也能达到污泥稳定的目标,但能源消耗较高,仅适用于特殊工业废水或小型污水处理厂污泥进行厌氧消化有困难时,才考虑采用好氧消化工艺。

2. 污泥发酵

污泥发酵是指在一个控制污泥堆大小及空隙度的环境中,用微生物来分解有机质,从而使温度升高(一般在55~60℃)来消灭多数病原体的过程。在该过程中,同时控制湿度和氧气含量以降低产生气味的可能性。污泥发酵可分为好氧发酵和厌氧发酵。与好氧发酵相比,厌氧发酵单位质量的有机质降解产生的能量较少且容易产生臭味,而且厌氧后的沼渣仍然需要进行后续处理,所以几乎所有的发酵工程系统都采用好氧发酵。

污泥好氧发酵主要是通过以污泥为堆肥基质,通过投加秸秆、花生壳、锯末、稻草、药渣、糖渣等一种或多种填充料,调节混料含水率、C/N、pH值,辅以通风曝气等控温措施,通过好氧微生物对污泥进行分解、转化并生产出发酵产物的过程。微生物通过自身的生命活动,把一部分被吸收的有机物分解成简单的无机物,同时释放出可供微生物生长活动所需的能量,而另一部分有机物则被合成为新的细胞质,使微生物不断生长繁殖,产生出更多的生物体的过程。在有机物生化降解的同时,伴有热量产生,因发酵工艺中该热能不会全部散发到环境中,就必然造成发酵物料的温度升高,这样就会使一些不耐高温的病原菌及虫卵死亡,达到无害化的目的。

污泥发酵产物含有大量养分和有机质,其施用功效类似于有机肥与腐殖质,对改善农田土壤结构、保水保肥、增加土壤肥力、作物增产、提高作物品质等具有重要作用。研究表明:在农田土壤上施用污泥发酵产物,粮食作物增产15%~20%,蔬菜作物增产10%~24%,施用污泥发酵产物后,土壤中氮磷钾养分、田间持水量、土壤孔隙度均存在不同程度的增加,土壤理化性能明显改善,并且污泥发酵产物具有缓释和长效的特点,可以有效向农作物供给养分,有利于作物增产和提高作物品质。因此将发酵污泥用于农业不仅可以提高作物产量,同时还可以减少化肥施用量,从而降低农业生产成本。

6.2.4 联合预处理

物理预处理作用时间短,对污泥后续处理效果改善显著,其中热水解、超声波等已有较多工程应用,但其存在投资运行成本相对较高、使用设备多、操作复杂,易产生二次污染等问题。化学预处理投资成本低、设备简单、操作方便,处理效果好,但药剂用量大、运行成本高、易产生副产物及二次污染,并且采用酸碱法预处理后的污泥往往不适宜直接进行厌氧消化。

污泥土地利用之前,大多是需要进行生物稳定。污泥水解缓慢是污泥厌氧消化面临的首要问题,超声、微波、热处理、碱解、臭氧氧化等均可实现污泥絮体解体和污泥细胞破裂,加速污泥内有机物的水解进程,因而多种技术的联合应用越来越受到人们的关注。基于超声技术在短时间内可释放大量有机物,热、碱处理可促进微生物细胞内有机物水解的特点,超声、热处理、碱解等技术联合被广泛应用。应用时,协同促进,碱性环境有利于超声空化作用中 OH^- 的形成,增强超声声化学反应,在一定程度上降低污泥微生物细胞壁对高温的抵抗力。此外超声波引起的扰动可促进碱和污泥细胞壁上的脂类物质、胞外聚合物发生反应。

污泥土地利用目前所使用的技术手段,大多都是物理预处理＋厌氧消化,或物理预处理＋化学预处理＋厌氧消化等技术。有研究表明,热水解消化后的污泥含水率普遍在50%～60%,除细菌总数、矿物油存在超标现象外,其余指标符合《城镇污水处理厂 土地改良用泥质》(GB/T 24600—2009)、《城镇污水处理厂污泥处置 林地用泥质》(CJ/T 362—2011)限值要求。

6.3　城市污泥农田利用

城市污水处理中产生的污泥是一种天然有机肥,不但含有丰富的有机物,还含有能促进农作物生产的氮、磷、钾及其他微量元素。将城市污泥农用不但可以解决现有污泥处置所面临的窘境,还有利于农业的可持续发展,是一种符合我国国情的污泥处置方法之一。污泥中的有机质和多种植物所需的养分,对土壤物理、化学及生物学性状有一定的改良作用。主要包括:第一,施用污泥可明显改善土壤的结构性,使土壤的容重下降,孔隙增多,提高土壤的通气透水性和田间持水量,从而改善土壤的物理性质。第二,施用污泥可提高土壤的阳离子代换量,改善土壤对酸碱的缓冲能力,提供养分交换和吸附的活性位点,从而提高土壤保肥性。第三,施用污泥可提高土壤的氮、磷等营养物质和各种微量元素,从而减少化学肥料的施用量,降低农业生产的成本。此外,施用污泥还可以增加土壤中微生物量,改善微生物代谢能力,从而改变土壤的生物学性状。

6.3.1　城市污泥农田利用技术

城市污泥农用在国外已经有 60 多年历史,在北美地区污泥处理的技术路线一直是农用为主,美国 16000 座污水处理厂年产约 60%经厌氧消化或好氧发酵处理后生成的生物固体用作农田肥料。近些年来,欧洲也越来越重视污泥农田利用,成为污泥处理方式的重要选择,欧盟及绝大部分欧洲国家越来越支持污泥的农田利用。与发达国家相比,我国污泥用于农田相对较晚。20 世纪 80 年代初,第一座城市污水处理厂——天津纪庄子污水处理厂建成投产后,附近郊区农民将污泥用于农田,其后北京市高碑店污水处理厂的生活污泥也用于农田,自此,我国开始步入污泥农田利用。典型城市污水处理厂污泥中含氮 4%、磷 2.5%和钾 0.5%左右(以重量计),污泥中的有机质和植物生长所需要的各种微量元素有利于农田利用,既可改善土壤结构,又可为作物提供养分。

1.分类

目前污泥农用可分为直接施用和间接施用两种方式。

(1)直接施用。直接施用是把城市污泥经简单的脱水处理后直接施用于农田,这种处理方法一段时间内曾在我国大部分地区广泛应用。许多农民将污泥当作农家肥来施用,而且有很好的田间施用效果。但由于在施用污泥的过程中缺乏相应的科学指导,直接施用会造成一定危害。比如,应用后出现烧苗、死秧、虫害等现象,对作物、土壤产生了一定的副作用。当污泥被果农、菜农直接施用于果园和菜园时,可使果树枝繁叶茂,蔬菜生长迅速,但随后发现果树的结果率低与施用污泥有关,而且虫害很普遍,使得城市污泥施用量和施用范围受到很大限制。当污泥用作城市绿化、花圃、游乐场、高尔夫球场的肥料,其不利的因素就是卫生条件不好,容易滋生蚊蝇,影响景观,也致使施用量受到限制。

(2)间接施用。间接施用一般是污泥经消化后农用。通过消化处理后,一方面可以回收部分能源,另一方面可以减少污泥中有害细菌的数量,增加污泥的稳定性。这样,污泥在农用中负面影响相对较少。国内也有将污泥与城市垃圾共堆肥后农用。污泥和垃圾经过堆肥发酵后,可以杀死污泥和垃圾中的全部有害细菌,还可以增加和稳定其中的腐殖质,应用的风险性较小。目前,将污泥制成复合肥料是较好的使用方式,在国内许多地方进行了试点,并获得了良好的效果。

2.城市污泥制取复合肥典型工艺

有机复合肥的生产主要以城市污水厂污泥、城市生活垃圾和粉煤灰等物料进行堆肥后的堆肥产品为基质,经过干化、烘干等步骤去除多余的水分,并经粉碎后,再根据农作物对营养元素的需求情况,增添适当的无机肥料和添加剂共同混合;再加入适量的水分,在造粒机中制成一定粒径的颗粒,经干燥装置干燥后,制成颗粒状的有机复合肥。也可在有机复合肥封装前进行磁化,或者加入一些固氮、解磷、解钾的微生物,以提高有机复合肥的肥效。

世界上最早把污泥变成污泥肥料的技术是加拿大的 EATAD 技术(其工艺流程见图6.1),该技术利用微生物高温发酵技术降解城市污泥,生产高效有机肥,已被加拿大政府认定为生产生物有机肥的质量达标技术,肥效显著,产品已销售多年。

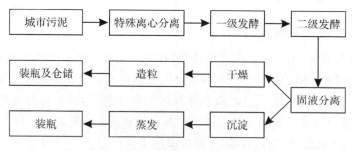

图 6.1　加拿大的 EATAD 技术工艺图

我国江苏沭阳环保有限公司和厦门传康生物有限公司成功开发了全自动成套污泥处理有机肥生产线,其工艺流程分为以下几步:污泥脱水、加菌发酵、干燥、粉碎、混合、挤条、制丸、二次干燥、包装,工艺流程如图6.2所示。他们根据各土壤的结构和元素不同,将主料粉碎后加无机氮、磷、钾及微量元素进行合理配比。

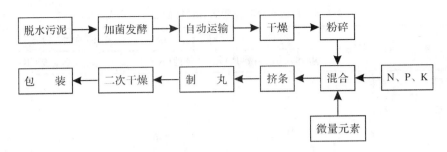

图 6.2　我国全自动成套污泥处理有机肥生产工艺

现代化农业要求改变以往的单一肥料组分,从无机肥料转向有机生态复合肥料,提高肥料利用率,改善农作物品质,增加土壤有机质。利用城市污泥、生活垃圾和粉煤灰中富含有机质和植物所需的多种营养成分的特点,与无机肥料混合制造有机复合肥,不仅能净化环境,还能提高资源的利用价值,变废为宝。

3. 复合肥配方及计算

在制造有机复合肥时,配方是一项关键性的技术,也是有机复合肥生产的依据。它主要根据土壤、作物状况、产前定肥等要求,确定合适的氮、磷、钾比例及含量。一般来说,应首先调查服务区区域内的作物生长情况,确定有机复合肥的服务范围,收集这些农作物的农田养分的基础资料,大致计算出需要投入养分的具体数据。一般根据目标量产法,农田养分-投入量的计算见式(6.1)、(6.2)、(6.3):

$$氮(N) = R_N \times T - S_N \tag{6.1}$$

$$磷(P_2O_5) = R_{P_2O_5} \times T - S_{P_2O_5} \tag{6.2}$$

$$钾(K_2O) = R_{K_2O} \times T - S_{K_2O} \tag{6.3}$$

式中,T——农作物的目标产量,kg;

R_N、$R_{P_2O_5}$、R_{K_2O}——分别为农作物单位产量所要吸收氮、磷、钾的养分数量,kg,通常可以采用式 6.4 计算:

$$养分数量 = \frac{作物地上部分含有的养分总量}{农作物的经济产量} \times 应用单位 \tag{6.4}$$

S_N、$S_{P_2O_5}$、S_{K_2O}——分别为当地土壤所能提供的氮、磷、钾的养分数量,kg,通常可以采用式 6.5 计算:

$$当地土壤可以提供的养分数量(S) = 土壤养分测定值 \times 校正系数 \times 厚度系数$$
$$= 空白田的产量 \times 作物单位产量的吸收量 \times 厚度系数 \tag{6.5}$$

式中,土壤养分测定值可以通过取样化验估算;校正系数一般通过田间试验进行校验;厚度系数即土壤耕作营养层,一般为 0~20 cm 的厚度。在没有化验条件下,可通过不施肥(空白田)的产量计算。

我国部分农作物氮、磷、钾的正常吸收量见表 6.8,可以作为配方时的参考。

表 6.8　我国部分农作物氮、磷、钾的正常吸收量

作物名称	收获物	每形成 100 kg 经济产量吸收氮、磷、钾的数量/kg			
		氮(N)	磷(P_2O_5)	钾(K_2O)	N:P:K
水稻	籽粒	2.1	1.1	2.7	1:0.53:1.28
小麦	籽粒	3.0	1.2	3	1:0.4:1
玉米	籽粒	3.0	1	2.5	1:0.33:0.83
马铃薯	薯块	0.55	0.22	1.06	1:0.4:1.93
生姜	姜块	0.63	0.13	1.12	1:0.21:1.78
番茄	果实	0.3	0.12	0.4	1:0.2:0.4
茄子	果实	0.81	0.23	0.68	1:0.28:0.84
花生	果实	7.0	1.3	4	1:0.19:0.57
棉花	皮棉	13.8	4.8	14.4	1:0.35:1.04
烟草	叶	4.1	1.3	5.6	1:0.32:1.37

由表 6.8 可知,粮食作物每形成 100 kg 籽粒,吸收氮(N)、磷(P_2O_5)、钾(K_2O)的大致比例为 3:1:3,而薯类作物和纤维素类植物对钾的吸收量明显高于氮。因此,在农业生产中,氮、磷、钾三要素按一定的比例配合施用,可使养分供应协调平衡,充分发挥各种元素的增产作用,提高肥料的利用效率。

除氮、磷、钾营养成分外,微量元素也是农作物生长不可或缺的重要因素。微量元素在作物的生长过程中是不可忽视的,它们是酶、维生素等的重要组成部分,直接参与有机体自身的新陈代谢。所以,在满足农作物对氮、磷、钾等主要营养元素要求的同时,要注意有机肥中的微量元素的含量,保持微量元素的平衡。配制有机复合肥的过程中,具体作物对不同的微量元素的敏感程度是不一样的,因此,在判断微量元素的丰缺时,还必须视具体作物来定,过量的添加会引起作物中毒。对于堆肥物料中一些金属离子含量,要根据情况,确定合适的用量。

6.3.2　城市污泥农田利用案例——唐山市污泥无害化处置工程

1.唐山西郊污水厂污泥制肥可行性分析

唐山西郊污水处理厂污水来源主要是生活污水(70%)和工业废水(30%),污泥主要是由泥沙、纤维、动植物残体等固体颗粒及其凝结的絮状物,各种胶体、有机物、微生物等综合固体物质。同时含有植物生长发育所需的氮、磷、钾及维持植物正常生长发育的多种微量元素和改良土壤结构的有机质。唐山市西郊污水处理厂污泥其主要成分见表 6.9,污泥中重金属成分见表 6.10。

表 6.9　唐山西郊污水处理厂污泥主要成分表

有机质	$N+P_2O_5+K_2O$	含水率	微量元素
55%	7%	75%~80%	Fe、Cu、Zn

表 6.10　唐山西郊污水处理厂重金属检测表

	总铅(Pb)	总镉(Cd)	总铬(Cr)	总汞(Hg)	砷(As)
GB 4284—2018	300	3	500	3	30
检测结果	10	<1	7.0	0.2	6.0

检测结果表明:唐山市西郊污水处理厂污泥中含有较高的有机质及 N、P、K 等养分,适合植物生长,污泥中重金属含量低,符合污泥农用的标准,因此可以用来制肥。

2. 唐山西郊污水处理厂污泥堆肥工程

唐山西郊污水处理厂污泥堆肥工程是中国第一座市政污泥堆肥工程,唐山市城市污泥无害化处置工程主要担负唐山市西郊污水二厂、北郊污水处理厂、东郊污水处理厂和丰润污水处理厂所产生的 360 t/d 污泥(含水率 80%)无害化处理任务,项目设计污泥处理规模为 400 t/d(含水率 80%)。唐山城市污泥无害化处置工程是世界上首次采用双层隧道式发酵仓系统(SACT)的污泥堆肥项目,拥有完全自主知识产权。该项目 2011 年 10 月进泥,出料含水率降至 35% 左右,2012 年实现满负荷运转,主要参数实现设计目标要求。单仓日处理量约为 12.5 t 脱水污泥,各物料配比见表 6.11。此工程制成的污泥复合肥料性能指标见表 6.12。

表 6.11　设计混合物料配比

项目	湿重/$(t \cdot d^{-1})$	堆积密度/$(t \cdot m^{-3})$	含水率/%	DS/$(t \cdot d^{-1})$	体积/$(m^3 \cdot d^{-1})$
生料(脱水污泥)	12.50	1	80	2.5	12.5
熟料(回填料)	12.00	0.6	40	7.2	20.00
干料(调理料)	0.60	0.2	15	0.51	3.00

表 6.12　污泥复合肥料性能指标

项目	指标/%	项目	指标/%
N、P、K 总养分含量	≥25	单一元素含量	>5
有机质含量	≥20	水分	≤5
粒度(3 mm,4 mm)	>95	颗粒平均抗压强度	5~6(N)

3. 农田实践

自 1997 年开始,先后利用污泥堆肥产品在小麦、玉米、水稻、蔬菜、土豆等农作物田间对 6 种配方的污泥复混肥料进行了肥效实验。2009 年 9 月,中科院南京土壤所对唐山市滦县南园子村连续施用污泥有机肥 3 年的花生地以及唐山市玉田县梁庄子村连续施用污泥有机肥 9 年的姜地进行了土壤及植物重金属含量跟踪调查,结果表明:无论是污泥复合肥施用的土壤,还是植物的秸秆和壳中,其重金属含量均未超标,符合污泥农田利用的标准。

同时研究表明:施用该污泥复合肥,能增加小麦、水稻有效穗数,增加抗病能力;能增加玉米高度,颗粒饱满度;能增加果实甜度,增加结实率;能增加白菜、芹菜口感,减少纤维。施用该污泥复合肥对上述作物增产情况见表 6.13。

表 6.13　污泥复合肥料对不同作物的增产率

作物	水稻、小麦	白菜、芹菜	玉米	果树
增产率/%	13	15	10	10

目前:该污泥复合肥已在河北唐山、丰南、田玉、天津、内蒙古、长春等地进行多土质、多作物大面积实验,并取得了良好的效果。该项目不仅获得了巨大的经济效益,还产生了巨大的环境效益,推动了污泥无害化、资源化处置,同时还补充了我国有机肥料来源不足的缺憾。在长时间的农用中,唐山污泥处置表明,对符合标准的污泥进行科学的农田利用是安全的、是完全可行的。唐山污泥处理为下一步污泥农田利用处置技术路线的前景与污泥农用泥质相关标准的制定提供了宝贵的经验。

6.4　城市污泥园林利用

将城市污泥作为有机肥料用于城市园林绿地美化的建设,实现城市污泥的有效利用,这是城市建设、城市绿化的必然趋势与要求。城市污泥园林利用能改善土壤的条件,并促进园林绿化植物的生长,提高园林的绿化质量。此外,还能通过植物的吸收作用,将城市污泥降解成无害产物,这是一种资源可持续的利用渠道。城市污泥用于园林绿化能降低绿化成本,具有减少化肥用量和减少城市污泥运输费用等优势,适于在城市绿化中逐渐推广。

6.4.1　城市污泥园林利用技术

为了使城市污泥能够更好地应用于园林绿化,我国对城市污泥园林利用技术提出了一定的要求,如对于城市污泥用于新建绿地时,宜采用绿化基质技术要求;城市污泥用于养护时,可参照土壤改良材料或绿化基质技术要求;长期使用时,宜采用土壤改良材料技术要求。

当城市污泥用于面积较大且集中的绿地时,应分析污泥施用地点的土壤重金属等污染物本底值和植物的需氮量,确定合理的污泥施用量。在污泥施用后,污泥施用地的土壤和地下水的相关指标须满足《土壤环境质量 农用地土壤污染风险管控标准(试行)》(GB 15618—2018)和《地下水环境质量标准》(GB 14848—2017)的规定。在城市污泥园林利用时,主要从施用量、污染防护等技术层面进行控制,除此之外,应根据实际情况采用不同的技术措施。

1. 城市污泥园林利用时施用量的控制

城市污泥在园林利用时主要分为两种形式,一种是作为绿地土壤的改良材料,另一种是作为绿化基质使用。前者使用量不宜超过 $3\ kg/m^2$,后者在污泥和土壤的配比时以 1∶20

和 1：10 为宜。当城市污泥采用穴施的方法应用于园林绿化时,应根据植物的大小而定,树高小于 5 米或冠幅小于 2 米的植物每穴用量宜控制在 2～10 kg;树高 5～8 米或冠幅 2～5 米的植物每穴用量宜控制在 10～20 kg;树高于 8 米或冠幅大于 5 米的植物每穴用量宜控制在 20～40 kg。

在施用污泥时不同的植物施用量也不尽相同,对于喜肥耐盐碱植物可在最大施用量范围内适当增加用量;对盐分敏感的植物应减少用量;幼苗期应当减少用量。在污泥与土壤配比时,若土壤有机质含量小于 10 g/kg,可在最大施用量范围内适当增加用量;若土壤有机质含量大于 30 g/kg,应减少用量。

污泥中污染物各项指标在一级标准限值以内,可增加污泥用量和施用次数;污泥污染物含量接近二级标准限值的,应减少用量并控制使用次数,甚至停止使用。

2. 城市污泥园林利用污染防控

在城市污泥园林利用时,对污泥进行了预处理,污泥中的致病菌、有毒有害物质含量大大降低,污泥趋于稳定化,但仍有一定的淋溶风险。因此,需要在施用地点、污染物检测等方面做出严格要求。

一般来说,地下水位高于 50 cm 的地点不应施用污泥。在地表水源、水源涵养区域、居民供水主要管道等敏感区域污泥施用地点应控制在 20 m 以外。对长期大面积施用污泥的绿地应定期监测,防止重金属、盐分或聚丙烯胺的富集。

3. 城市污泥园林利用的其他技术要求

(1)城市污泥园林利用时,污泥的 EC 值(电导率)一般应小于 1 mS/cm,若超出限值应避免污泥和根系特别是肉质根系直接接触,否则可能会出现烧根现象。

(2)在一些特殊类型的土壤上不宜施用污泥或应少量施用。如砂土应减少用量,污泥和砂土的施用比例应不超过 1：10。土壤的粘粒含量低于 5%,不宜施用污泥。在沿海滩涂或盐碱地不宜施用污泥。

(3)城市污泥在园林利用时,地形的坡度也决定了污泥的施用方式,坡度较大时可能会被地表径流侵蚀,当地形坡度在 6°及以下时,是污泥施用的最理想坡度,可以直接在地表施用。当坡度大于 6°时,应采取径流控制措施以减少污泥的流失。当坡度大于 15°时,不宜使用污泥进行园林绿化。

6.4.2　应用案例——城市水厂污泥在城市绿地上的应用

上海土壤一直存在质地黏重、有机质含量低、孔隙率低和 pH 值高等问题,这也是城市土壤共同存在的缺陷问题。虽然城市土壤资源严重紧缺,但随着城市绿化的迫切要求和快速发展,在城市里还是新建了不少绿地,一些不合格土壤被迫用于绿地,加之养护经费不到位,使得大部分绿地土壤处于营养严重“饥渴”状态,绿地植物生长不良,甚至死亡的现象随处可见。这种现象在快速发展的城市中比较普遍,城市土壤质量成了限制园林植物生长和绿地生态景观效果发挥的关键因素之一。因此,有必要提高城市园林土壤质量,改善城市园林绿化景观。针对上海面临的污泥处理处置的难题及城市绿地土壤改良的迫切性,污水处理厂污泥堆肥产品在上海城市绿地中被应用。

污泥来源于上海某生活污水处理厂,用立式发酵系统将污泥高温好氧发酵获得的污泥产品应用于园林绿化。具体应用地点及方法见表 6.14。

表 6.14 上海城市污泥在绿地上的应用地点及方式方法

施用地点	种植植株	施用量/(kg·m⁻²)	施用面积/m²	施用时间
虹桥绿地	龙爪槐	4.0	50	2003.4.28
	月季	2.5	600	
浦东东外滩	草坪	1.5	600	2003.12.27
	红花酢浆草	1.0	250	
龙东大道	美人蕉花镜	1.0	50	2004.1.15

未施用污泥的绿地面积与表中施用污泥的绿地面积相同,互为对照。按照上述方式进行污泥的园林绿化应用实践,植株经过几个月的生长,于 2004 年 6 月 9 日采集样品。对植株生长状况、土壤性质变化情况以及施用污泥后对绿地土壤环境质量的影响等方面进行了检测分析。

在为期近半年的检测分析中发现,城市生活污泥在城市绿地应用能明显地促进园林植物的生长,使植物抽枝发芽数增多,植株变高,叶片叶绿素明显增加,叶片、花茎均明显增大,艳花期延长,草坪冬季抗黄化,返青期提早。除此之外,污泥的施用还改良了城市园林土壤的理化现状,降低了土壤 pH 值,提高了土壤有机质、全氮、全磷和微生物的含量,促进了土壤团粒结构形成,使园林土壤质量有显著提高,效果良好。

6.5 城市污泥土壤修复与土地改良

土壤修复是指利用物理、化学和生物的方法转移、吸收、降解和转化土壤中的污染物,使其浓度降低到可接受水平,或将有毒有害的污染物转化为无害的物质。土地改良是为改变土地的不良性状,防止土地退化,恢复或提高土地生产力,为植物生长创造良好环境而采取的各种措施的总称。土地改良的近期目的是恢复植被及防止冲刷,长远目标是建立与稳定土壤生态系统。城市污泥用于土壤修复和土地改良,可以增加土壤养分,改良土壤特性,促进地表植物的生长。

6.5.1 城市污泥土壤修复与土地改良技术

1. 城市污泥土地修复技术

污泥堆肥法可为微生物提供一个良好的生存与发育的环境条件,使土壤中污染物与污泥产生生化作用,提供微生物所需的能量和营养物,使其充分发挥降解有机污染物的能力与作用,从而取得良好的效果。目前污泥堆肥法修复污染土地的方式有三种:经过堆肥的污泥在污染土地上直接施用,利用污泥中微生物对污染土壤进行修复;污泥与污染土壤混合进行与堆肥工艺相似的处理;将污泥土壤与污泥堆肥后材料混合的方式处理。

由于污泥处理和修复被污染土壤是一种生物治理技术,因而要求被处理污染物应具有一定的生物可降解性。而污泥堆肥技术之所以能有效地去除有机污染物是因为它创造了一个人工生态环境,为微生物创造了一个良好生活环境,使其得以旺盛生长,从而提高其降解能力。

2.城市污泥土地改良技术

污泥作为有机改良剂可用于退化牧场的恢复与重建、填海造地、高速公路绿化带等。施用的污泥有液态污泥、脱水污泥、堆肥污泥、消化污泥、脱水污泥与污泥堆肥的混合物等。城市污泥作为改良剂对土地修复起到了良好的作用。

(1)污泥用于牧场恢复与重建。污泥作为有机改良剂用于退化牧场的恢复与重建,已经被有关实验证实且得到国外认可。长期放牧使牧场土壤中有机质下降,致使牧草产量降低、地表覆盖率减少,地表径流和地表侵蚀增加。研究表明,施用污泥后,土壤中植物所需多种营养元素的含量都显著增加,牧草生长状态变好,且产量明显增多。污泥覆盖在牧场上,可有效地防止地面侵蚀和地表径流,只要污泥施用量合适,可避免重金属污染的风险。

(2)污泥用于填海造地。污泥填海造地,在国外已有较长的历史。根据经验,填海造地污泥含水率以65%左右为宜,可保证填埋场地稳定,并有利于压实。在填埋前应将污泥作适当调节,常添加适量硬化剂,使含水率达到65%。硬化剂可选用石灰、工业废石灰、粉煤灰等。填埋场地选择的影响因素主要有填埋场地的水文地质条件、污泥量、运送距离、使用年限、周边环境以及填埋场土地开发规划等。污泥填海主要是浅水海域、海湾或海滩地,围堰后可考虑把生污泥、消化污泥、脱水泥饼或焚烧灰填海造地,并应严格遵守有关规定与法规要求。

(3)污泥用于高速公路绿化带。复合污泥堆肥含有大量有机质及丰富的养分,对高速公路绿化带有非常明显的生土改良和供给养分的作用,且肥效持久。堆肥污泥施用于高速公路护坡后,既恢复了植被,又可以防止雨水冲刷。有研究表明,污泥堆肥用于高速公路绿化带后,植物体内的重金属与对照组相同,未在植物体内积累。另外,高速公路绿化带植物避开了食物链,施用污泥堆肥于高速公路绿化带是安全的。

6.5.2 城市污泥用于土壤修复案例——某煤矿矿区生态修复工程实践

为了对某煤矿矿区进行生态恢复,首先对矿区约 1.05 km² 开采区域进行实地调查分析,并运用矿山模糊综合评价方法对矿山地质环境影响进行评估。调查结果表明,矿区土壤 pH 值约为 6.0,矿区土壤结构严重破坏,破坏面积约 0.35 km²。

2010 年 11 月,对该煤矿区约 0.12 km² 区域土壤进行修复,主要运用城市污泥进行堆肥(污泥来自该市某城市污水处理厂)。污泥堆肥槽尺寸:宽 30 cm、深 50 cm、长 100 m。堆肥槽布置采用纵向与横向垂直相交方式,将矿区土壤分隔成为 10 m×10 m 井格单元,并将修复的区域围合成井格网状结构,从而实现对矿区土壤堆肥目的。

对矿区堆肥的土壤和未堆肥的土壤,运用当地优势物种分别进行样方设置,样方设置情况如表 6.15 所示。

表 6.15 样方设置

样方设置	样方尺寸	栽植植株种类
草本种植样方	10 m×10 m	三叶草、野豇豆
灌木种植样方	20 m×20 m	沙棘、黄杨
乔木种植样方	20 m×20 m	马尾松、刺槐
混合种植样方	30 m×30 m	三叶草、野豇豆、沙棘、黄杨、马尾松、刺槐

样方设置主要避免植株的单因素个体性差异对研究观测结果的影响。每 2 个月详细记录矿区堆肥土壤样方植株以及矿区未堆肥土壤样方植株的平均生长量。

2011 年 11 月,对该煤矿区堆肥与未堆肥样方土壤(30 cm)分别进行取样并对 12 个月矿区堆肥土壤样方植被以及矿区未堆肥土壤样方植株的生长动态数据进行统计。通过对各项数据的分析发现,煤矿矿区进行生态恢复过程中,运用城市污泥作为矿区土壤改良剂和肥料。经单纯污泥堆肥后的样方土壤其土壤密度增大,水分增加,土壤的 pH 值趋于中性,有机质及磷、氮、钾含量上升,表明污泥堆肥可明显改善矿区土壤的各项理化性质。单纯用植物修复(草本、乔木、灌木、混种植)样方土壤的理化特性较对照剥离区土壤有所改良,表明样方植被对矿区土壤的密度、含水量以及 pH 值等物理特性具有一定的改良效果。堆肥后的样方土壤分别经草本、灌木、乔木及三种植株混合种植后,其土壤特性与对应相同植株修复但未经堆肥的样方土壤相比均有不同程度改善,其中堆肥后三种植株混植比单植有更好的样方土壤改良效果。因此在矿区土壤进行污泥堆肥的基础上,进行多样性配置植物修复能使矿区的土壤具有防沙固土、防止水土流失能力,使矿区的生态系统具有更强的稳定性和安全性。

6.6 城市污泥土地利用存在的问题及风险

城市污泥一方面含有氮、磷等营养物质和大量有机质,但另一方面也包含有大量病原菌、寄生虫(卵)和生物难降解物质,特别是工业废水产生的污泥可能含有较多的重金属离子和有毒有害化学物质。这些物质随污泥的土地利用进入到土壤中,可能会对土壤、地表水、地下水产生不良影响,造成生态环境和人类健康风险。因此,在污泥土地利用过程中,需严格控制污泥中重金属浓度及其他有害物质含量,注意氮、磷营养物质的平衡,根据需要控制污泥的施用量,避免因污泥施用带来的负面影响。一般认为,城市污泥土地利用时存在的问题及风险主要来源于:盐分、病原体、重金属、氮磷等养分以及有机污染物等。

6.6.1 盐分

含盐量高的污泥会明显提高土壤的电导率,过高的盐分会破坏养分的平衡,抑制植物对养分的吸收,甚至对植物根系造成伤害。离子之间的拮抗作用也会加速有效养分(如 K^+、NO_3^-、NH_4^+ 等)的流失。污泥中的盐分差别较大,使用 $FeCl_3$ 和 $AlCl_3$ 作为絮凝剂的污水处理厂,污泥盐分普遍较高,在使用前可用水淋洗污泥以便减少盐分。

通常认为,堆肥化处理可明显降低盐分,提高污泥的适用性。有研究表明在污泥中加入一定量的阳离子交换剂,可以改变盐分和重金属的毒害。土壤盐分(或电导率)随污泥施用量的增加而增加,随时间的延长而降低,在第二个生长季节,土壤的盐分对大多数植物都是可以忍耐的。

6.6.2　病原体

城市污水处理厂未经处理的污泥含有较多的病原微生物和寄生虫卵,它们一般是在初级沉淀池和二级沉淀池中进入污泥的,在污水处理中,约有 90% 以上致病微生物被浓缩到污泥中,主要有病毒、细菌、真菌、原生动物、蠕虫五大类。如果未经有效杀菌处理,在污泥土地利用中可能会通过各种途径进行传播,从而污染土壤、空气和水源,也有可能通过皮肤接触、呼吸和食物链等危及人畜健康。因此,污泥进行土地利用之前,必须重视污泥中的病原微生物,在污泥进入环境前进行灭菌预处理。

污泥灭菌方法有厌氧法、空气干燥法、石灰消毒法、加热干燥法、巴氏灭菌法和离子辐射法。其中,前三种方法杀菌率较高,但稳定性较差;加热干燥法能耗过高;巴氏灭菌法利用病原体不耐热的特点,用适当的温度和保温时间处理,将其全部杀灭,但也存在能耗较高的问题;辐射处理法是指用 γ 射线和电子束照射含大量病原体的污泥,以达到杀菌、消毒作用,是一种无害化处理方法,可适用于处理大量污泥。

我国颁布的《农用污泥中污染物控制指标(GB 4284—2018)》中对病原体进行明确规定,要求污泥在进行农用时需达到以下两个指标:①蛔虫死亡率大于或等于 95%;②粪大肠菌群菌值大于或等于 0.01。只有符合标准的污泥才可进行有效利用。

6.6.3　重金属

重金属是限制污泥大规模土地利用的最重要因素。污泥中重金属主要有铅、锌、铬、镉、汞、镍、铜等,其中镉和汞是主要控制污染物。我国城市污泥中重金属主要以锌、铜为主,其他金属含量较低。污泥中的重金属随着雨水淋溶或自行迁移到土壤深处,随后进入土壤植物生态体系后,由植物吸收与体内富集,通过食物链进入人体,从而对人体健康造成影响。因此,应该尽可能地减少污泥中重金属的含量。

污泥中重金属性质较稳定,溶解度较小,相对有机物较难除去。目前,主要通过化学和生物两种方法来降低污泥中的重金属含量。化学法就是利用 H_2SO_4、HCl、HNO_3、$EDTA$ 等化学物质从污泥中提取重金属,但此法存在投资费用高、操作困难、需大量的强酸和生石灰等不足,使之难以得到广泛应用。生物法是利用细菌循环还原氧化,使重金属的难溶硫化物转变成可溶性硫酸盐从污泥中排出。相对于化学法,生物法提取率较高,可达 90%,且投资费用较低,易于操作,因此,生物法具有较好的应用前景。

在污泥土地利用过程中,控制和降低污泥中重金属浓度是非常有必要的。通常采取以下控制措施:

(1)源头控制。要加强对工业企业废水排放的监控,防止含有大量重金属的工业废水通过城市排水管网进入城市污水处理厂,工业废水排放必须达到城市污水管网的水质要求标准,以利于后续处理水的回用和污泥的土地利用。

(2)用微生物方法降低污泥中重金属含量。如污泥中重金属含量超过农用标准不严重,可通过微生物方法把重金属从污泥中溶解和淋滤出来。

（3）用植物吸收法降低污泥中重金属含量。研究发现，美人蕉、草坪草、酸模叶蓼对 Cd、Ni、Zn 均有良好的去除效果，植物修复后污泥生物毒性较小，可以进行农用。

（4）严格控制污泥使用量，避免造成土壤中重金属的积累。

6.6.4　氮、磷等养分

植物生长所必需的营养元素包括碳、氢、氮、磷、钾和硫，其中氮、磷和钾最容易缺乏，经常需要以肥料的形式添加到土壤中。污泥中的营养成分是污泥进行土地利用最主要的原因，污泥中含有丰富的氮、磷等各种养分，其含量视污水的来源和污水处理工艺的不同而存在差异，初沉污泥和剩余污泥干基含氮量一般约为 2％～6％，除磷工艺中的剩余污泥含磷量较高。这些氮、磷物质可为土壤提供充足的养分。

但是，在污泥进行土地利用时，也必须防止由于地表径流、下渗等造成的水土流失带来营养成分的流失，从而造成地表水和地下水的污染。因此，必须有效控制污泥的施用量，充分利用环境容量，又不污染环境。同时，连续过量施用污泥也会导致土壤中氮、磷营养物质的过剩，损害农作物的产量和质量，引发土壤酸化，造成二次污染。

6.6.5　有机污染物

城市污泥有机污染物含量与污水处理厂污水来源、处理工艺及污泥处置方式等因素有关。不同污水厂的污泥，甚至同一污水厂不同时期的污泥，其中有机污染物的种类和含量也有很大的差别。城市污水处理厂污泥中有机有毒有害物质主要有：多环芳烃（PAHs）、多氯联苯（PCB）、可吸附有机卤化物、挥发酚、氯酚、有机磷化合物等，这些物质虽然含量不高，但不易降解、毒性残留时间长，进入水体与土壤中将造成一定的环境污染。研究显示，污泥中的个别有机污染物对某些农作物的种子发芽、幼苗生长有抑制作用。因此，污泥土地利用时也应考虑有机污染物带来的风险。

国外在 20 世纪 80 年代末期已经开始注重污水处理厂污泥中有机有害物质的检测、分析和毒害作用的研究。德国在城市污泥中发现 332 种可能危害人体和环境的有机有毒有害物质，其中 42 种经常被检出，且其中大多属于优先控制污染物。美国环保署 1989 年发布 503 条例（40 CFR PART 503）也特别提到需要监测的 25 种毒性有机物。我国在这方面研究工作起步较晚，1996 年广州市大坦沙污水处理厂的污水中已检测到有毒有机污染物 54 种，其浓度最高达 800 $\mu g/L$。2002 年深圳特区内的盐田、罗芳滨河和南山污水处理厂的污泥中检测到挥发酚含量最高达 13 mg/L。2014 年调研太湖、巢湖、海河、辽河、滇池和三峡库区及上游等 6 大流域包括上海、常州等十几个城市，城市污水厂污泥中多环芳烃含量为 0～11.9 mg/kg，苯并[a]芘含量为 0～4.12 mg/kg，矿物油含量为 2～14300 mg/kg，有机污染物总量变化大，地域差别明显。2019 年 6 月 1 日实施的《农用污泥污染物控制标准》明确了多环芳烃、苯并[a]芘和矿物油三类限制污泥农用的有机污染物及其浓度限值。

污泥中有机污染物越来越受关注，在去除污泥有机污染物方面，利用如厌氧消化、好氧堆肥等方式可有效降解污泥有机污染物，也可以结合超声、臭氧或热等预处理手段，提高有机污染物降解效率，加快反应速率，并且可以缩短降解时间，减少污泥土地利用带来的生态风险。

思考题

1.城市污泥土地利用的优势有哪些?

2.污泥土地利用的主要途径包括哪些? 请举例说明我国现行的污泥土地利用相关标准。

3.污泥土地利用前需要进行的预处理方法有哪些?

4.简述热水解和污泥碳化的基本原理。

5.简述污泥好氧发酵的基本原理和特点。

6.城市污泥农田利用对土壤有哪些改良作用?

7.城市污泥园林利用有哪两种形式? 污泥使用量有何不同?

8.简述土壤修复和土地改良的区别。

9.分析城市污泥土地利用存在的问题及风险来源。

参考文献

[1]崔龙哲,李社锋.污染土壤修复技术与应用[M].北京:化学工业出版社,2017.

[2]李法云,曲向荣,吴龙华,等.污染土壤生物修复理论基础与技术[M].北京:化学工业出版社,2006.

[3]贾建丽.环境土壤学[M].北京:化学工业出版社,2016.

[4]袁加程,蔡秀萍.环境化学[M].北京:化学工业出版社,2014.

[5]李法云,吴龙华,范志平,等.污染土壤生物修复原理与技术[M].北京:化学工业出版社,2016.

[6]生态环境部.生态环境部土壤环境管理司有关负责人就农用地,建设用地土壤污染风险管控标准有关问题答记者问[Z].2018-7-4.http://www.gxxydhb.com/fdd/373577.html.

[7]陈玲,赵建夫.环境监测[M].北京:化学工业出版社,2014.

[8]梅献中.论我国土壤污染防治法律政策的演进与启示[J].南海法学,2018,2(06):32-43.

[9]李敏,李琴,赵丽娜,等.我国土壤环境保护标准体系优化研究与建议[J].环境科学研究,2016,29(12):1799-1810.

[10]蔡俊.分析几种植物对土壤中重金属修复性能[J].资源节约与环保,2020.

[11]藏文超,叶旌,田祎,等.重金属污染及控制[M].北京:化学工业出版社,2018.

[12]曾加会,李元媛,阮迪申,等.植物根际促生菌及丛枝菌根真菌协助植物修复重金属污染土壤的机制[J].微生物学通报,2017,44(5):1214-1221.

[13]柴莲莲.污泥和生物炭修复重金属污染土壤的研究[D].北京:北京建筑大学,2020.

[14]陈德.生物质炭对土壤重金属有效性和作物吸收影响的整合分析及田间试验[D].南京:南京农业大学,2016.

[15]陈孟鹏,韦靖,蒋建宏,等.两种消解方法对测定尾砂坝土壤中重金属铅,镉元素含量影响的对比[J].化学试剂,2015,37(12):1102-1104.

[16]陈唯炜.土壤中重金属消解方法的对比研究[J].广东化工,2018,45(8):101-102.

[17]陈友媛,卢爽,惠红霞,等.印度芥菜和香根草对Pb污染土壤的修复效能及作用途径[J].环境科学研究,2017,30(9):1365-1372.

[18]崔红标,梁家妮,周静,等.磷灰石和石灰联合巨菌草对重金属污染土壤的改良修复[J].农业环境科学学报,2013,32(7):1334-1340.

[19]谷雨,蒋平,谭丽,等.6种植物对土壤中镉的富集特性研究[J].中国农学通报,2019,35(30):119-123.

[20]韩娟.AM真菌对植物修复土壤铅污染的强化作用机制[D].河北:河北大学,2017.

[21]何洁,卢维宏,张乃明.腐植酸在重金属污染土壤修复中的应用研究进展[J].腐植酸,2020,000(002):38-42,55.

[22]侯定基.玉米和蜈蚣草,籽粒苋带状种植对土壤重金属 Cd,Pb 吸收[D].广西:广西大学,2015.

[23]侯艳伟,池海峰,毕丽君.生物炭施用对矿区污染农田土壤上油菜生长和重金属富集的影响[J].生态环境学报,2014,000(002):1057-1063.

[24]黄阳晓.对比等离子发射光谱法/原子荧光法探讨便携式 X 射线荧光光谱法在测定土壤重金属中的应用[J].广东化工,2016,13:261-263.

[25]黄玉山,邱国华.紫羊茅抗铜和敏感品种在发育早期对铜离子反应的生理差异[J].应用于环境生物学报,1998,2:126-131.

[26]贾伟涛,吕素莲,林康祺,等.高生物量经济植物修复重金属污染土壤研究进展[J].生物工程学报,2020,036(003):416-425.

[27]姜欣.PXRF,XRF,AAS 及 ICP-AES 测定土壤样品中重金属元素的对比研究[J].污染防治技术,2019,32(3):30-34.

[28]金冬冬.不同材料复合添加对土壤重金属铬形态及有效性的影响[D].贵州:贵州师范大学,2016.

[29]亢希然,范稚莲,莫良玉,等.超富集植物的研究进展[J].安徽农业科学,2007,35(16):4895-4897.

[30]李交昆,余黄,曾伟民,等.根际促生菌强化植物修复重金属污染土壤的研究进展[J].生命科学,2017,29(5):434-442.

[31]廉梅花,孙丽娜,胡筱敏,等.土壤 pH 对东南景天修复镉污染土壤的影响研究[J].生态环境,2014,10:47-50.

[32]梁家妮.土壤重金属 Cu,Cd 和 F 复合污染评价及修复技术探讨[D].安徽:安徽农业大学,2009.

[33]刘阿梅,向言词,田代科,等.生物炭对植物生长发育及重金属镉污染吸收的影响[J].水土保持学报,2013,27(5):193-198.

[34]骆永明.重金属污染土壤修复机制与技术发展[M].北京:科学出版社,2016.

[35]刘大丽.重金属污染生物修复机制[M].北京:中国农业出版社,2018.

[36]刘丹.污泥生物炭修复农田重金属污染土壤的研究[D].江西:江西理工大学,2018.

[37]刘丽珠.植物根际促生菌的筛选及其应用[D].南京:南京农业大学,2012.

[38]刘敏瑞.利用细胞表面展示技术去除典型环境污染物的研究及应用[D].兰州:兰州大学,2019.

[39]刘艺芸,徐应明,黄青青,等.水肥耦合对海泡石钝化修复镉污染土壤效率的影响[J].农业环境科学学报,2019,38(9):2086-2094.

[40]柳检.典型富集植物对铅的吸收和耐受机制研究[D].北京:中国地质科学院,2019.

[41]龙加洪,谭菊,吴银菊,等.土壤重金属含量测定不同消解方法比较研究[J].中国环境监测,2013,29(1):123-126.

[42]卢陈彬,刘祖文,张军,等.化学诱导剂强化植物提取修复重金属污染土壤研究进展[J].应用化工,2018,047(007):1531-1535.

[43]马占强,李娟.土壤重金属污染与植物-微生物联合修复技术研究[M].北京:中国水利水电出版社,2019.

[44]麦笑桃.Cd-Pb污染土的螯合强化植物修复与重金属渗漏风险研究[D].广州:广州大学,2019.

[45]倪幸.不同强化措施对提高柳树修复镉污染土壤效率的研究[D].浙江:浙江农林大学,2019.

[46]彭丹莉.不同调控措施对毛竹生长以及吸收重金属的影响[D].浙江:浙江农林大学,2015.

[47]秦华,贺前锋,刘代欢,等.重金属铅镉对甜高粱生长的影响及其积累特性研究[J].中国农学通报,2018,4(13):119-125.

[48]施维林,许伟.土壤污染与修复[M].北京:中国建材工业出版社,2018.

[49]石福贵.鼠李糖脂与EDDS对黑麦草修复重金属复合污染土壤的影响[D].乌鲁木齐:新疆大学,2009.

[50]宋赛赛.皂角苷对重金属-PAHs复合污染土壤的强化修复作用及机理[D].杭州:浙江大学,2014.

[51]孙铁珩,李培军,周启星,等.土壤污染形成机理与修复技术[M].北京:科学出版社,2005.

[52]田蜜,陈应龙,李敏,等.丛枝菌根结构与功能研究进展[J].应用生态学报,2013,24(8):2369-2376.

[53]王凯.复合螯合剂强化籽粒苋修复Cd污染土壤效果研究[D].武汉:华中农业大学,2019.

[54]王磊.污染土壤汞的非生物甲基化及对土壤微生物群落的影响研究[D].重庆:重庆大学,2017.

[55]王林,周启星.化学与工程措施强化重金属污染土壤植物修复[J].安全与环境学报,2007,7(5):50-56.

[56]王宁,南忠仁,王胜利,等.Cd/Pb胁迫下油菜中重金属的分布,富集及迁移特征[J].兰州大学学报(自然科学版),2012,48(3):18-22.

[57]王婷.重金属污染土壤的修复途径探讨[M].北京:化学工业出版社,2016.

[58]王欣若.浅析植物修复土壤重金属污染及修复植物的安全处置[J].低碳世界,2020,10(3):9-10.

[59]王云丽,石耀鹏,赵文浩,等.设施菜地土壤镉钝化剂筛选及应用效果研究[J].农业环境科学学报,2018,37(7):1503-1510.

[60]卫泽斌,陈晓红,吴启堂,等.可生物降解螯合剂GLDA诱导东南景天修复重金属污染土壤的研究[J].环境科学,2015,36(5):1864-1869.

[61]吴晓玲.XRF分析土壤重金属元素含量的方法研究[D].成都:成都理工大学,2016.

[62]吴运东,郭旭丽,李朋朋,等.向日葵对重金属复合污染土壤中Cd,Zn,Pb,Cr的吸收和转运特性研究[J].湖南农业科学,2020,9:47-51.

[63]杨婷.微生物细胞表面的化学/基因改性调控用于重金属分离及(形态)分析[D].沈阳:东北大学,2013.

[64]张广柱,董鹏,刘均洪.植物根际促生菌在重金属污染土壤修复中的应用[J].上海化工,2009,34(9):7-10.

[65]张璐.微生物强化重金属污染土壤植物修复的研究[D].湖南:湖南大学,2007.

[66]张乃明.重金属污染土壤修复理论与实践[M].北京:科学出版社,2017.

[67]张艳峰.金属耐性植物内生细菌对油菜耐受与富集重金属的影响及其机制研究[D].南京:南京农业大学,2011.

[68]张艺腾,范禹博,徐笑天,等.鸡粪生物炭对土壤铜和锌形态及植物吸收的影响[J].农业环境科学学报,2018,37(11):2514-2521.

[69]张玉秀,黄智博,柴团耀.螯合剂强化重金属污染土壤植物修复的机制和应用研究进展[J].自然环境进展,2009,19(11):1149-1158.

[70]赵冰,沈丽波,程苗苗,等.麦季间作伴矿景天对不同土壤小麦-水稻生长及锌镉吸收性的影响[J].应用生态学报,2011,22(10):2725-2731.

[71]赵凤亮,杨卫东.柳树(Salix spp.)在污染环境修复中的应用[J].浙江农业学报,2017,29(2):300-306.

[72]郑存住.重金属复合污染土壤生物炭和草本植物联合修复技术研究[D].上海:上海交通大学,2018.

[73]郑国璋.农业土壤重金属污染研究的理论与实践[M].北京:中国环境科学出版社,2007.

[74]郑红艳,郭雪勤,朱志勋,等.土壤和沉积物重金属测定中不同前处理和分析方法的比较[J].广东化工,2017,44(16):236-242.

[75]郑太辉,王凌云,陈晓安.矿区重金属植被修复研究进展和趋势[J].环境工程,2015,33(6):148-152.

[76]钟军.四种农业种植模式下土壤 Cd,Pb,Zn 形态分配及作物富集效率研究[D].四川:四川农业大学,2012.

[77]ARUNAKUMARA K,WALPOLA B C,YOON M H. Bioaugmentation-assisted phytoextraction of Co,Pb and Zn:an assessment with a phosphate-solubilizing bacterium isolated from metal-contaminated mines of Boryeong area in South Korea[J]. BASE,2015,19(2):143-152.

[78]ASAD S A,FAROOQ M,AFZAL A,et al. Integrated phytobial heavy metal remediation strategies for a sustainable clean environment-a review[J]. Chemosphere,2019,217:925-941.

[79]CANG L,ZHOU D M,WANG Q Y,et al. Effects of electrokinetic treatment of a heavy metal contaminated soil on soil enzyme activities[J]. Journal of hazardous materials,2009,172(2-3):1602-1607.

[80]CAO S,WANG W,WANG F,et al. Drought-tolerant Streptomyces pactum Act12 assist phytoremediation of cadmium-contaminated soil by Amaranthus hypochondriacus:great potential application in arid/semi-arid areas[J]. Environmental Science and Pollution Research,2016,23(15):14898-14907.

[81]CARLOS M H J,STEFANI P V Y,JANETTE A M,et al. Assessing the effects of heavy metals in ACC deaminase and IAA production on plant growth-promoting bacteria[J]. Microbiological research,2016,188:53-61.

[82]CHEN H,YANG X,WANG H,et al. Animal carcass-and wood-derived biochars improved nutrient bioavailability,enzyme activity,and plant growth in metal-phthalic acid ester co-contaminated soils:A trial for reclamation and improvement of degraded soils[J]. Journal of environmental management,2020,261:110 - 246.

[83]GUCWA-PRZEPIÓRA E,NADGÓRSKA-SOCHA A,FOJCIK B,et al. Enzymatic activities and arbuscular mycorrhizal colonization of Plantago lanceolata and Plantago major in a soil root zone under heavy metal stress[J]. Environmental Science and Pollution Research,2016,23(5):4742 - 4755.

[84]HANFI M Y,MOSTAFA M Y A,ZHUKOVSKY M V. Heavy metal contamination in urban surface sediments:sources,distribution,contamination control,and remediation[J]. Environmental monitoring and assessment,2020,192(1):1 - 21.

[85]HE D,CUI J,GAO M,et al. Effects of soil amendments applied on cadmium availability,soil enzyme activity,and plant uptake in contaminated purple soil[J]. Science of the Total Environment,2019,654:1364 - 1371.

[86]HE L,ZHONG H,LIU G,et al. Remediation of heavy metal contaminated soils by biochar:Mechanisms,potential risks and applications in China[J]. Environmental pollution,2019,252:846 - 855.

[87]HENRY H,NAUJOKAS M F,ATTANAYAKE C,et al. Bioavailability-based in situ remediation to meet future lead (Pb) standards in urban soils and gardens[J]. Environmental science & technology,2015,49(15):8948 - 8958.

[88]HONG Y K,KIM J W,LEE S P,et al. Heavy metal remediation in soil with chemical amendments and its impact on activity of antioxidant enzymes in Lettuce (Lactuca sativa) and soil enzymes[J]. Applied Biological Chemistry,2020,63(1):1 - 10.

[89]HUANG Y,HAO X W,LEI M,et al. The remediation technology and remediation practice of heavy metals-contaminated soil[J]. Journal of Agro-Environment Science,2013,32(3):409 - 417.

[90]HUNG,NGUYEN THANH. 水肥调控对保护地蔬菜富集重金属的影响[D]. 西安:西北农林科技大学,2015.

[91]KUMAR K S,DAHMS H U,WON E J,et al. Microalgae - A promising tool for heavy metal remediation[J]. Ecotoxicology and environmental safety,2015,113:329 - 352.

[92]LAHORI A H,ZHANYU G U O,ZHANG Z Q,et al. Use of biochar as an amendment for remediation of heavy metal-contaminated soils:prospects and challenges[J]. Pedosphere,2017,27(6):991 - 1014.

[93]LI C,ZHOU K,QIN W,et al. A review on heavy metals contamination in soil:effects,sources,and remediation techniques[J]. Soil and Sediment Contamination:An International Journal,2019,28(4):380 - 394.

[94]LIN H,LIU C,LI B,et al. Trifolium repens L. regulated phytoremediation of heavy metal contaminated soil by promoting soil enzyme activities and beneficial rhizosphere associated microorganisms[J]. Journal of Hazardous Materials,2021,402:123829.

[95]LIU K,LI C,TANG S,et al. Heavy metal concentration,potential ecological risk assessment and enzyme activity in soils affected by a lead-zinc tailing spill in Guangxi, China[J]. Chemosphere,2020,251:126415.

[96]LIU L,LI W,SONG W,et al. Remediation techniques for heavy metal-contaminated soils:Principles and applicability[J]. Science of the Total Environment,2018,33:206 – 219.

[97]MANOJ S R, KARTHIK C, KADIRVELU K, et al. Understanding the molecular mechanisms for the enhanced phytoremediation of heavy metals through plant growth promoting rhizobacteria:A review[J]. Journal of environmental management,2020, 254:109779.

[98]MISHRA J,SINGH R,ARORA N K. Alleviation of heavy metal stress in plants and remediation of soil by rhizosphere microorganisms[J]. Frontiers in microbiology, 2017,8:1706.

[99]MONTALBÁN B,THIJS S,LOBO M,et al. Cultivar and metal-specific effects of endophytic bacteria in Helianthus tuberosus exposed to Cd and Zn[J]. International journal of molecular sciences,2017,18(10):20 – 26.

[100]NASIR A M,GOH P S,ABDULLAH M S,et al. Adsorptive nanocomposite membranes for heavy metal remediation:Recent progresses and challenges[J]. Chemosphere,2019,232:96 – 112.

[101]NEINA D. The role of soil pH in plant nutrition and soil remediation[J]. Applied and Environmental Soil Science,2019,2019.

[102]OTUNOLA B O,OLOLADE O O. A review on the application of clay minerals as heavy metal adsorbents for remediation purposes[J]. Environmental Technology & Innovation,2020,18:100692.

[103]PAN F,MENG Q,LUO S,et al. Enhanced Cd extraction of oilseed rape (Brassica napus) by plant growth-promoting bacteria isolated from Cd hyperaccumulator Sedum alfredii Hance[J]. International journal of phytoremediation,2017,19(3):281 – 289.

[104]TANG J,ZHANG L,ZHANG J,et al. Physicochemical features,metal availability and enzyme activity in heavy metal-polluted soil remediated by biochar and compost [J]. Science of the Total Environment,2020,701:1347 – 1351.

[105]REHMAN M Z U,RIZWAN M,ALI S,et al. Remediation of heavy metal contaminated soils by using Solanum nigrum:a review[J]. Ecotoxicology and environmental safety,2017,143:236 – 248.

[106]XU J,LIU C,HSU P C,et al. Remediation of heavy metal contaminated soil by asymmetrical alternating current electrochemistry[J]. Nature communications,2019,10 (1):1 – 8.

[107]XU Z,YANG Z,ZHU T,et al. Ecological improvement of antimony and cadmium contaminated soil by earthworm Eisenia fetida:Soil enzyme and microorganism diversity[J]. Chemosphere,2021,273:129496.

[108]YANG X,LIU J,MCGROUTHER K,et al. Effect of biochar on the extractability of heavy metals (Cd,Cu,Pb,and Zn) and enzyme activity in soil[J]. Environmental Science and Pollution Research,2016,23(2):974 - 984.

[109]ANG Y,SHEN Q. Phytoremediation of cadmium-contaminated wetland soil with Typha latifolia L. and the underlying mechanisms involved in the heavy-metal uptake and removal [J]. Environmental Science and Pollution Research,2020,27(5):4905 - 4916.

[110]YANG Z,LIU L,LV Y,et al. Metal availability,soil nutrient,and enzyme activity in response to application of organic amendments in Cd-contaminated soil[J]. Environmental Science and Pollution Research,2018,25(3):2425 - 2435.

[111]YI X U,LIANG X F,YINGMING X U,et al. Remediation of heavy metal-polluted agricultural soils using clay minerals:a review[J]. Pedosphere,2017,27(2):193 - 204.

[112]YIN K,WANG Q,LV M,et al. Microorganism remediation strategies towards heavy metals[J]. Chemical Engineering Journal,2019,360:1553 - 1563.

[113]ZENG P,GUO Z,XIAO X,et al. Dynamic response of enzymatic activity and microbial community structure in metal (loid)-contaminated soil with tree-herb intercropping [J]. Geoderma,2019,345:5 - 16.

[114]ZHAI X,LI Z,HUANG B,et al. Remediation of multiple heavy metal-contaminated soil through the combination of soil washing and in situ immobilization[J]. Science of the Total Environment,2018,635:92 - 99.

[115]ZHANG M,WANG X,YANG L,et al. Research on progress in combined remediation technologies of heavy metal polluted sediment[J]. International journal of environmental research and public health,2019,16(24):50 - 98.

[116]ŁYSZCZARZ S,LASOTA J,STASZEL K,et al. Effect of forest and agricultural land use on the accumulation of polycyclic aromatic hydrocarbons in relation to soil properties and possible pollution sources[J]. Forest Ecology and Management,2021,490, 119 - 105.

[117]HU B,SHAO S,NI H,et al. Assessment of potentially toxic element pollution in soils and related health risks in 271 cities across China[J]. Environmental Pollution, 2021,270:116 - 196.